# TECNOLOGIA MECÂNICA

Processos de fabricação e tratamento

# VICENTE CHIAVERINI

Professor titular da Escola Politécnica
da Universidade de São Paulo
Membro honorário da Associação Brasileira de Metais

# TECNOLOGIA MECÂNICA

Processos de fabricação e tratamento

VOL. II

2ª edição

© 1977, 1986 da Editora McGraw-Hill, Ltda.

Todos os direitos. Nenhuma parte desta publicação poderá ser reproduzida ou transmitida de qualquer modo ou por qualquer outro meio, eletrônico ou mecânico, incluindo fotocópia, gravação ou qualquer outro tipo de sistema de armazenamento e transmissão de informação, sem prévia autorização, por escrito, da Pearson Education do Brasil.

EDITOR Alberto da Silveira Nogueira Jr.
COORDENADORA DE REVISÃO Daisy Pereira Daniel
SUPERVISORA DE PRODUÇÃO Edson Sant'Anna
CAPA Cyro Giordano
ARTE FINAL Jaime Marques

Dados Internacionais de Catalogação na Publicação (CIP)
(Câmara Brasileira do Livro, SP, Brasil)

Chiaverini, Vicente, 1914 –
C458t   Tecnologia mecânica / Vicente Chiaverini –
v. 1-3   2. ed. – São Paulo: McGraw-Hill, 1986.
2. ed.

ISBN 978-00-745-0090-3
Bibliografia
Conteúdo: v. 1. Estrutura e propriedades das ligas metálicas. – v. 2. Processos de fabricação e tratamento. – v. 3. Materiais de construção mecânica.

1. Engenharia mecânica 2. Mecânica aplicada I. Título.

85-8045                                    CDD-621-620.1

Índice para catálogo sistemático:
1. Engenharia mecânica 621
2. Mecânica aplicada 620.1

Direitos exclusivos cedidos à
Pearson Education do Brasil Ltda.,
uma empresa do grupo Pearson Education
Avenida Santa Marina, 1193
CEP 05036-001 - São Paulo - SP - Brasil
Fone: 19 3743-2155
pearsonuniversidades@pearson.com

Distribuição
Grupo A Educação
www.grupoa.com.br
Fone: 0800 703 3444

*A minha esposa*
*Aos meus filhos*

# SUMÁRIO

| | | |
|---|---|---|
| PREFÁCIO | | XIII |
| I — FUNDIÇÃO | | 1 |
| 1 — Introdução | | 1 |
| 2 — Fenômenos que ocorrem durante a solidificação | | 1 |
| 2.1 — Cristalização | | 2 |
| 2.2 — Contração de volume | | 3 |
| 2.3 — Concentração de impurezas | | 7 |
| 2.4 — Desprendimento de gases | | 8 |
| 3 — Processos de fundição | | 8 |
| 3.1 — Desenho das peças a serem fundidas | | 9 |
| 3.1.1 — Proporcionar adequadamente as secções das peças | | 10 |
| 3.1.2 — Considerar uma espessura mínima de paredes | | 11 |
| 3.1.3 — Evitar fissuras de contração | | 12 |
| 3.1.4 — Prever conicidade para melhor confecção do molde | | 12 |
| 3.2 — Projeto do modelo | | 13 |
| 3.2.1 — Considerar a contração do metal ao solidificar | | 14 |
| 3.2.2 — Eliminar os rebaixos | | 14 |
| 3.2.3 — Deixar sobremetal | | 14 |
| 3.2.4 — Verificar a divisão do modelo | | 14 |
| 3.2.5 — Considerar volume de produção | | 15 |
| 3.2.6 — Estudar adequadamente a localização dos machos | | |

|   |   |   |   |
|---|---|---|---|
|   |   | 3.2.7 — Prever a colocação dos canais de vazamento | 16 |
|   | 3.3 — | Confecção do molde ou moldagem | 16 |
|   |   | 3.3.1 — Moldagem em areia | 17 |
|   |   | 3.3.2 — Moldagem em areia seca ou molde estufado | 24 |
|   |   | 3.3.3 — Moldagem em areia-cimento | 24 |
|   |   | 3.3.4 — Processo $CO_2$ | 25 |
|   |   | 3.3.5 — Processo de moldagem plena | 25 |
|   | 3.4. — | Moldagem em molde metálico | 25 |
|   |   | 3.4.1 — Moldes permanentes | 25 |
|   |   | 3.4.2 — Fundição sob pressão | 28 |
|   | 3.5 — | Outros processos | 32 |
|   |   | 3.5.1 — Fundição por centrifugação | 32 |
|   |   | 3.5.2 — Fundição de precisão | 33 |
|   |   | 3.5.3 — Processos de molde cerâmico | 39 |
|   |   | 3.5.4 — Fundição contínua | 40 |
| 4 — | Fusão do metal | | 42 |
|   | 4.1. — | Fusão do ferro fundido | 45 |
|   | 4.2 — | Fusão do aço | 45 |
|   | 4.3 — | Fusão de não-ferrosos | 49 |
|   | 4.4 — | Outros tipos de fornos | 50 |
| 5 — | Desmoldagem, limpeza e rebarbação | | 54 |
| 6 — | Controle de qualidade de peças fundidas | | 53 |
|   | 6.1 — | Inspeção visual | 53 |
|   | 6.2 — | Inspeção dimensional | 53 |
|   | 6.3 — | Inspeção metalúrgica | 53 |
| 7 — | Conclusões | | 53 |

| II — | PROCESSOS DE CONFORMAÇÃO MECÂNICA — LAMINAÇÃO | | 55 |
|---|---|---|---|
| 1 — | Introdução | | 55 |
| 2 — | Laminação | | 58 |
|   | 2.1 — | Forças na laminação | 59 |
|   | 2.2 — | Tipos de laminadores | 62 |
|   | 2.3 — | Órgãos mecânicos de um laminador | 66 |
|   | 2.4 — | Operações de laminação | 67 |
|   |   | 2.4.1 — Laminação de produtos planos | 69 |

| III — | FORJAMENTO E PROCESSOS CORRELATOS | 73 |
|---|---|---|
| 1 — | Introdução | 73 |
| 2 — | Forças atuantes na deformação | 74 |
| 3 — | Processos de forjamento | 80 |

|       |       |                                                    |     |
|-------|-------|----------------------------------------------------|-----|
| 3.1   | –     | Prensagem                                          | 81  |
| 3.2   | –     | Forjamento livre                                   | 83  |
| 3.3   | –     | Forjamento em matriz                               | 87  |

    3.3.1 – Matrizes para forjamento em matriz ... 90
        3.3.1.1 – Sobremetal ... 90
        3.3.1.2 – Ângulos de saída ou conicidade ... 91
        3.3.1.3 – Concordância dos cantos ... 91
        3.3.1.4 – Tolerâncias ... 91
    3.3.2 – Projeto das matrizes ... 93
        3.3.2.1 – Contração do metal ... 93
        3.3.2.2 – Sistema de referência entre as duas meias matrizes ... 94
        3.3.2.3 – Canais de rebarbas ... 95
    3.3.3 – Material das matrizes ... 95

3.4 – Recalcagem ... 96
    3.4.1 – Pressão de recalcagem ... 99

3.5 – Outros processos de forjamento ... 100
    3.5.1 – Forjamento rotativo ... 100
    3.5.2 – Forjamento em cilindros ... 102

## IV – ESTAMPAGEM ... 104

1 – Introdução ... 104
2 – Corte de chapas ... 104
    2.1 – Matriz para corte ... 106
    2.2 – Esforço necessário para o corte ... 107
3 – Dobramento e encurvamento ... 108
    3.1 – Determinação da linha neutra ... 109
    3.2 – Esforço necessário para o dobramento ... 111
4 – Encurvamento ... 113
5 – Estampagem profunda ... 114
    5.1 – Matriz para estampagem profunda ... 115
    5.2 – Desenvolvimento de um elemento para estampagem profunda ... 116
    5.3 – Operações de reestampagem ... 118
    5.4 – Prensas de estampagem ... 119

## V – OUTROS PROCESSOS DE CONFORMAÇÃO MECÂNICA ... 120

1 – Cunhagem ... 120
2 – Repuxamento ... 121

## Tecnologia Mecânica

    3 — Conformação com três cilindros ............... 122
    4 — Conformação com coxim de borracha ........... 123
    5 — Extrusão ................................. 124
        5.1 — Extrusão a frio ..................... 126
        5.2 — Força de extrusão .................. 129
    6 — Mandrilagem ............................. 129
    7 — Fabricação de tubos soldados ............... 130
    8 — Estiramento ............................. 132
    9 — Conformação por explosão .................. 135

VI — METALURGIA DO PÓ ......................... 136
    1 — Introdução ............................. 136
    2 — Matérias-primas ......................... 139
        2.1 — Métodos de fabricação de pós metálicos ..... 140
            2.1.1 — Moagem ................... 140
            2.1.2 — Atomização ................ 140
            2.1.3 — Condensação ............... 140
            2.1.4 — Decomposição térmica ........... 141
            2.1.5 — Redução ................... 141
            2.1.6 — Eletrólise .................. 141
    3 — Mistura dos pós ......................... 141
    4 — Compactação dos pós ..................... 142
        4.1 — Matrizes para compactação ............. 144
    5 — Sinterização ............................. 145
        5.1 — Sinterização em presença de fase líquida e infiltração metálica ................... 150
    6 — Dupla compactação ....................... 151
    7 — Compactação a quente .................... 153
    8 — Forjamento-sinterização ................... 153
    9 — Tratamentos posteriores à sinterização ........ 157
        9.1 — Recompressão ou calibragem ........... 157
        9.2 — Tratamentos térmicos e termoquímicos ..... 157
        9.3 — Tratamentos superficiais ............... 157
   10 — Considerações sobre o projeto de peças sinterizadas ... 157
   11 — Conclusões ............................. 159

VII — SOLDAGEM ................................ 161
    1 — Introdução ............................. 161
    2 — Tipos de juntas soldadas ................... 162
    3 — Metalurgia da solda ....................... 164
    4 — Processos de soldagem .................... 166
        4.1 — Soldagem a arco .................... 166
            4.1.1 — Tipos básicos de soldagem a arco .... 168

|       |       | 4.1.2 – Eletrodos para soldagem a arco | 172 |
|---|---|---|---|
|       |       | 4.1.3 – Equipamento para soldagem a arco | 172 |
|       | 4.2 – Soldagem a gás | | 173 |
|       | 4.3 – Soldagem a aluminio-térmica | | 175 |
|       | 4.4 – Soldagem por resistência | | 176 |
|       | 4.5 – Soldagem por "laser" | | 179 |
|       | 4.6 – Soldagem por feixe eletrônico | | 183 |
|       | 4.7 – Soldagem por ultra-som | | 185 |
|       | 4.8 – Soldagem por fricção | | 185 |
| 5 – Brasagem | | | 186 |
|       | 5.1 – Métodos de brasagem | | 188 |
|       | 5.2 – Soldabrasagem | | 188 |
|       | 5.3 – Soldagem fraca | | 189 |
| 6 – Propriedades mecânicas e ensaios das soldas | | | 189 |

## VIII – USINAGEM ... 193

1 – Introdução ... 193
2 – Variáveis atuantes nas operações de usinagem ... 195
    2.1 – Condições usuais de corte ... 197
3 – Torneamento, torno mecânico ... 199
    3.1 – Outros tipos de tornos ... 201
    3.2 – Ferramentas de torno ... 205
4 – Furação ... 205
    4.1 – Algumas brocas especiais ... 210
5 – Aplainamento ... 212
    5.1 – Plainas limadoras ... 212
    5.2 – Plainas de mesa ... 214
6 – Fresamento ... 215
    6.1 – Fresas ... 217
7 – Brochamento ... 219
8 – Serramento ... 220
9 – Outras operações de usinagem ... 221
10 – Usinagem por abrasão ... 221
    10.1 – Retificação ... 221
    10.2 – Afiação ... 225
    10.3 – Rebolos ... 225
11 – Operações de acabamento ... 227
12 – Métodos não tradicionais de usinagem ... 227
    12.1 – Usinagem por descarga elétrica ... 228
    12.2 – Usinagem eletroquímica ... 230
    12.3 – Usinagem com feixe eletrônico ... 233
    12.4 – Usinagem com feixe *laser* ... 233

13 — Controle numérico em máquinas operatrizes ....... 233
14 — Fluidos de corte .......................... 238

IX — TRATAMENTOS TÉRMICOS .................... 240
   1 — Introdução ............................. 240
   2 — Fatores de influência nos tratamentos térmicos ..... 241
      2.1 — Aquecimento ....................... 241
      2.2 — Temperatura de aquecimento ........... 242
      2.3 — Tempo de permanência à temperatura ...... 242
      2.4 — Ambiente de aquecimento .............. 242
      2.5 — Resfriamento ....................... 243
   3 — Operações de tratamento térmico ............. 244
      3.1 — Recozimento ....................... 244
      3.2 — Normalização ...................... 245
      3.3 — Têmpera .......................... 245
      3.4 — Revenido ......................... 245
      3.5 — Tratamentos isotérmicos .............. 246
      3.6 — Endurecimento por precipitação .......... 246
   4 — Tratamentos termoquímicos .................. 247
   5 — Prática dos tratamentos térmicos .............. 247

X — TRATAMENTOS SUPERFICIAIS ................... 255
   1 — Corrosão dos metais ....................... 255
      1.1 — Tipos de células galvânicas ............. 259
   2 — Tipos de corrosão ........................ 261
      2.1 — Corrosão uniforme ou ataque generalizado ... 261
      2.2 — Corrosão galvânica .................. 262
      2.3 — Corrosão por depósito ................ 263
      2.4 — Corrosão localizada .................. 264
      2.5 — Corrosão intergranular ................ 264
      2.6 — Corrosão seletiva .................... 265
      2.7 — Corrosão por erosão .................. 265
      2.8 — Corrosão sob tensão .................. 266
      2.9 — Corrosão por ação do hidrogênio .......... 267
   3 — Prevenção contra a corrosão ................. 268
      3.1 — Alteração do ambiente ................ 268
   4 — Revestimentos superficiais ................... 270
   5 — Revestimentos metálicos .................... 271
      5.1 — Gladização ........................ 271
      5.2 — Imersão a quente .................... 271
      5.3 — Eletrodeposição ..................... 273
      5.4 — Metalização ....................... 276
      5.5 — Difusão .......................... 276

6 — Revestimentos não-metálicos inorgânicos .......... 277
    6.1 — Anodização ......................... 277
    6.2 — Cromatização ....................... 278
    6.3 — Fosfatização ........................ 278
    6.4 — Esmaltação à porcelana ............... 279
7 — Revestimentos não-metálicos orgânicos: tintas ...... 280
8 — Proteção catódica ......................... 283

XI — CONTROLE DE QUALIDADE .................... 283
    1 — Introdução ............................. 283
    2 — Determinação das medidas e das tolerâncias dimensionais ................................. 284
    3 — Qualidade da superfície .................... 286
    4 — Ensaios não-destrutivos .................... 288
        4.1 — Métodos visuais .................... 289
        4.2 — Métodos radiográficos ............... 289
        4.3 — Métodos eletromagnéticos ............ 291
        4.4 — Métodos elétricos ................... 293
        4.5 — Métodos sônicos .................... 294
        4.6 — Métodos mecânicos .................. 296
    5 — Conclusões ............................. 296

Questões e Exercícios .............................. 297

Bibliografia ..................................... 305

Índice Analítico .................................. 310

# PREFÁCIO

Neste volume II da obra TECNOLOGIA MECÂNICA serão abordados os processos de fabricação e tratamentos térmicos e superficiais dos metais e ligas metálicas.

Os dados serão apresentados de uma maneira geral, dada a extensão de cada um dos temas, porém alguns destes serão abordados com certa profundidade, permitindo ao leitor o seu conhecimento mais pormenorizado.

A matéria relacionada com os tratamentos térmicos será mais desenvolvida no volume III.

Deve-se sempre ter em mente que a estrutura e as propriedades dos metais estão intimamente ligadas com o processo empregado na fabricação de peças e componentes mecânicos.

Desse modo, é conveniente que o engenheiro em geral e o engenheiro mecânico em particular estejam familiarizados, ainda que de modo superficial, com as várias técnicas de fabricação.

Acrescente-se que, em muitos casos, o engenheiro mecânico é o próprio responsável pela aplicação de uma determinada técnica de produção, o que constitui mais um motivo para ele estar ciente das conseqüências que podem resultar se a técnica empregada não for a mais indicada.

Do mesmo modo que no caso do volume I, este volume está dirigido principalmente aos estudantes de engenharia, servindo contudo de fonte de referência para os profissionais da indústria, para o que extensa bibliografia está indicada.

# CAPÍTULO I

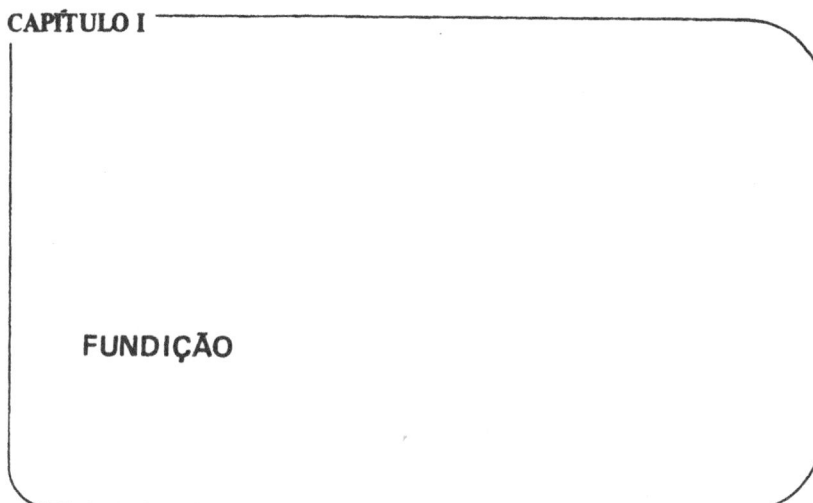

# FUNDIÇÃO

**1 Introdução** A transformação dos metais e ligas metálicas em peças de uso industrial pode ser realizada por intermédio de inúmeros processos, a maioria dos quais tendo como ponto de partida o metal líquido ou fundido, que é derramado no interior de uma fôrma, cuja cavidade é conformada de acordo com a peça que se deseja produzir. Essa fôrma é chamada "molde".

A forma da cavidade do molde pode ser tal que corresponda praticamente à forma definitiva, ou quase definitiva, da peça projetada ou pode apresentar-se com contornos regulares — cilíndrico ou prismático — de modo que a peça resultante possa ser posteriormente submetida a um trabalho de conformação mecânica, no estado sólido, com o que são obtidas novas formas das peças.

A "cavidade" mencionada do molde nada mais é, portanto, que um negativo da peça que se deseja fabricar.

Antes de serem descritos os vários processos correspondentes a essa técnica — ou seja, à *fundição* — serão estudados os fenômenos que podem ocorrer durante a solidificação do metal líquido no interior dos moldes. O estudo desses fenômenos é importante, pois eles podem ocasionar o aparecimento de heterogeneidades, as quais, se não forem adequadamente controladas, podem prejudicar a qualidade das peças fundidas e provocar a sua rejeição.

**2 Fenômenos que ocorrem durante a solidificação** Esses fenômenos são: cristalização, contração de volume, concentração de impurezas e desprendimento de gases.

**2.1 Cristalização** Essa particularidade dos metais, durante sua solidificação, já foi estudada, sob o ponto de vista geral. Consiste, como se viu, no aparecimento das primeiras células cristalinas unitárias, que servem como "núcleos" para o posterior desenvolvimento ou "crescimento" dos cristais, dando, finalmente, origem aos grãos definitivos e à "estrutura granular" típica dos metais.

Esse crescimento dos cristais não se dá, na realidade, de maneira uniforme, ou seja, a velocidade de crescimento não é a mesma em todas as direções, variando de acordo com os diferentes eixos cristalográficos; além disso, no interior dos moldes, o crescimento é limitado pelas paredes destes.

Como resultado, os núcleos metálicos e os grãos cristalinos originados adquirem os aspectos representados na Figura 1.

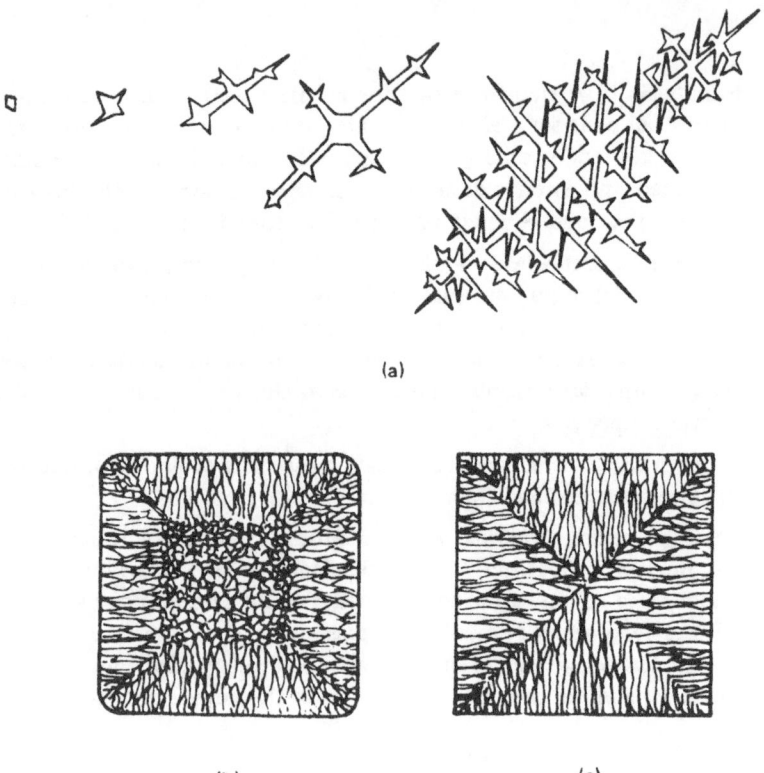

Figura 1 (a) *Dendrita originada na solidificação.* (b) *Aspectos típicos da secção de um "lingote" mostrando algumas formas que os órgãos adquirem durante a solidificação no interior de uma "lingoteira".* (c) *Efeito dos cantos na cristalização.*

A Figura 1(a) mostra o desenvolvimento e a expansão de cada núcleo de cristalização, originando um tipo de cristal que poderia ser assimilado a uma árvore com seus ramos; a esse tipo de cristal dá-se o nome de *dendrita*.

As dendritas formam-se em quantidades cada vez maiores até se encontrarem; o seu crescimento é, então, impedido pelo encontro das dendritas vizinhas, originando-se os *grãos* e os *contornos de grãos*, que delimitam cada grão cristalino, formando a massa sólida.

A Figura 1(b) mostra o caso particular da solidificação de um metal no interior de um molde metálico, de forma prismática, chamado *lingoteira*, o qual vai originar uma peça fundida chamada *lingote*.

Nesse caso, a solidificação tem início nas paredes com as quais o metal líquido entra imediatamente em contato; os cristais formados e em crescimento sofrem a interferência das paredes do molde e dos cristais vizinhos, de modo que eles tendem a crescer mais rapidamente na direção perpendicular às paredes do molde. Origina-se, então, uma estrutura colunar típica, até uma determinada profundidade, como a Figura 1(b) mostra, e que pode, nos cantos, produzir efeitos indesejáveis — Figura 1(c) — devido a grupos colunares de cristais, crescendo de paredes contíguas, se encontrarem segundo planos diagonais.

Os efeitos indesejáveis resultam do fato de essas diagonais constituírem planos de maior fragilidade de modo que, durante a operação de conformação mecânica a que essas peças são submetidas posteriormente — como laminação — podem surgir fissuras que inutilizam o material.

Esse inconveniente é evitado arredondando-se os cantos.

2.2 **Contração de volume** Os metais, ao solidificarem, sofrem uma contração. Na realidade, do estado líquido ao sólido, três contrações são verificadas[1]:

- *contração líquida* — correspondente ao abaixamento da temperatura até o início da solidificação;
- *contração de solidificação* — correspondente à variação de volume que ocorre durante a mudança do estado líquido para o sólido;
- *contração sólida* — correspondente à variação de volume que ocorre já no estado sólido, desde a temperatura de fim de solidificação até a temperatura ambiente.

A contração é expressa em porcentagem de volume. No caso da *contração sólida*, entretanto, a mesma é expressa linearmente, pois desse modo é mais fácil projetar-se os *modelos*.

A contração sólida varia de acordo com a liga considerada. No caso dos aços fundidos, por exemplo, a contração linear, devida à variação de volume no estado sólido, varia de 2,18 a 2,47%, o valor menor correspondendo ao aço de mais alto carbono (0,90%)[1].

No caso dos ferros fundidos — uma das mais importantes ligas para fundição de peças — a contração sólida linear varia de 1 a 1,5%, o valor de 1% correspondendo ao ferro fundido cinzento comum e o valor 1,5% (mais precisamente de 1,3 a 1,5%) ao ferro nodular.

Para os outros metais e ligas, a contração linear é muito variada, podendo atingir valores de 8 a 9% para níquel e ligas cobre-níquel.

A contração dá origem a uma heterogeneidade conhecida por *vazio* ou *chupagem*, ilustrada na Figura 2.

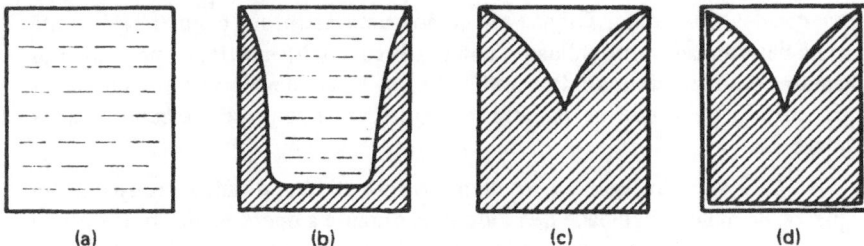

**Figura 2** *Representação esquemática do fenômeno de contração, com o vazio ou "chupagem" resultante.*

Inicialmente, tem-se (a) o metal inteiramente no estado líquido; (b) a solidificação tem início na periferia, onde a temperatura é mais baixa e caminha em direção ao centro; (c) fim da solidificação e (d) contração sólida.

A diferença entre os volumes no estado líquido e no estado sólido final dá como conseqüência o *vazio* ou *chupagem*, indicados nas partes (c) e (d) da figura. A parte (d) dá a entender também que a contração sólida ocasiona uma diminuição geral das dimensões da peça solidificada.

Os vazios citados podem eventualmente ficar localizados na parte interna das peças, próximos da superfície; porém, invisíveis externamente.

Além dessa conseqüência — vazio ou chupagem — a contração verificada na solidificação pode ocasionar:

— aparecimento de trincas a quente (Figura 3)
— aparecimento de tensões residuais.

A Figura 3[2] mostra a heterogeneidade "trincas a quente" e a maneira de corrigi-la.

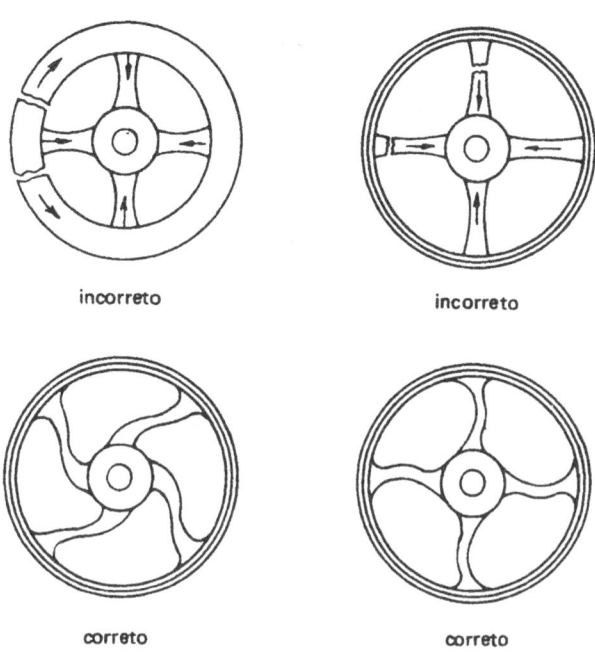

Figura 3    Defeitos de contração em volantes fundidos e modo de corrigi-los.

As tensões residuais podem ser controladas por um adequado projeto da peça, como se verá, e podem ser eliminadas pelo tratamento térmico de "alívio de tensões".

Os vazios ou chupagens que constituem a conseqüência direta da contração podem também ser controlados ou eliminados, mediante recursos adequados, seja no caso de lingoteiras, seja no caso de moldes para peças fundidas (Figura 4[1]).

No caso da fundição de um lingote, o artifício adotado para controlar o vazio é colocar sobre o topo da lingoteira — que é feita de material metálico — uma peça postiça de material refratário, denominada "cabeça quente" ou "massalote"; essa peça, por ser de material refratário, retém o calor por um tempo mais longo e corresponderá à secção que solidifica por último; nela, portanto, vai se concentrar o vazio. Resulta assim um lingote são, pela eliminação de sua cabeça superior.

No caso de peças fundidas, utiliza-se um "alimentador". No exemplo apresentado na Figura 4, o molde foi projetado de tal maneira que a entrada do metal líquido, através de canais, é feita na secção mais grossa que alimenta as menos espessas; ao mesmo tempo, o "alimentador" ficará convenientemente suprido de excesso de metal líquido, nele se concentrando o vazio.

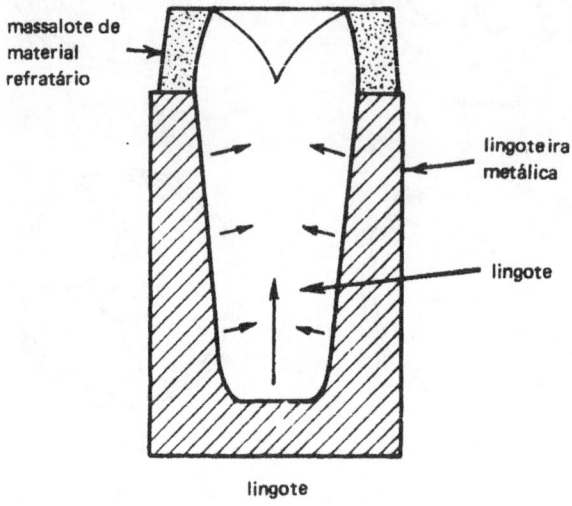

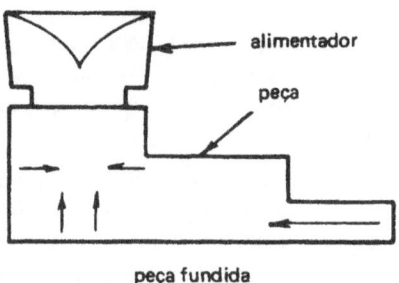

Figura 4  *Dispositivos utilizados para controle de vazios em lingotes e peças fundidas.*

**2.3 Concentração de impurezas** Algumas ligas metálicas contêm impurezas normais, que se comportam de modo diferente, conforme a liga esteja no estado líquido ou sólido. O caso mais geral é o das ligas ferro-carbono que contêm, como impurezas normais, o fósforo, o enxofre, o manganês, o silício e o próprio carbono.

Quando essas ligas estão no estado líquido, as impurezas estão totalmente dissolvidas no líquido, formando um todo homogêneo. Ao solidificar, entretanto, algumas das impurezas são menos solúveis no estado sólido: P e S, por exemplo, nas ligas mencionadas. Assim sendo, à medida que a liga solidifica, esses elementos vão acompanhando o metal líquido remanescente, indo acumular-se, pois, na última parte sólida formada.

Nessas regiões, a concentração de impurezas constitui o que se chama *segregação*[3].

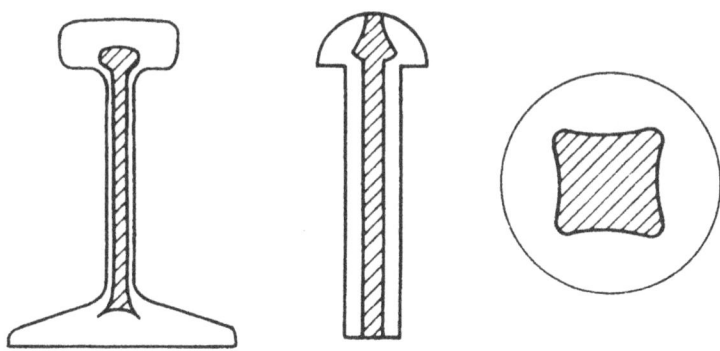

Figura 5    *Segregação em peças laminadas e forjadas.*

A Figura 5 representa esquematicamente como a segregação pode se dispor em peças laminadas e forjadas. O inconveniente dessa segregação é que o material acaba apresentando composição química não uniforme, conforme a secção considerada, e conseqüentes propriedades mecânicas diferentes.

Como as zonas segregadas se localizam no interior das peças, onde as tensões são mais baixas, as suas conseqüências não são muito perniciosas, devendo-se de qualquer modo, evitar uma grande concentração de impurezas, quer pelo controle mais rigoroso da composição química das ligas, quer pelo controle da própria velocidade de resfriamento.

**2.4 Desprendimento de gases** Esse fenômeno ocorre, como no caso anterior, principalmente nas ligas ferro-carbono. O oxigênio dissolvido no ferro, por exemplo, tende a combinar-se com o carbono dessas ligas, formando os gases CO e $CO_2$ que escapam facilmente à atmosfera, enquanto a liga estiver no estado líquido.

À medida, entretanto, que a viscosidade da massa líquida diminui, devido à queda de temperatura, fica mais difícil a fuga desses gases, os quais acabam ficando retidos nas proximidades da superfície das peças ou lingotes, na forma de *bolhas*.

Em aços de baixo carbono, na forma de lingotes a serem forjados ou laminados, as bolhas não são prejudiciais, pois elas, às temperaturas de conformação mecânica, principalmente para a fabricação de chapas, têm suas paredes soldadas. A rigor, essas bolhas podem ser até mesmo desejáveis.

As bolhas devem ser evitadas, contudo, em aços de alto carbono; isso pode ser feito adicionando-se ao metal líquido substâncias chamadas "desoxidantes", tais como alguns tipos de ferro-ligas (ferro-silício e ferro-manganês) ou alumínio.

De fato, o oxigênio reage de preferência com os elementos Si, Mn e Al, formando óxidos sólidos — $SiO_2$, MnO e $Al_2O_3$ — impedindo, assim, que o oxigênio reaja com o carbono formando os gases CO e $CO_2$, responsáveis pela produção das bolhas.

Outros gases que podem se libertar na solidificação dos aços são o hidrogênio e o nitrogênio, que comumente também se encontram dissolvidos no metal líquido[1]*.

**3 Processos de fundição** As peças obtidas por fundição são utilizadas em grande quantidade em equipamento de transporte, construção, comunicação, geração de energia elétrica, mineração, agricultura, máquinas operatrizes; enfim, na indústria em geral, devido às vantagens que os processos de fundição oferecem.

Os outros processos de fabricação de peças metálicas, tais como forjamento, estampagem, soldagem, usinagem etc., permitem atingir, igualmente, grande variedade de aplicações, de modo que ao engenheiro são oferecidas várias opções de fabricação.

---

\* O livro *Metalografia dos Produtos Siderúrgicos Comuns*, que consta da Bibliografia, contém um grande acervo de macrografias representativas de exemplos das heterogeneidades verificadas em peças de aço, como resultado dos fenômenos que ocorrem durante a sua solidificação.

Na maioria dos casos, a fundição é o processo inicial, porque, além de permitir a obtenção de peças com formas praticamente definitivas, possibilita a fabricação dos chamados lingotes, os quais serão posteriormente submetidos a processos de conformação mecânica e transformados em formas definitivas.

A fundição, assim, permite a fabricação de peças praticamente de qualquer forma, com pequenas limitações em dimensões, forma e complexidade. Possibilita, finalmente, a consecução de propriedades mecânicas que suportam as mais variadas condições de serviço.

A fundição abrange uma série de processos, cada um dos quais apresentando característicos próprios, a saber:

— fundição por gravidade
— fundição sob pressão
— fundição por centrifugação
— fundição de precisão
— fundição por outros métodos

Geralmente, qualquer que seja o processo adotado, devem ser consideradas as seguintes etapas:

— desenho da peça
— projeto do modelo
— confecção do modelo (modelagem)
— confecção do molde (moldagem)
— fusão do metal
— vazamento no molde
— limpeza e rebarbação
— controle de qualidade

A etapa que distingue os vários processos de fundição entre si é a "moldagem", ou seja, a confecção do "molde", ou seja, do "negativo da peça" a produzir.

Antes de abordar cada processo separadamente, algumas considerações serão feitas a respeito do desenho das peças e do projeto do modelo.

3.1 **Desenho das peças a serem fundidas**  Ao projetar-se uma peça para ser fundida, devem ser levados em conta, em primeiro lugar, os fenômenos que ocorrem na solidificação do metal líquido no interior do molde, de modo a evitar que os defeitos originados a partir desses fenômenos apareçam nas peças solidificadas.

Assim, em princípio, os fatores a considerar são:

— estrutura dendrítica
— tensões de resfriamento
— espessura das paredes

Algumas das recomendações a serem feitas são as seguintes:

3.1.1 **Proporcionar adequadamente as secções das peças**, ou seja, projetar a peça de modo que haja uma variação gradual das diversas secções que a compõem, evitando-se cantos vivos e mudanças bruscas (Figura 6)[4].

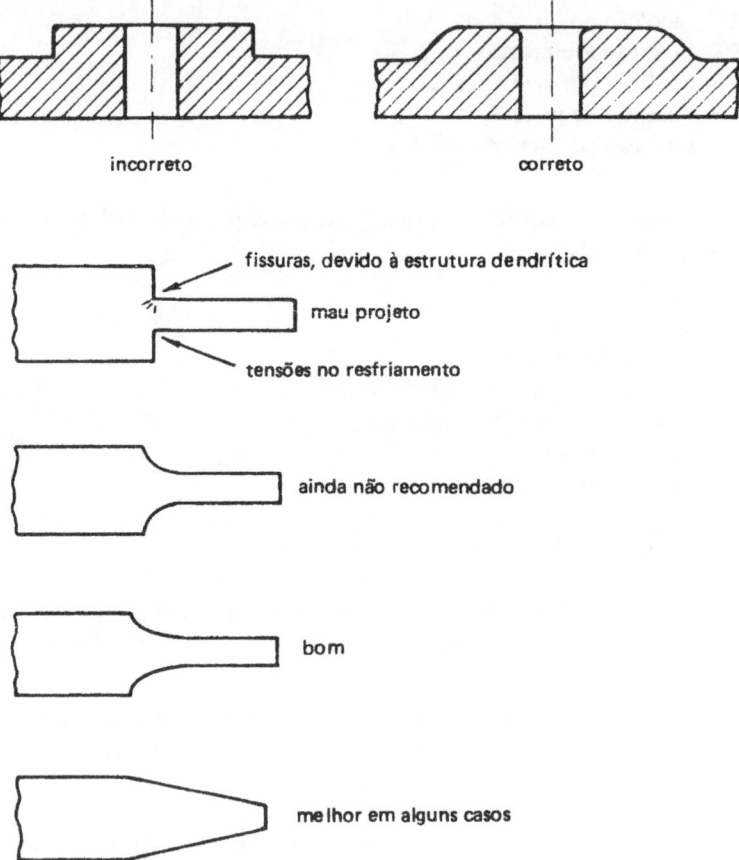

Figura 6   *Concordância de secções em peças fundidas.*

3.1.2 **Considerar uma espessura mínima de paredes**, pois paredes muito finas não se enchem bem de metal líquido; além disso, em certas ligas, como ferro fundido, o resfriamento mais rápido proporcionado por paredes finas pode resultar em pontos mais duros, devido à influência que a velocidade de resfriamento exerce sobre a estrutura dessas ligas. A Tabela 1[4] apresenta algumas recomendações a respeito das secções mínimas das peças fundidas.

**TABELA 1**

SECÇÕES MÍNIMAS RECOMENDADAS EM PEÇAS FUNDIDAS

| Liga | Secção Mínima, em mm | | | |
|---|---|---|---|---|
| | Fundição em areia | Fundição em molde metálico | Fundição sob pressão | |
| | | | Grandes áreas | Pequenas áreas |
| De alumínio | 3,175 a 4,76 | 3,175 em áreas pequenas | 1,905 | 1,143 |
| De cobre | 2,38 | 3,175 em áreas pequenas | 2,54 | 1,524 |
| Ferros fundidos cinzentos | 3,175 a 6,35 | 4,76 em áreas pequenas | – | – |
| De chumbo | – | – | 1,905 | 1,016 |
| De magnésio | 4,00 | 4,00 a 4,176 | 2,032 | 1,27 |
| Ferro maleável | 3,175 | – | – | – |
| Aço | 4,76 | – | – | – |
| De estanho | – | – | 1,524 | 0,762 |
| Ferro fundido branco | 3,175 | – | – | – |
| De zinco | – | – | 1,143 | 0,38 |

A Tabela 2[4] serve como guia para as dimensões mínimas de orifícios. Estes, às vezes, devem ser preferivelmente perfurados depois da peça pronta, e sua localização deve ser muito precisa em relação a outras secções das peças.

## TABELA 2

### SECÇÕES MÍNIMAS DE ORIFÍCIOS EM PEÇAS FUNDIDAS

| Processo de fundição | Diâmetro, mm |
|---|---|
| Em areia | $D = 1/2\ t$ onde $D$ = diâmetro do macho<br>$t$ = espessura da secção em mm. $D$ não deve, geralmente, ser menor que 6,35 mm |
| Em molde metálico | $D = 1/2\ t$, geralmente maior que 6,35 mm |
| Sob pressão:<br>ligas à base de Cu<br>ligas à base de Al<br>ligas à base de Zn<br>ligas à base de Mg | <br>4,76<br>2,38<br>0,79<br>2,38 |

**3.1.3 Evitar fissuras de contração**  A Figura 3, já apresentada, mostra como se pode fortalecer uma peça, de modo a evitar as fissuras devido à contração do metal durante a solidificação.

**3.1.4 Prever conicidade para melhor confecção do molde**  A Figura 7 mostra que a confecção do molde torna-se dificultada se não houver conicidade suficiente no modelo. O chamado "ângulo de saída" recomendado é de 3 graus.

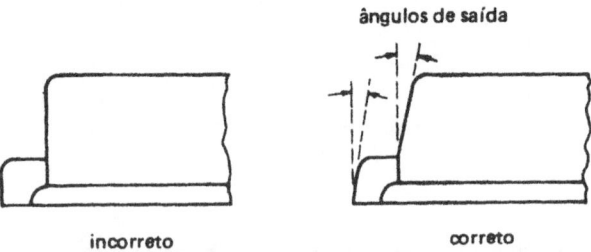

Figura 7  *Conicidade recomendada no projeto do modelo e confecção do molde.*

3.2 **Projeto do modelo** O modelo é feito, geralmente, de madeira; a espécie mais comumente utilizada no Brasil é o cedro. Outras espécies incluem imbuia, peroba, pinho e pau-marfim. É comum, igualmente, o emprego de madeira compensada para reforçar os modelos ou para a confecção do elemento principal do modelo.

Para produção seriada, em que são utilizadas máquinas de moldar, o material mais comum para confecção dos modelos é o alumínio, devido a sua leveza e usinabilidade.

Os modelos são utilizados em uma única peça, sobretudo quando se trata de moldar e fundir peças volumosas, ou são montados em placas, quando a produção é seriada e as peças de menores dimensões. Os modelos em placa facilitam a utilização de máquinas de moldar.

As principais recomendações no projeto e confecção dos modelos são as seguintes:

TABELA 3

MARGENS DIMENSIONAIS RECOMENDADAS NOS MODELOS PARA PREVER A CONTRAÇÃO DO METAL

| Ligas fundidas | Dimensão do modelo cm | Contração aproximada mm/cm |
|---|---|---|
| Ferro fundido cinzento | Até 60 De 63,5 a 120 Acima de 120 | 0,1 0,08 0,07 |
| Aço fundido | Até 60 De 63,5 a 183 Acima de 183 | 0,2 0,15 0,13 |
| Ferro maleável | – | 0,01 a 010, dependendo da espessura da secção |
| Alumínio | Até 120 De 124 a 183 Acima de 183 | 0,13 0,12 0,10 |
| Magnésio | Até 48 Acima de 48 | 0,28 0,13 |
| Latão | – | 0,15 |
| Bronze | – | 0,1 a 0,2 |

3.2.1 **Considerar a contração do metal ao solidificar** Em outras palavras, o modelo deve ser maior. A margem dimensional a ser considerada depende do metal ou liga a ser fundida. A Tabela 3[(4)] apresenta as recomendações gerais nesse sentido.

3.2.2 **Eliminar os rebaixos**, como a Figura 8 mostra, de modo a facilitar a moldagem.

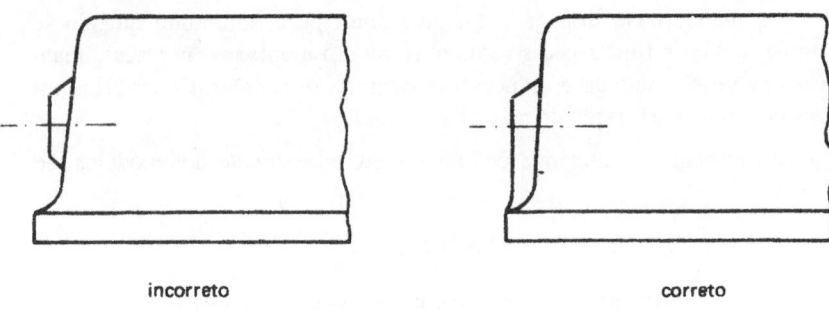

Figura 8  *Recortes que dificultam a moldagem.*

3.2.3 **Deixar sobremetal**, para usinagem posterior. A Tabela 4[(4)] apresenta as recomendações de margens de usinagem para diversas ligas, em função das dimensões das peças.

3.2.4 **Verificar a divisão do modelo**  As linhas divisórias do modelo devem ser feitas no mesmo nível, tanto quanto possível. A linha divisória representa a linha que divide as partes que formam a cavidade superior e a cavidade inferior do molde. A Figura 9 mostra que se deve procurar uma linha divisória reta, em nível, ou seja, recomenda-se que um único plano divida o modelo em secções inferior e superior.

Figura 9  *A linha divisória em (a) não é reta e a peça torna-se mais difícil de fundir do que se fosse em nível (b).*

## TABELA 4

**MARGENS DIMENSIONAIS RECOMENDADAS NOS MODELOS PARA PREVER A USINAGEM DE ACABAMENTO**

| Liga | Dimensões do modelo cm | Margens, mm | |
|---|---|---|---|
| | | Orifício | Superfície |
| Ferro fundido | Até 15,2 | 3,175 | 2,38 |
| | De 15,2 a 30,5 | 3,175 | 3,175 |
| | De 30,5 a 50,8 | 4,76 | 4,0 |
| | De 50,8 a 91,4 | 6,35 | 4,76 |
| | De 91,4 a 152,4 | 7,94 | 4,76 |
| Aço fundido | Até 15,2 | 3,175 | 3,175 |
| | De 15,2 a 30,5 | 6,35 | 4,76 |
| | De 30,5 a 50,8 | 6,35 | 6,35 |
| | De 50,8 a 91,4 | 7,14 | 6,35 |
| | De 91,4 a 152,4 | 7,94 | 6,35 |
| Não-ferrosos | Até 7,6 | 1,59 | 1,59 |
| | De 7,6 a 20,3 | 2,38 | 2,38 |
| | De 20,3 a 30,5 | 2,38 | 3,175 |
| | De 30,5 a 50,8 | 3,175 | 3,175 |
| | De 50,8 a 91,4 | 3,175 | 4,0 |
| | De 91,4 a 152,4 | 4,0 | 4,76 |

3.2.5 **Considerar volume de produção** Já foi mencionado que do volume de produção depende a escolha do material do modelo — madeira ou metal — e de sua montagem em placa ou não.

3.2.6 **Estudar adequadamente a localização dos machos** A localização dos machos é função do tipo e forma da peça que vai ser produzida. O macho vai corresponder às cavidades que são necessárias nas peças fundidas, principalmente orifícios. Seu papel no molde é, portanto, ao contrário do modelo em si, formar uma secção cheia onde o metal não penetra, de modo que, uma vez fundida, a peça apresente um vazio naquele ponto. Assim sendo, o modelo deve prever partes salientes que permitam a colocação dos machos no molde. A Figura 10 mostra um exemplo simples.

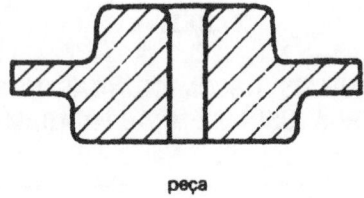

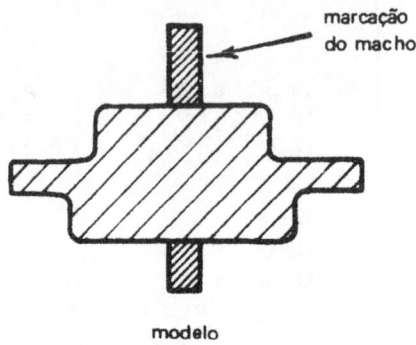

Figura 10  *Modelo com marcação do macho.*

**3.2.7 Prever a colocação dos canais de vazamento**  A Figura 11 mostra a disposição dos canais mencionados e a nomenclatura normalmente usada.

**3.3 Confecção do molde ou moldagem**  O *molde* como foi dito é o recipiente que contém a cavidade ou cavidades, com a forma da peça a ser fundida e no interior das quais será vazado o metal líquido.

A fase *moldagem* permite distinguir os vários processos de fundição, os quais são classificados da seguinte maneira:

— moldagem em molde de areia ou temporário, por gravidade:

- areia verde
- areia seca
- areia-cimento
- areia de macho

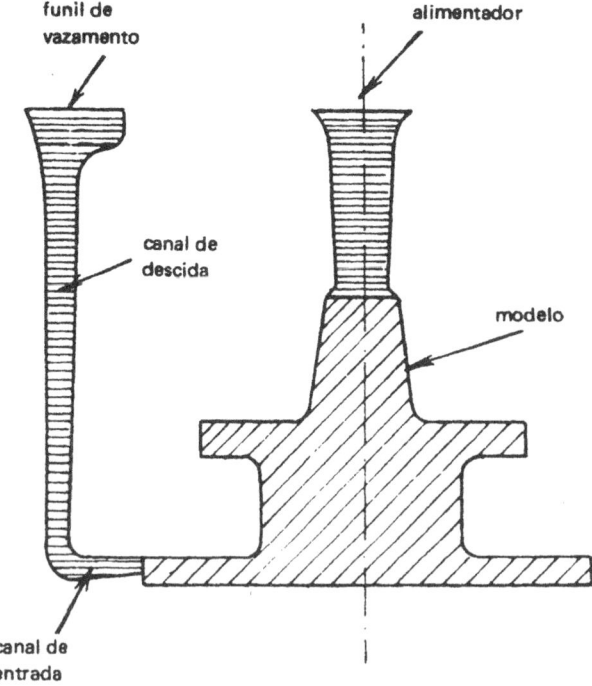

Figura 11   *Modelo e respectivos canais*

— moldagem em molde metálico ou permanente:

  - por gravidade
  - sob pressão
— moldagem pelo processo $CO_2$;
— fundição por centrifugação;
— fundição de precisão:
  - em casca
  - de cera perdida (de investimento)

3.3.1 **Moldagem em areia**  Inicialmente, o molde deve preencher uma série de requisitos, sem os quais a fundição não se realiza nas melhores condições.

Eles devem apresentar resistência suficiente para suportar o peso do metal líquido; devem suportar a ação erosiva do metal líquido no momento do vazamento; devem gerar a menor quantidade possível de gás, de modo a evitar erosão do molde e contaminação do metal; ou devem facilitar a fuga de gases gerados para a atmosfera etc.

O recipiente do molde ou "caixa de moldagem" é constituído de uma estrutura, geralmente metálica, de suficiente rigidez para suportar o socamento da areia na operação de moldagem, assim como a pressão do metal líquido durante a fundição.

Geralmente a "caixa de moldagem" é construída em duas partes: caixa superior e caixa inferior e os modelos são montados em placa, como a Figura 12 mostra.

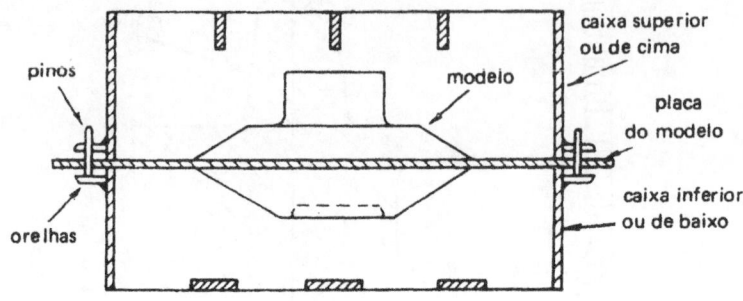

Figura 12   *Modelo em placa montada numa caixa de moldar.*

As caixas são dotadas de pinos e orelhas para sua centragem perfeita, assim como do modelo.

A *moldagem em areia verde* é o processo mais simples e mais generalizado em fundições. Consiste em compactar, manualmente ou empregando máquinas de moldar, uma mistura refratária plástica — chamada areia de fundição —, composta essencialmente de areia silicosa, argila e água, sobre o modelo colocado ou montado na caixa de moldar.

Confeccionada a cavidade do molde, o metal é imediatamente vazado no seu interior.

A Figura 13 mostra esquematicamente a seqüência de operações no processo de fundição em areia verde, para o caso de uma peça simples.

Partindo-se do modelo (I), o mesmo é colocado sobre um estrado de madeira no qual se apóia também a caixa de moldar de baixo; em seguida, joga-se areia no interior da caixa e a mesma é compactada de encontro ao modelo até encher a caixa; a compactação é realizada manualmente, com soquete ou empregando um martelete pneumático (II); a seguir, vira-se a caixa de baixo e retira-se o estrado de madeira (III); coloca-se a outra metade da caixa de moldagem (caixa de cima) e os modelos do alimentador B e do

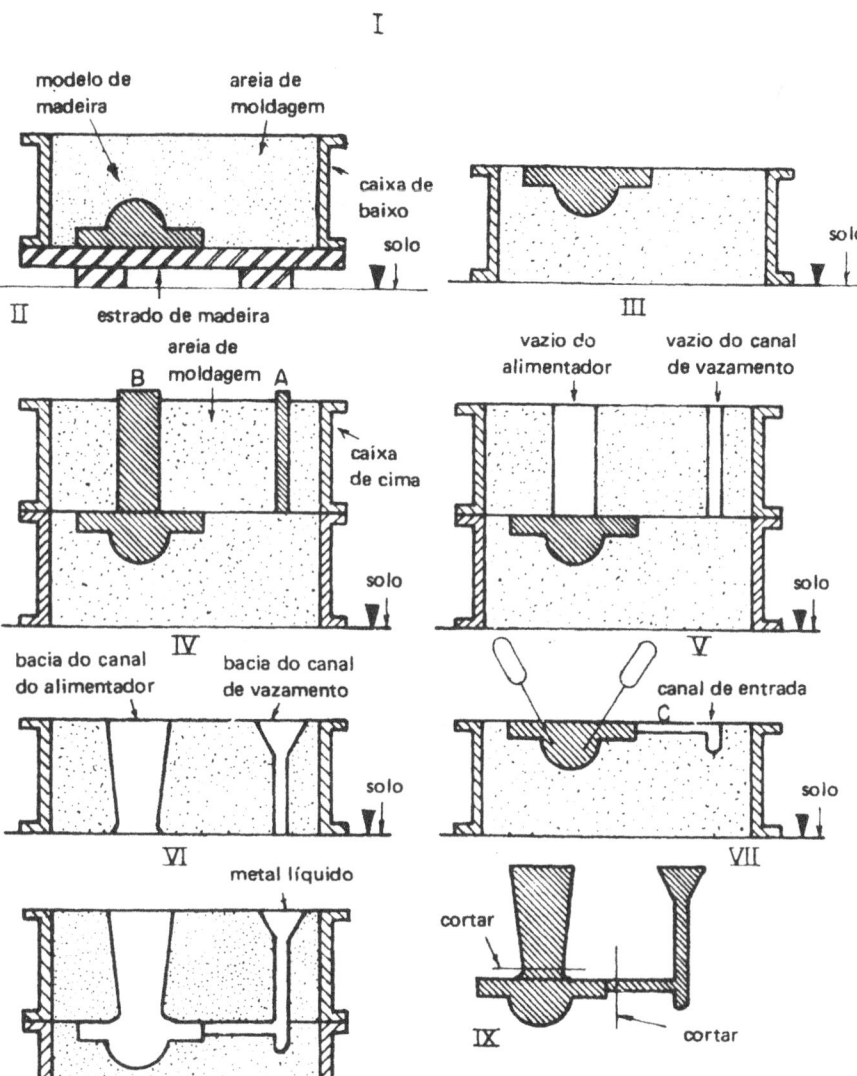

**Figura 13** *Representação esquemática da seqüência de operações na fundição em areia verde.*

canal de vazamento; coloca-se areia e procede-se à sua compactação (IV); retiram-se os modelos dos canais A e B (V); separa-se as caixas e procede-se à abertura das bacias do alimentador e do canal de vazamento (VI) da caixa de cima; na caixa de baixo, procede-se à abertura do canal de entrada e retirada do modelo da peça (VII); fecha-se a caixa de moldagem, colocando as duas metades uma sobre a outra e mantendo-as presas por presilhas ou por um peso colocado sobre a caixa de cima (VIII); vaza-se o metal, desmolda-se e corta-se os canais (IX), resultando a peça fundida (X).

A *areia de fundição* deve apresentar certos característicos que permitem uma moldagem fácil e segura. Entre eles, os mais importantes são[5]: plasticidade e consistência, moldabilidade, dureza, resistência, refratariedade etc. Para determinação desses característicos, procede-se a ensaios de laboratório*.

Os componentes de uma areia de fundição são os seguintes[5]:

— *areia*, que é o constituinte básico, no qual devem ser considerados os característicos de pureza, granulometria (tamanho de grãos, distribuição granulométrica e porcentagem de finos, dureza, forma dos grãos, integridade dos grãos, refratariedade, permeabilidade e expansibilidade;

— *argila*, que constitui o aglomerante usual nas areias de fundição sintéticas (especialmente preparadas);

— *carvão moído*, eventualmente, para melhorar o acabamento das peças fundidas;

— *dextrina*, aglomerante orgânico, para conferir maior resistência mecânica à areia quando secada (estufada);

— *farinha de milho gelatinizada* (Mogul), que melhora a qualidade de trabalhabilidade da areia;

— *breu em pó*, também como aglomerante, que confere, principalmente em areia seca, grande resistência mecânica;

— *serragem*, eventualmente, para atenuar os efeitos da expansão.

Uma composição típica de areia sintética de fundição é a seguinte (partes em peso):

— areia: 100
— argila: 20
— água: 4

---

\* O Boletim nº 52 do IPT, que consta da Bibliografia, contém um capítulo sobre "Controle das Areias de Fundição" e deve ser consultado pelos que desejarem se aprofundar no assunto.

Esse tipo de areia, de composição mais simples, é indicado para emprego geral na confecção dos moldes.

Para a confecção dos machos, as areias devem apresentar alta resistência depois de estufadas (secas), alta dureza, alta permeabilidade e inalterabilidade. Os seus componentes, além da areia natural e água, incluem vários tipos de aglomerantes, entre os quais podem ser citados o silicato de sódio, cimento portland, resinas, piche, melaços, farinha Mogul, óleos etc.

As areias de fundição são preparadas em misturadores especiais, onde os componentes são inicialmente misturados secos (durante 2 a 3 minutos), seguindo-se a mistura úmida pela adição, aos poucos, de água, até completa homogeneização da mistura.

A areia usada, é, geralmente, reaproveitada, chegando-se a obter alto índice de recuperação (98%); inicialmente, logo após a desmoldagem, a areia deve ser peneirada; a seguir é levada ao misturador.

A *moldagem*, como foi citado, pode ser realizada *manualmente* (com soquete manual ou pneumático) ou *mecanicamente*. Neste último caso, empregam-se máquinas e sistemas de moldar especiais, entre os quais podem ser citados: máquinas de compressão, máquinas de impacto, máquinas de compressão vibratória, máquinas de sopragem e máquinas de projeção centrífuga.

A moldagem mecânica é empregada nas fundições modernas, para produção seriada e produção de moldes e, conseqüentemente, de peças fundidas, de qualidade superior.

A Figura 14 mostra esquematicamente a moldagem mecânica, empregando um modelo próprio para moldagem manual, por intermédio de três métodos[6]: (a) pela utilização de um dispositivo vibratório contido na máquina de moldar; (b) comprimindo a areia no interior da caixa de moldar, de modo que seu nível fique mais baixo que a altura da caixa; (c) encher o molde com excesso de areia, comprimir e nivelar de acordo com a altura da caixa.

Os machos, como já se mencionou, são utilizados para a fundição de peças com cavidades. A Figura 15 representa esquematicamente a seqüência das operações de fundição de peça com cavidade.

A Figura 16[6] mostra alguns outros exemplos de machos simples, localizados na caixa de moldar.

Os machos são normalmente secados em estufa (estufados) entre 150° e 250°C; na sua confecção, os aglomerantes mais empregados são resinas, piche, melaço (subproduto da refinação de açúcar de cana), cereais (dextrina ou Mogul) etc.

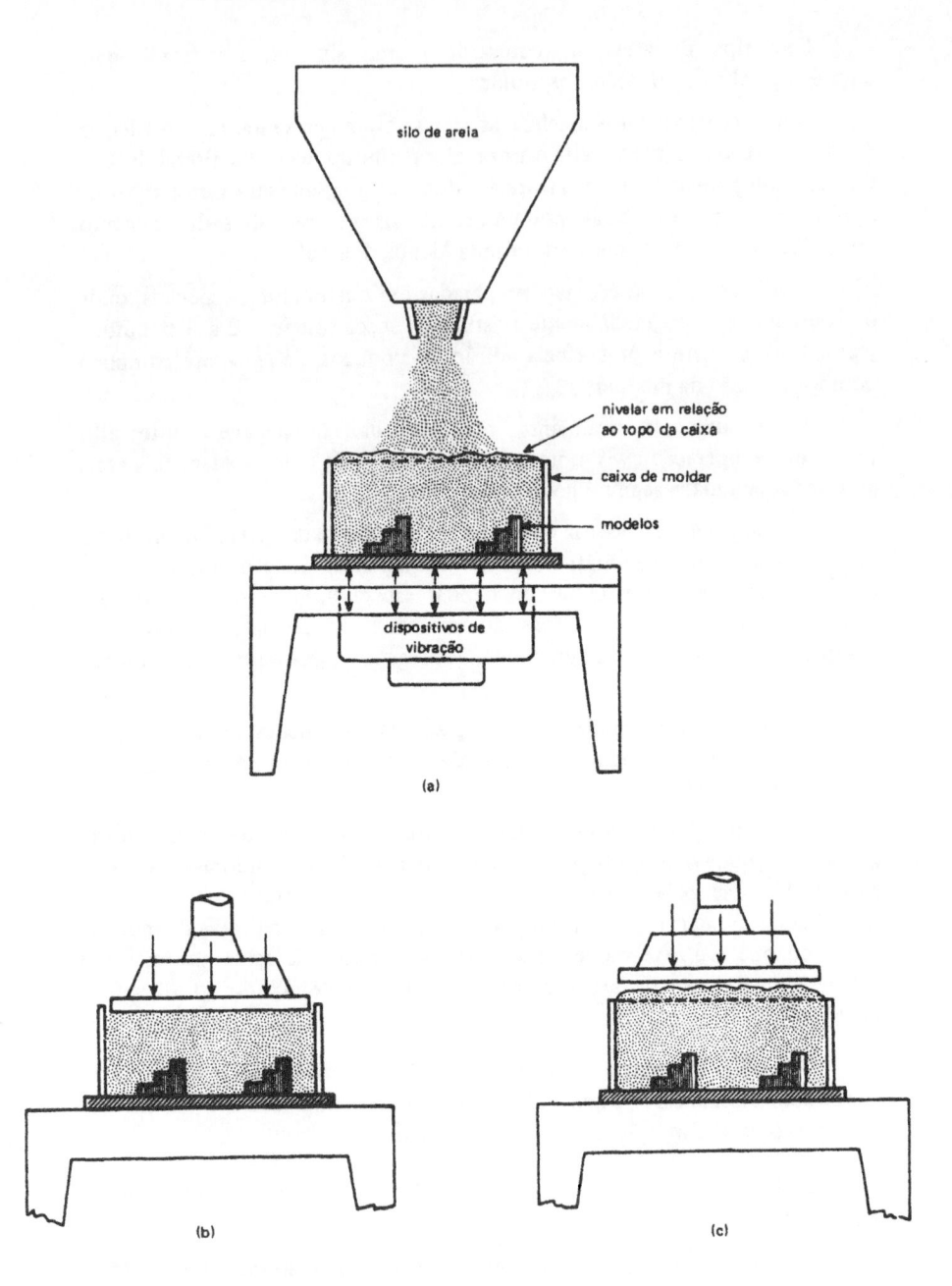

Figura 14  *Três métodos de compactação da areia numa caixa de moldar:* (a) *Utilização de um dispositivo vibrador.* (b) *Comprimir e deixar com menos areia.* (c) *Encher em excesso e nivelar.*

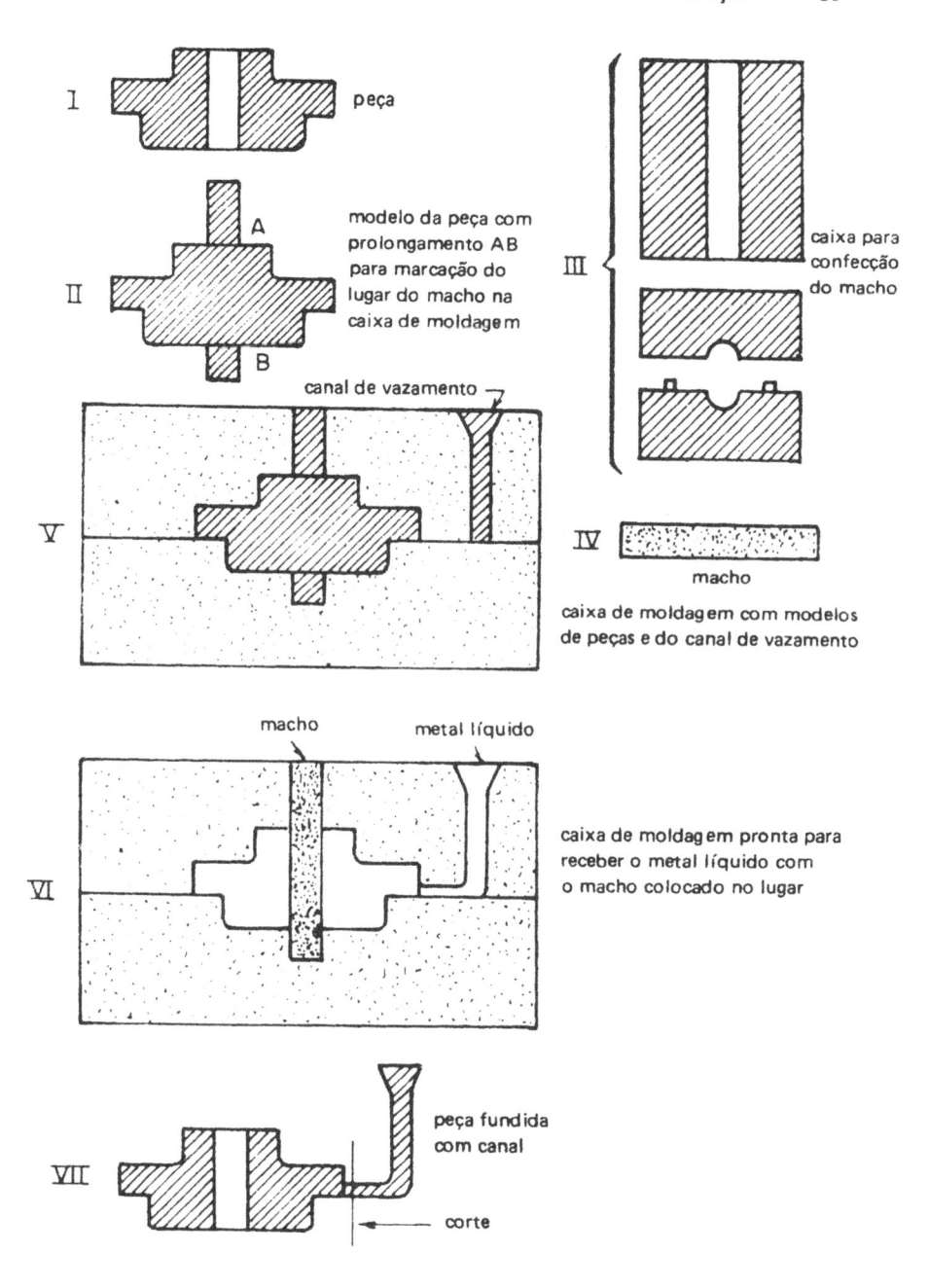

**Figura 15** *Exemplo de fundição de peça com macho.*

### 3.3.2 Moldagem em areia seca ou em molde estufado

Neste caso, a areia deve conter aditivos orgânicos para melhorar seus característicos; a secagem tem lugar em estufas apropriadas, a temperaturas que variam de 150 a 300°C. As vantagens dos moldes estufados são, em linhas gerais, maior resistência à pressão do metal líquido, maior estabilidade dimensional, maior dureza, maior permeabilidade e melhor acabamento das peças fundidas.

Esse tipo de moldagem é empregado em peças de qualquer dimensão ou peso, sempre que se exige um melhor acabamento.

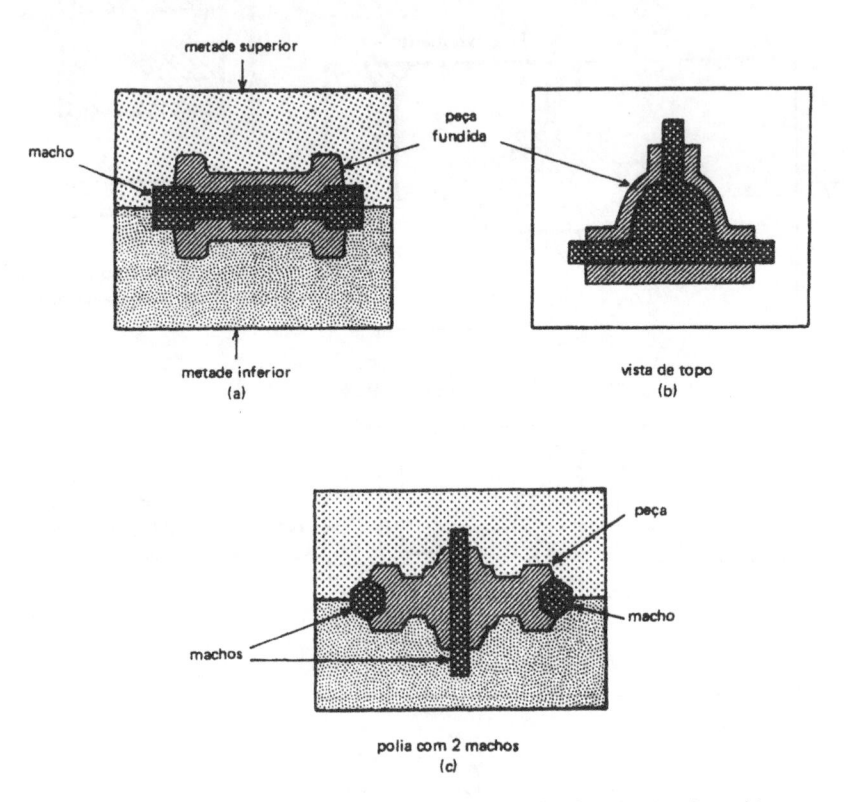

Figura 16  *Outros exemplos de machos simples localizados na caixa de moldar.*

### 3.3.3 Moldagem em areia-cimento

Este processo, em princípio, tem aplicação semelhante à dos moldes estufados. É preferido para moldagem de peças médias e grandes. Uma composição típica da areia de moldagem é a seguinte (porcentagem em peso): areia silicosa, 90%; cimento portland, 10%; e água, 8%.

3.3.4 **Processo $CO_2$** É de aplicação relativamente recente. Utiliza-se para moldes e machos relativos a peças de quaisquer dimensões. No processo, os moldes são do tipo convencional, de areia aglomerada com silicato de sódio (2,5 a 6,0% em peso). Depois de compactados, são eles submetidos a um tratamento com $CO_2$, que consiste na passagem de uma corrente desse gás através de sua secção. Ocorre uma reação entre o $CO_2$ e o silicato de sódio; forma-se sílica-gel, carbonato de sódio e água, resultando um endurecimento do molde, em tempo relativamente curto. Não há necessidade de estufagem, alcançando-se elevadas propriedades de dureza e resistência.

O processo é empregado igualmente para a confecção de moldes de areia completos.

3.3.5 **Processo de moldagem plena** Neste processo* são empregados modelos de espuma de poliestireno[6]. Blocos e chapas desse material podem ser cortados, gravados e colados em formatos os mais variados. Como seu peso é muito pequeno (16 kg/m$^3$), permitem a confecção de modelos de grandes dimensões.

A moldagem é conduzida do mesmo modo que a empregada quando se tem modelos de madeira, embora se recomende menor pressão durante a moldagem. Quando o metal líquido é derramado no interior do molde, ele vaporiza o poliestireno e preenche os espaços vazios. Em resumo, não há "cavidades", em momento algum.

Algumas das vantagens do processo são: ângulos de saída e cantos arredondados não são necessários; pouca ou nenhuma quantidade de aglomerante misturada na areia; redução drástica da quantidade de machos; mão-de-obra menos qualificada.

As desvantagens eventuais se relacionam com o gás gerado que pode ocasionar alguns problemas e com o acabamento da superfície que, em geral, é mais grosseiro do que o obtido na moldagem normal.

**3.4 Moldagem em molde metálico** Os processos que empregam moldes metálicos são: fundição em molde permanente e fundição sob pressão.

3.4.1 **Moldes permanentes** A aplicação mais conhecida é a da fundição de "lingotes", ou seja, peças de forma regular, cilíndrica ou prismática, que irão sofrer posterior processamento mecânico.

Os moldes, nesse caso, são chamados "lingoteiras".

Alguns tipos estão representados na Figura 17.

---

\* O processo é patenteado pela "Full Mold Process, Inc.".

(a) – lingoteira horizontal

(b)

c)

(d)

(e)

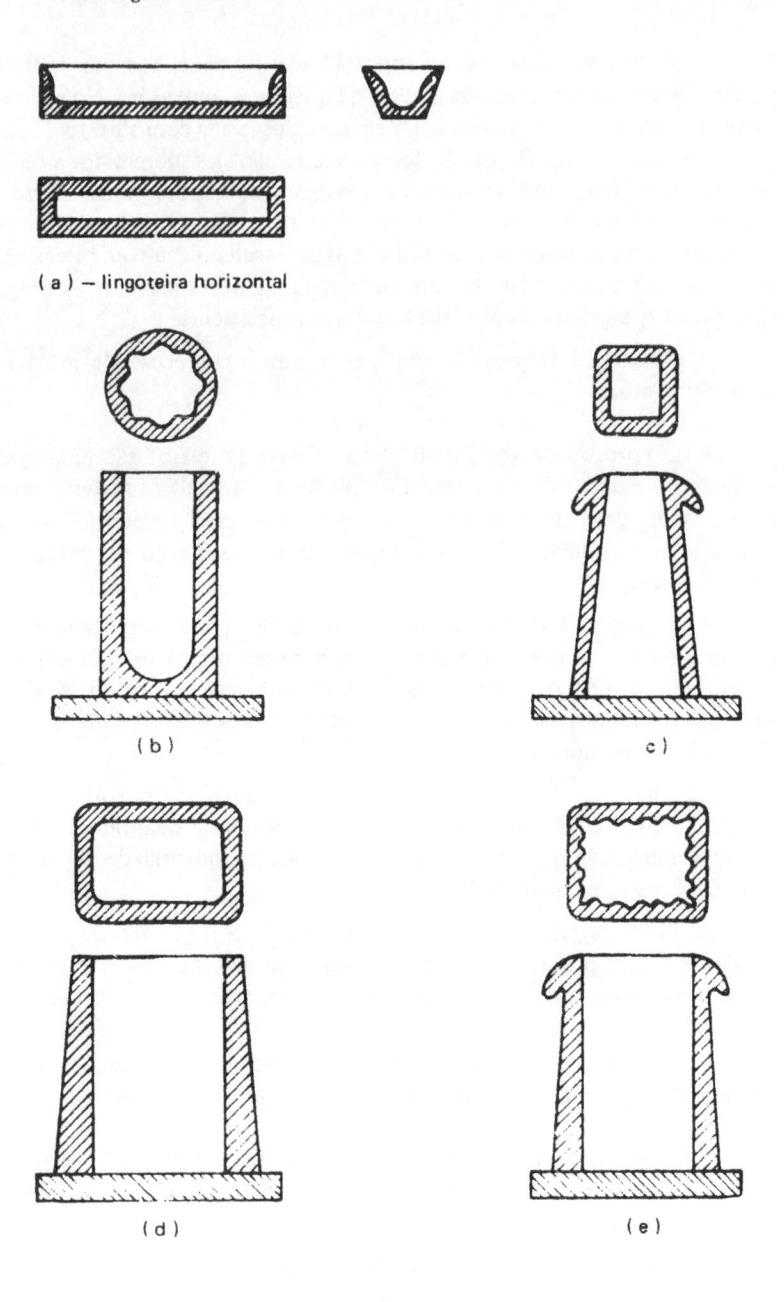

b – c – d – e – lingoteiras verticais

Figura 17   Alguns dos tipos mais usados de lingoteiras.

Em geral, as lingoteiras são inteiriças, ou com o fundo constituído de uma placa sobre a qual o corpo da lingoteira se apóia.

Os tipos verticais são empregados geralmente para a fundição de lingotes de aço. Os tipos horizontais são mais utilizados para metais e ligas não-ferrosos.

A lingoteira inteiriça (tipo b da figura) é empregada principalmente quando se utiliza "cabeça quente" ou "massalote", o que facilita a extração do lingote solidificado.

Normalmente, o vazamento do metal líquido é feito pela parte superior da lingoteira. Entretanto, são empregadas também lingoteiras com enchimento pelo fundo, através de canais de vazamento. Essa técnica propicia um enchimento mais uniforme do metal no interior da lingoteira.

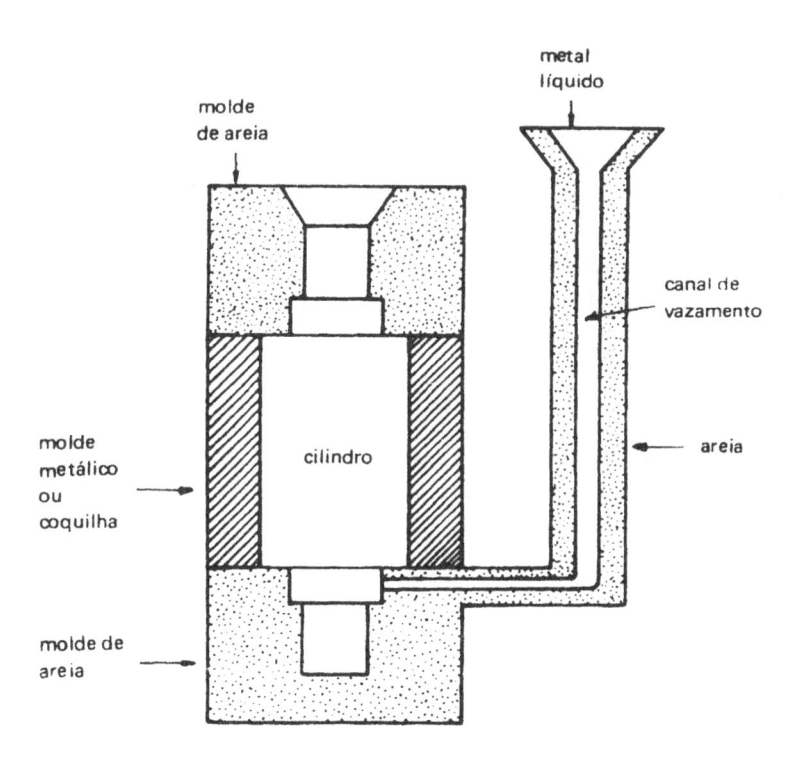

**Figura 18** *Molde permanente misto para fundição de um cilindro de laminação coquilhado.*

Moldes *permanentes mistos* são empregados em certos casos. A Figura 18 apresenta um exemplo, para fundição de um cilindro de laminação "coquilhado". A parte metálica do molde é chamada "coquilha" e o material, que solidifica mais rapidamente nessa secção, adquire uma camada metálica dura e de alta resistência ao desgaste, característicos necessários para a aplicação mencionada.

Os moldes permanentes são geralmente feitos de aço ou ferro fundido. Em alguns casos, empregam-se ligas de cobre, como bronze.

Pelo processo de *molde permanente*, utilizando a ação da gravidade, muitos outros tipos de peças são produzidos.

O molde consiste em duas ou mais partes que são convenientemente alinhadas e fechadas, de modo a formar a cavidade correspondente à forma desejada da peça.

Depois que a peça solidifica, o molde é aberto e a peça é retirada manualmente.

O processo permite a fundição de peças em ligas de alumínio, magnésio, cobre, zinco e ferro fundido cinzento.

Em ligas de alumínio, pode-se produzir peças com até cerca de 300 kg de peso; no caso de ferro fundido cinzento, o processo deixa de ser prático para peças de peso superior a cerca de 15 kg.

As peças, comparadas com as produzidas em moldes de areia, apresentam maior uniformidade, melhor acabamento superficial, tolerâncias dimensionais mais estreitas e melhores propriedades mecânicas.

Entretanto, o processo é geralmente limitado a peças de dimensões relativamente pequenas, devido ao alto custo do molde; por essa mesma razão, o processo não se recomenda para pequenas séries; por outro lado, nem todas as ligas metálicas podem ser fundidas em moldes permanentes e, finalmente, formas muito complicadas dificultam o projeto do molde e tornam difícil a extração da peça do seu interior.

3.4.2 **Fundição sob pressão** Consiste em forçar o metal líquido, sob pressão, a penetrar na cavidade do molde, chamado *matriz*. Esta é metálica, portanto de natureza permanente e, assim, pode ser usada inúmeras vezes.

Devido à pressão e à conseqüente alta velocidade de enchimento da cavidade do molde, o processo possibilita a fabricação de peças de formas bastante complexas e de paredes mais finas que os processos por gravidade permitem.

A matriz é geralmente construída em duas partes, que são hermeticamente fechadas no momento do vazamento do metal líquido. Ela pode ser utilizada fria ou aquecida à temperatura do metal líquido, o que exige materiais que suportem essas temperaturas.

O metal é bombeado na cavidade da matriz e a sua quantidade deve ser tal que não só preencha inteiramente essa cavidade, como também os canais localizados em determinados pontos para evasão do ar. Esses canais servem igualmente para garantir o preenchimento completo das cavidades da matriz. Simultaneamente, produz-se alguma rebarba.

Enquanto o metal solidifica, mantém-se a pressão durante um certo tempo, até que a solidificação se complete.

A seguir, a matriz é aberta e a peça é expelida. Procede-se, então, à limpeza da matriz e à sua lubrificação. Fecha-se novamente e o ciclo é repetido.

As vantagens do processo são as seguintes[7]:

- produção de formas mais complexas que no caso da fundição por gravidade;
- produção de peças de paredes mais finas e tolerâncias dimensionais mais estreitas;
- alta capacidade de produção;
- produção de peças praticamente acabadas;
- utilização da mesma matriz para milhares de peças, sem variações significativas nas dimensões das peças produzidas;
- as peças fundidas sob pressão podem ser tratadas superficialmente, por revestimentos superficiais, com um mínimo de preparo prévio da superfície;
- algumas ligas, como a de alumínio, apresentam maiores resistências que se fundidas em areia.

As principais desvantagens são[7]:

- as dimensões das peças são limitadas; normalmente o seu peso é inferior a 5 kg; raramente ultrapassa 25 kg;
- pode haver dificuldades de evasão do ar retido no interior da matriz, dependendo dos contornos das cavidades e dos canais; o ar retido é a principal causa de porosidade nas peças fundidas;
- o equipamento e acessórios são relativamente de alto custo, de modo que o processo somente se torna econômico para grandes volumes de produção;
- o processo, com poucas exceções, só é empregado para ligas cujas temperaturas de fusão não são superiores às das ligas à base de cobre.

O princípio do processo está esquematizado na Figura 19[6]. Como se vê, o metal líquido está contido num recipiente aquecido por uma fonte adequada de calor. No seu interior, localiza-se um cilindro, ao longo do qual desliza um pistão. O cilindro é dotado de duas aberturas, A e B, por onde penetra o metal líquido, quando o pistão está levantado. Ao cilindro está ligado um canal que leva diretamente à matriz. Ao descer, o pistão força o metal do cilindro, através do canal, no interior das cavidades da matriz. O cilindro volta a ser alimentado de metal líquido, quando o pistão reassume a posição inicial; e assim em seguida.

É muito importante, na fundição sob pressão, um projeto adequado da matriz e de todas suas peças acessórias que constituem os sistemas de injeção, extração da peça, refrigeração etc.

A máquina de fundição sob pressão é dotada de duas mesas: uma, fixa, onde se localizam uma metade da matriz e o sistema de injeção do metal líquido; outra, móvel, onde se localizam a outra metade da matriz, o sistema de extração da peça e o sistema de abertura, fechamento e travamento da máquina.

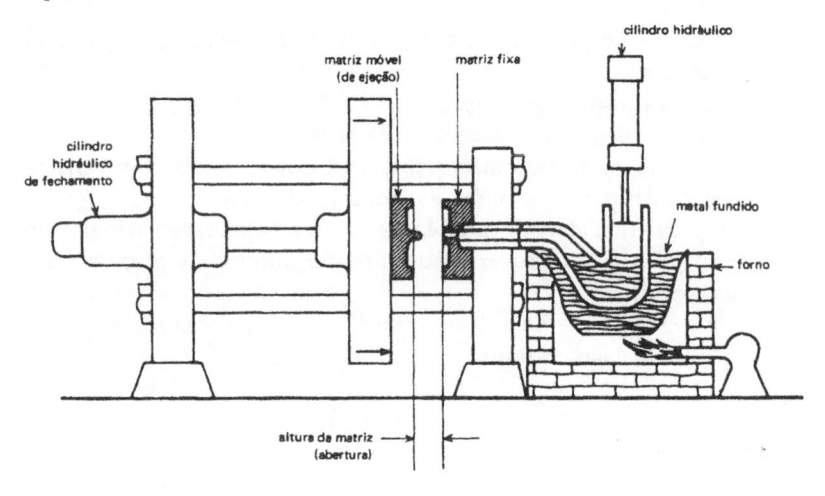

Figura 19   *Representação esquemática da operação de fundição sob pressão em câmara quente.*

A Figura 20[8] apresenta o corte de uma matriz para fundição sob pressão.

As máquinas para fundição sob pressão obedecem a dois tipos básicos:

— se o metal a ser utilizado funde a uma temperatura baixa e não ataca o material do cilindro e pistão de injeção, este cilindro pode ser colocado diretamente no banho de metal fundido. Este tipo de máquina é cha-

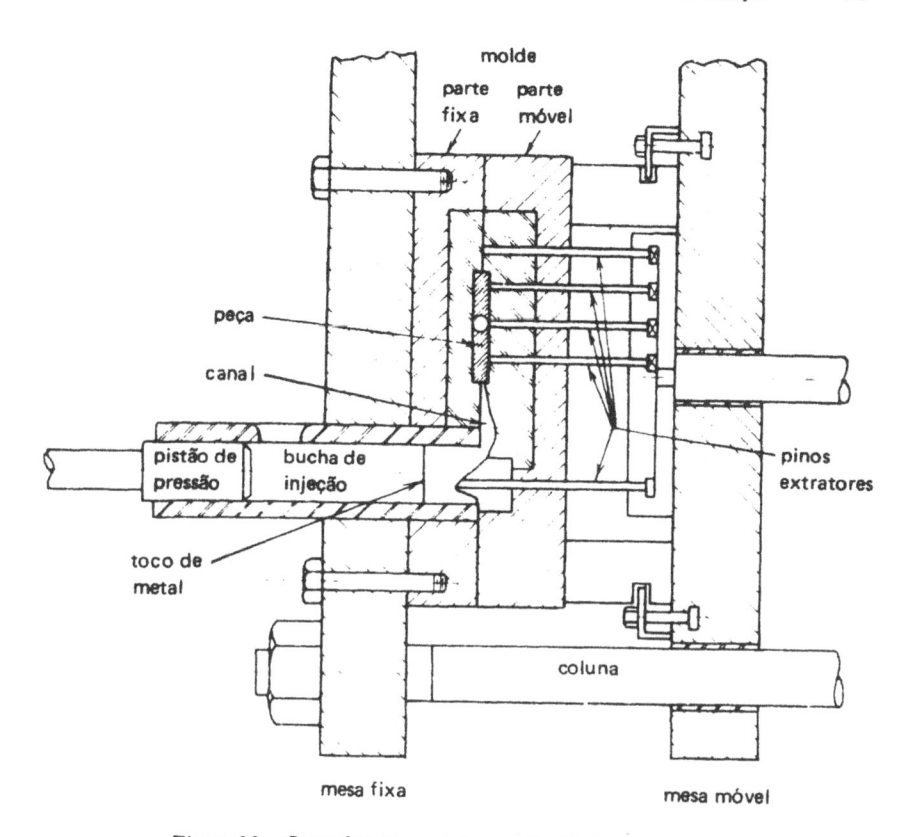

Figura 20  Corte de uma matriz para fundição sob pressão.

mado "câmara quente". A Figura 19 indica, esquematicamente o sistema de câmara quente. As peças fundidas neste tipo de máquina pesam desde poucos gramas até cerca de 25 kg. Sua capacidade de produção, dependendo do grau de mecanização adotado e do tipo de peça, varia normalmente de 50 a 500 peças por hora;

— se o metal fundido ataca o material do sistema de bombeamento (cilindro e pistão), este não pode ser colocado em contato com o metal líquido. O tipo de máquina usado é chamado "câmara fria", representada esquematicamente na Figura 21.

Como se vê, a câmara de pressão é montada horizontalmente com um orifício de vazamento no topo da parede da câmara. O contato desta com o metal fundido ocorre somente no momento do vazamento.

Geralmente essas máquinas são empregadas para fundir sob pressão alumínio, magnésio e ligas de cobre.

Empregam-se também máquinas com câmara fria, do tipo vertical.

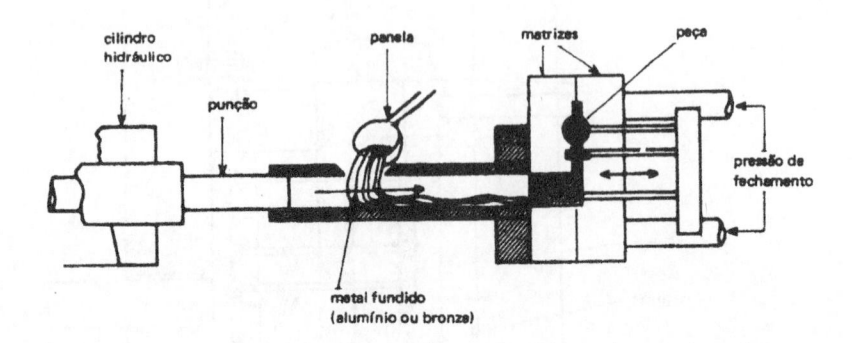

Figura 21  *Representação esquemática do método de fundição sob pressão de câmara fria (peça de alumínio e ligas de cobre).*

**3.5 Outros processos de fundição**   Serão considerados a seguir alguns outros processos de fundição.

**3.5.1 Fundição por centrifugação**   O processo consiste em vazar-se metal líquido num molde dotado de movimento de rotação, de modo que a força centrífuga origine uma pressão além da gravidade, a qual força o metal líquido de encontro às paredes do molde onde solidifica.

Um dos exemplos mais conhecidos de utilização do processo corresponde à fabricação de tubos de ferro fundido para linhas de suprimento de água.

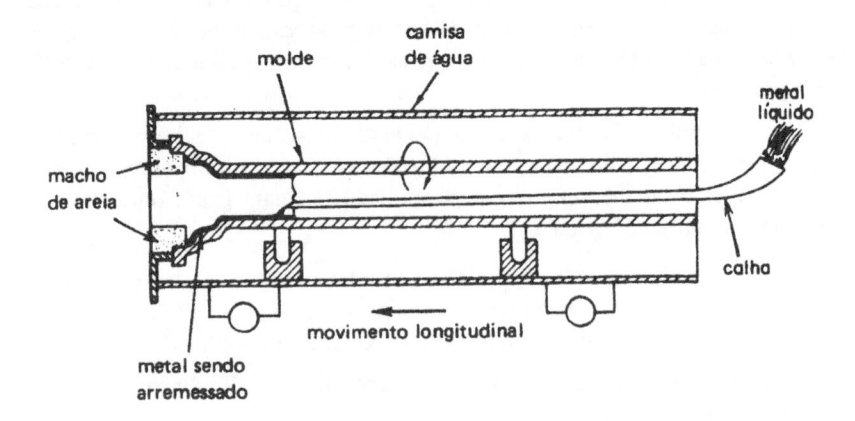

Figura 22  *Sistema de fundição centrífuga para produção de tubos de ferro fundido.*

Nesse caso, o processo está ilustrado na Figura 22. Como se vê, a máquina empregada consiste essencialmente em um molde metálico cilíndrico, montado em roletes, de modo que nele se possa aplicar o movimento de rotação. O cilindro é rodeado por uma camisa de água estacionária, montada, por sua vez, em rodas, de modo a permitir que o conjunto se movimente longitudinalmente.

O metal líquido é vazado no interior do molde, por uma das extremidades, por intermédio de uma "calha" que é alimentada por uma "panela de fundição".

No início da operação, a calha está localizada na extremidade oposta à da entrada do metal. Nesse instante, iniciam-se os movimentos de rotação e longitudinal e a corrente líquida começa a fluir tangencialmente sobre a superfície do molde, onde é mantida pela força centrífuga originada, até solidificar.

Terminado o processo, a máquina é parada e o tubo solidificado é facilmente retirado por intermédio de tenazes.

Usam-se, também, para outros tipos de peças, sistemas verticais de centrifugar. A Figura 23 ilustra esquematicamente esse processo[9].

3.5.2 **Fundição de precisão** — Os processos de fundição de precisão utilizam um molde obtido pelo revestimento de um modelo consumível com uma pasta ou argamassa refratária que endurece à temperatura ambiente ou mediante adequado aquecimento.

Uma vez endurecida essa pasta refratária, o modelo é consumido ou inutilizado. Tem-se assim uma casca endurecida que constitui o molde propriamente dito, com as cavidades correspondentes à peça que se deseja produzir.

Vazado o metal líquido no interior do molde e solidificada a peça correspondente, o molde é igualmente inutilizado.

Assim, ao contrário do que ocorre na fundição em areia verde, onde o modelo é usado inúmeras vezes e o molde é inutilizado, nos processos de fundição de precisão, tanto o modelo como o molde são inutilizados.

O modelo consumível é confeccionado a partir de matrizes, cujas cavidades correspondem à forma do modelo. Essa matriz é praticamente permanente.

As principais vantagens da fundição de precisão são as seguintes[10]:

— possibilidade de produção em massa de peças de formas complicadas que são difíceis ou impossíveis de obter pelos processos convencionais de fundição ou por usinagem;

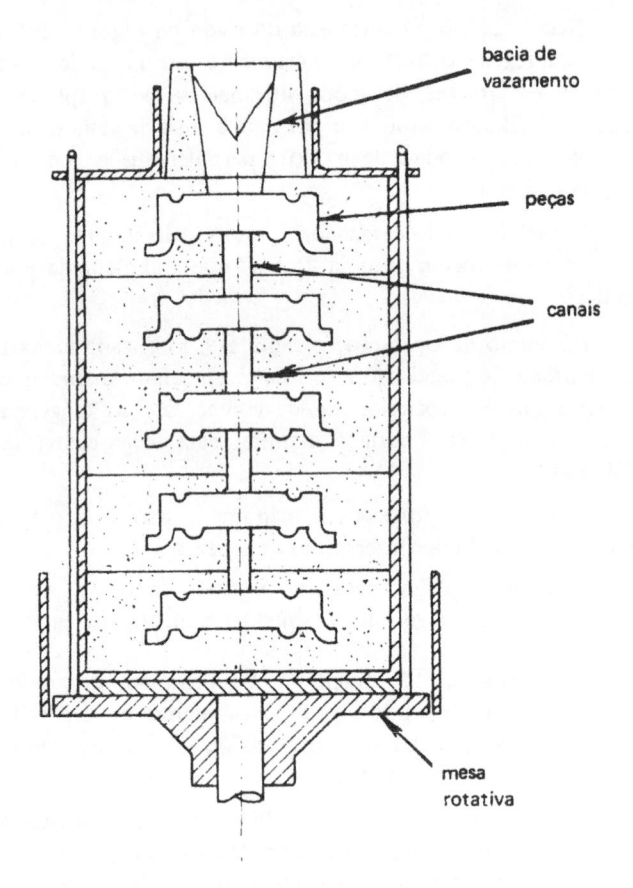

Figura 23  *Sistema vertical de centrifugar.*

- possibilidade de reprodução de pormenores precisos, cantos vivos, paredes finas etc.; obtenção de maior precisão dimensional e superfícies mais macias;
- utilização de praticamente qualquer metal ou liga;
- as peças podem ser produzidas praticamente acabadas, necessitando pouca ou nenhuma usinagem posterior, o que torna mínima a importância de adotarem-se ligas fáceis de usinar;
- o processo permite rigoroso controle do tamanho e contornos dos grãos, solidificação direcional e orientação granular, o que resulta em controle mais preciso das propriedades mecânicas;

— o processo pode adotar fusão sob atmosfera protetora ou sob vácuo, o que permite a utilização de ligas que exijam tais condições.

As principais limitações são:

— as dimensões e o peso são limitados, devido a considerações econômicas e físicas e devido à capacidade do equipamento disponível. O peso recomendado para as peças fundidas por precisão não deve ser superior a cerca de 5 kg;
— o investimento inicial para peças maiores (de 5 a cerca de 25 kg) é normalmente muito elevado.

Alguns exemplos de peças obtidas por fundição de precisão[11]:

— peças estruturais para a indústria aeronáutica, de ligas de alumínio e aço inoxidável;
— peças para motores de avião, de aço inoxidável, ligas resistentes ao calor etc.;
— sistemas de combustão de aviões, de aço inoxidável, ligas de alumínio e ligas resistentes ao calor;
— instrumentos de controle de aviões, de alumínio e suas ligas, ligas cobre-berílio, ligas de magnésio, de bronze-silício etc.;
— em equipamento aeroespacial, de aço inoxidável, alumínio etc.;
— em equipamento de processamento de dados, de aços-liga, latão ao silício, ligas cobre-berílio, ligas de alumínio etc.;
— em motores elétricos, de aço doce, ligas cobre-berílio, latão ao silício, aço inoxidável, cobre etc.;
— em equipamento eletrônico de comunicações, de cobre-berílio, alumínio e suas ligas, bronze ao silício etc.;
— em turbinas a gás, de aço inoxidável, ligas de níquel, ligas resistentes ao calor e ao desgaste etc.;
— em armamentos de pequeno porte, de aços-liga, cobre-berílio etc.;
— em máquinas operatrizes e acessórios, em equipamento médico e odontológico; em equipamento óptico, em equipamento para indústria têxtil, em máquinas de escrever e equipamento de escritório, bem como em uma infinidade de outras aplicações.

Um dos processos de fundição de precisão corresponde ao sistema de *cera perdida*, ilustrado na Figura 24[12].

As etapas do referido processo são as seguintes, a partir da matriz:

a) a cera é injetada no interior da matriz para confecção dos modelos;
b) os modelos de cera endurecida são ligados a um canal central;
c) um recipiente metálico é colocado ao redor do grupo de modelos;
d) o recipiente é enchido com uma pasta refratária — chamada *investimento* — para confecção do molde;
e) assim que o material do molde endurecer, pelo aquecimento, os modelos são derretidos e deixam o molde;
f) o molde aquecido é enchido do metal líquido, sob ação de pressão, por gravidade, a vácuo ou por intermédio de força centrífuga;
g) o material do molde é quebrado e as peças fundidas são retiradas;
h) as peças são separadas do canal central e dos canais de enchimento e esmerilhadas.

Um segundo sistema de fundição de precisão corresponde à *fundição em casca*. Nele, o molde é confeccionado a partir de uma mistura de areia e uma resina, endurecível pelo calor, a qual atua como aglomerante. A mistura é colocada sobre a superfície de um modelo metálico. O conjunto é aquecido e endurece, resultando aderência mútua dos grãos de areia; forma-se, assim, uma casca resistente e rígida que constitui metade do molde.

O modelo é então extraído.

A outra metade do molde é confeccionada de modo idêntico.

Prontos os moldes, são colocados os machos na sua cavidade, se necessários. As metades são juntadas e presas, geralmente por colagem.

A Figura 25 mostra esquematicamente o processo de fundição em casca, pelo sistema manual de caixa basculante[6]:

(a) a placa com o modelo, aquecida entre 177° e 260°C, é levada à caixa basculante, mantida na sua posição normal, contendo a areia de fundição;

(b) a caixa basculante é girada de 180° para que a areia caia sobre o modelo aquecido; o calor provoca a fusão da resina e liga as partículas de areia; quanto mais longo o tempo de contato da areia com o modelo mais espessa a casca resultante. Geralmente, uma casca com espessura variando de 4,7 a 9,5 mm é suficiente. O tempo necessário para atingir essa espessura varia de 15 a 60 segundos;

(c) a caixa basculante é levada à sua posição normal; o conjunto completo de modelo e molde é estufado a cerca de 315°C;

(d) o molde é extraído do modelo e está pronto para ser utilizado.

Fundição 37

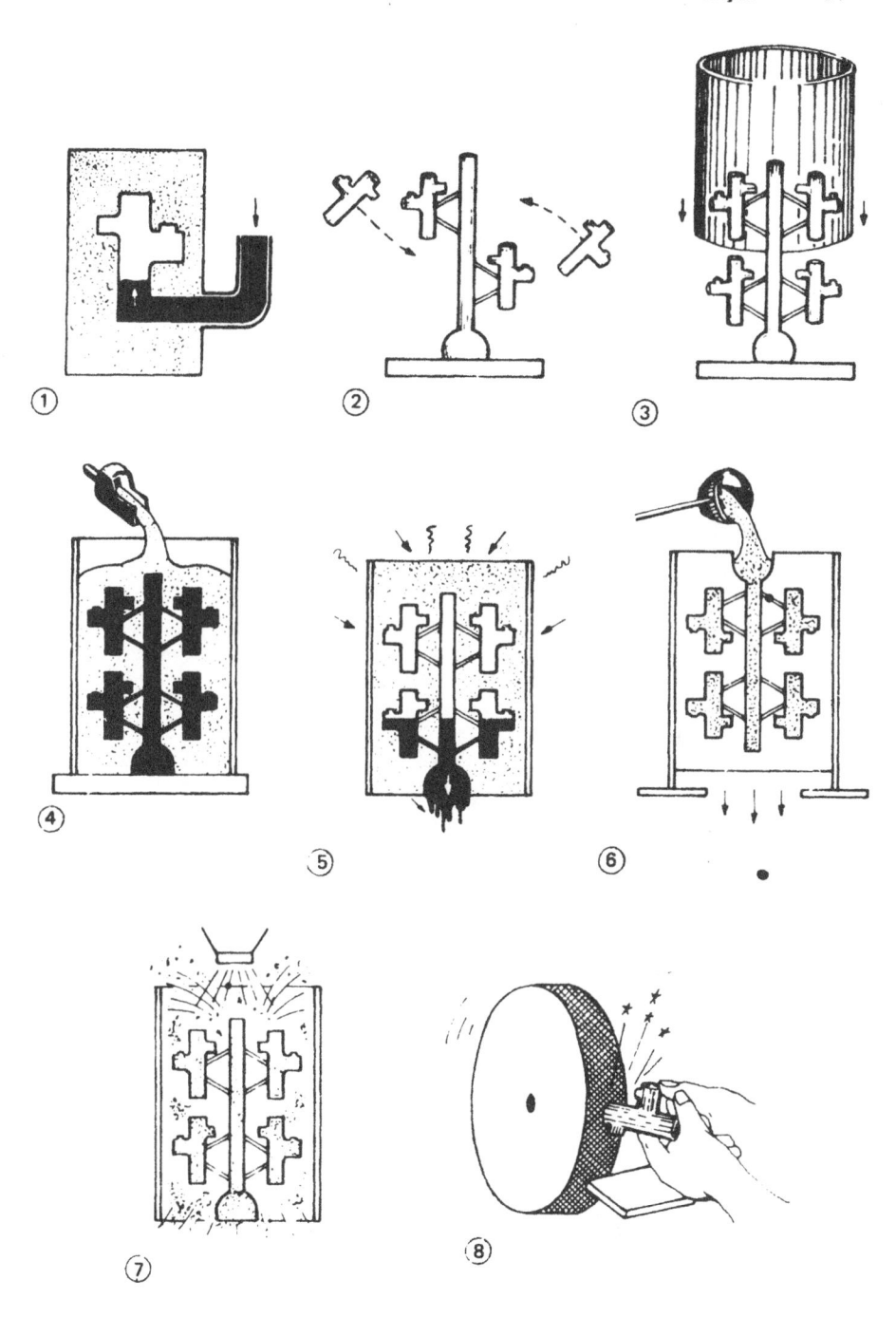

Figura 24  *Fundição de precisão pelo processo de cera perdida.*

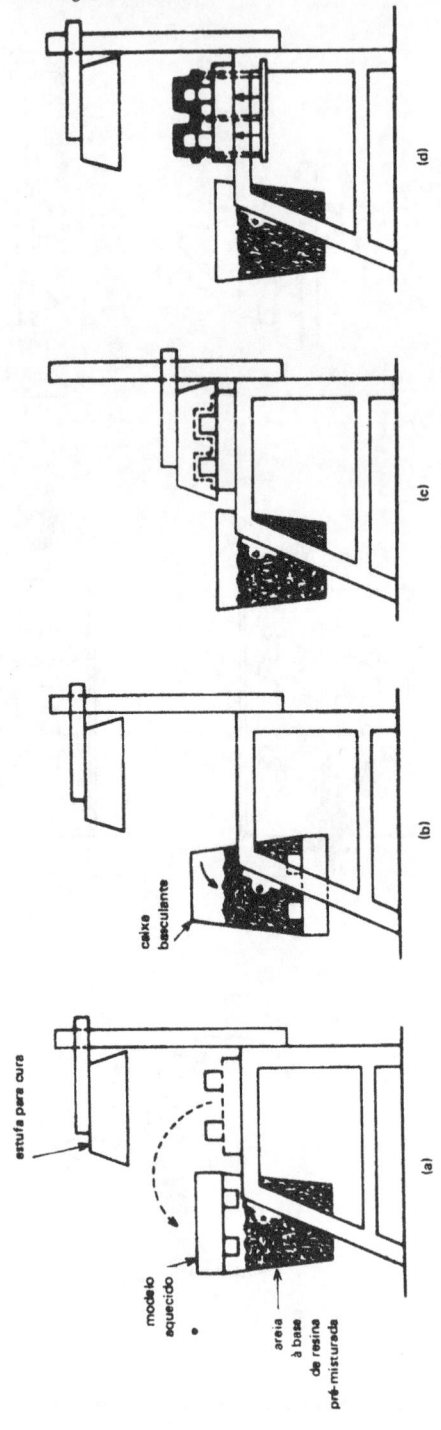

Figura 25 *Método manual de caixa basculante: quatro fases para a confecção da "casca".*

Se o molde for constituído de duas cascas, a outra metade é confeccionada da mesma maneira e as duas metades são coladas.

Em seguida, procede-se ao vazamento do metal líquido.

As vantagens do processo de fundição em casca são as seguintes[6]:

– pode-se produzir peças com tolerâncias entre mais ou menos 0.127 mm, de modo que, em operações de usinagem para acabamento, menor quantidade de metal é removida. As tolerâncias de usinagem variam de 1.0 a 1.5 mm;

– as peças fundidas em cascas podem apresentar acabamentos equivalentes a 3,2 mm ou superiores;

– na presença de orifícios, os machos correspondentes podem freqüentemente fazer parte do modelo, de modo que são confeccionados e posicionados com maior precisão; na prática obtém-se orifícios relativamente pequenos, por exemplo em torno de 10 mm;

– não há necessidade de prever ângulos de saída maiores que 1/2° a 1°, facilitando a operação de usinagem final;

– podem ser fundidas secções muito finas, por exemplo de 2,5 a 5 mm; os ângulos de concordância também são pequenos. É preciso cuidado para que isso não afete a resistência mecânica das peças;

– qualquer tipo de metal, com característicos de fusão fácil, pode ser utilizado na produção de peças por fundição em casca; as dimensões destas podem atingir 1200 a 1500 mm. Contudo, a maioria das peças fundidas em casca possui a metade ou menos dessas dimensões.

As desvantagens do processo são as seguintes[6]:

– o custo do modelo é maior, porque o mesmo deve ser metálico, geralmente alumínio ou ferro fundido; além disso, os modelos devem estar isentos de defeitos superficiais, os quais podem dificultar a remoção da casca. Do mesmo modo, a areia à base de resina é de custo relativamente elevado, além de ser mais difícil de armazenar e manusear;

– as dimensões das peças fundidas em casca são limitadas, quando comparadas às peças produzidas em fundição convencional. Contudo, essas dimensões são geralmente maiores do que as obtidas por intermédio da fundição sob pressão.

**3.5.3 Processos de molde cerâmico** São métodos igualmente de fundição de precisão, destinados à produção de peças de grande precisão de aço-ferramenta, ligas de cobalto, titânio, aço inoxidável e ligas não-ferrosas[6].

Os dois principais processos são denominados respectivamente "Unicast", licenciado pela "Unicast Development Corporation" e o "Shaw", licenciado pela "Avnet Shaw Division" da "Avnet, Inc.".

Em ambos os casos são empregados modelos convencionais de madeira, plástico ou metal, montados em caixas de moldagem. Em vez de areia, emprega-se uma pasta refratária, preparada a partir de misturas rigorosamente controladas de pó cerâmico com um ligador líquido catalítico (um silicato alcalino). Conforme as peças metálicas, são empregadas misturas de composição diferente.

Os ingredientes são misturados e imediata e rapidamente derramados sobre o modelo. A pasta solidifica, em aproximadamente 3 a 5 minutos, tornando-se um sólido de aparência gelatinosa que pode ser extraído do modelo.

No processo Shaw, o molde é aquecido e o álcool contido na substância catalisadora evapora, deixando uma malha de fissuras finas no molde, o que torna a cerâmica impermeável, permitindo que ar e gases escapem durante o vazamento.

No processo Unicast, o molde verde é submetido à ação de um banho químico, por aspersão ou imersão. Resulta uma interação catalisadora que origina uma estrutura no molde de aparência celular ou esponjosa.

Os moldes são estufados a temperaturas até cerca de 980°C, durante aproximadamente uma hora. São a seguir montados, com os machos localizados e, finalmente, procede-se ao vazamento.

Por esses processos, pode-se fundir peças até cerca de 900 kg, embora os pesos mais comuns se situem entre 4,5 e 90 kg.

Os moldes cerâmicos possuem um coeficiente de dilatação correspondente a zero e suas paredes são muito resistentes, de modo que permitem a fabricação de peças de alta precisão.

A precisão dessas peças varia de mais ou menos 0,125 mm para peças pequenas a mais ou menos 1,14 mm para peças com dimensões laterais de 380 mm ou mais.

Entre as peças produzidas podem ser citadas: matrizes de forjamento, matrizes para fundição sob pressão, bocais de extrusão, algumas ferramentas para usinagem e muitos componentes mecânicos.

3.5.4 **Fundição contínua** Neste processo, as peças fundidas são longas, com secções quadrada, retangular, hexagonal ou de formatos diversos. Em outras palavras, o processo funde barras de grande comprimento, com as secções mencionadas, as quais serão posteriormente processadas por usinagem ou pelos métodos de conformação mecânica no estado sólido.

Em princípio, o processo consiste em vazar-se o metal líquido num cadinho aquecido (Figura 26)[6]. O metal líquido escoa através de matrizes de grafita ou cobre, resfriadas a água.

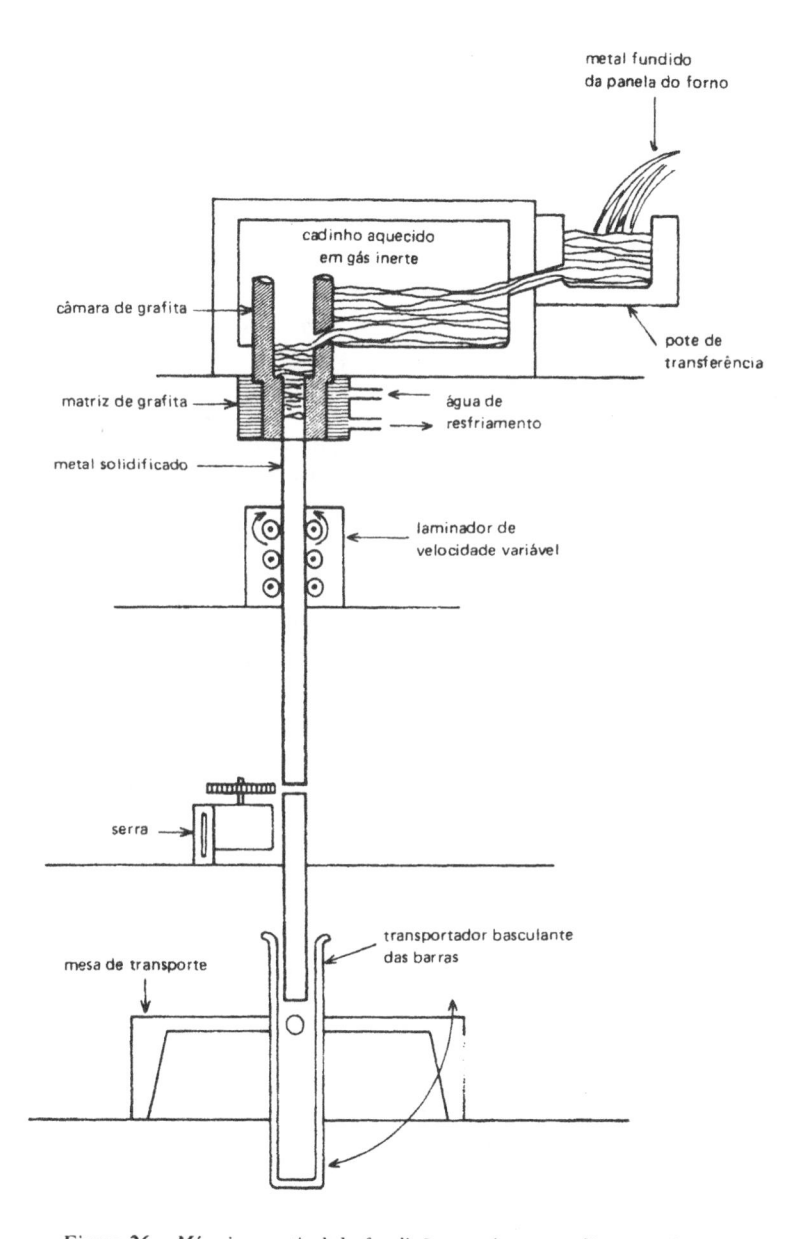

Figura 26  *Máquina vertical de fundição contínua para ligas não-ferrosas.*

A barra, já no estado sólido, porém ainda quente, é agarrada por cilindros de laminador e arrastada para frente, com velocidade correspondente às velocidades de resfriamento e solidificação do metal.

No percurso, a barra continua resfriando e é cortada pelo emprego de serras circulares ou chama de oxiacetileno. As peças cortadas são submetidas a processamento posterior.

A Figura 26 representa esquematicamente uma máquina vertical para fundição contínua de ligas não-ferrosas. Além destas, o aço e o ferro nodular podem ser fundidos continuamente.

O aço, por exemplo, pode ser produzido em placas com dimensões até 1.930 mm de largura por 230 mm de espessura ou em tarugos quadrados, aptos para serem usados em grandes laminadores.

Barras com secções as mais variadas podem ser obtidas a partir de alumínio, latão, ferro nodular etc.

**4 Fusão do metal**  Existem inúmeros tipos de equipamentos ou fornos construídos para a fusão dos metais e preparo das ligas. Alguns se prestam praticamente à fusão de qualquer liga, enquanto outros são mais indicados para um metal, ou liga, determinado.

**4.1 Fusão do ferro fundido**  O ferro fundido é uma das mais importantes ligas de ferro; caracteriza-se por possuir carbono em teores relativamente elevados (em média entre 2,5% e 4,0%), além de silício, igualmente em porcentagem bem acima da que se encontra no aço comum. A rigor, o ferro fundido deve ser considerado uma liga ternária Fe-C-Si. Suas aplicações na indústria são muito importantes.

O método clássico de fusão do ferro fundido, ainda hoje o mais empregado, é o que utiliza o forno "cubilô" (Figura 27). Esse forno caracteriza-se por sua alta eficiência térmica e economia de processo.

Consiste, como a figura mostra, em uma carcaça cilíndrica vertical de aço, revestida internamente com tijolos de material refratário. O seu diâmetro interno pode chegar a cerca de 1,80 m e a altura superar a 15 metros. Sua capacidade de fusão varia de 1 t/h até cerca de 50 t/h.

O fundo do cubilô possui duas portas semicirculares que são mantidas fechadas durante a operação do forno e são abertas para descarga dos resíduos que sobram depois de cada "corrida".

Esse fundo, durante a operação do forno ou "corrida", fica protegido por uma camada de até 5 cm de uma mistura socada de areia e tijolos refratários moídos, de modo a constituir uma proteção contra o metal líquido.

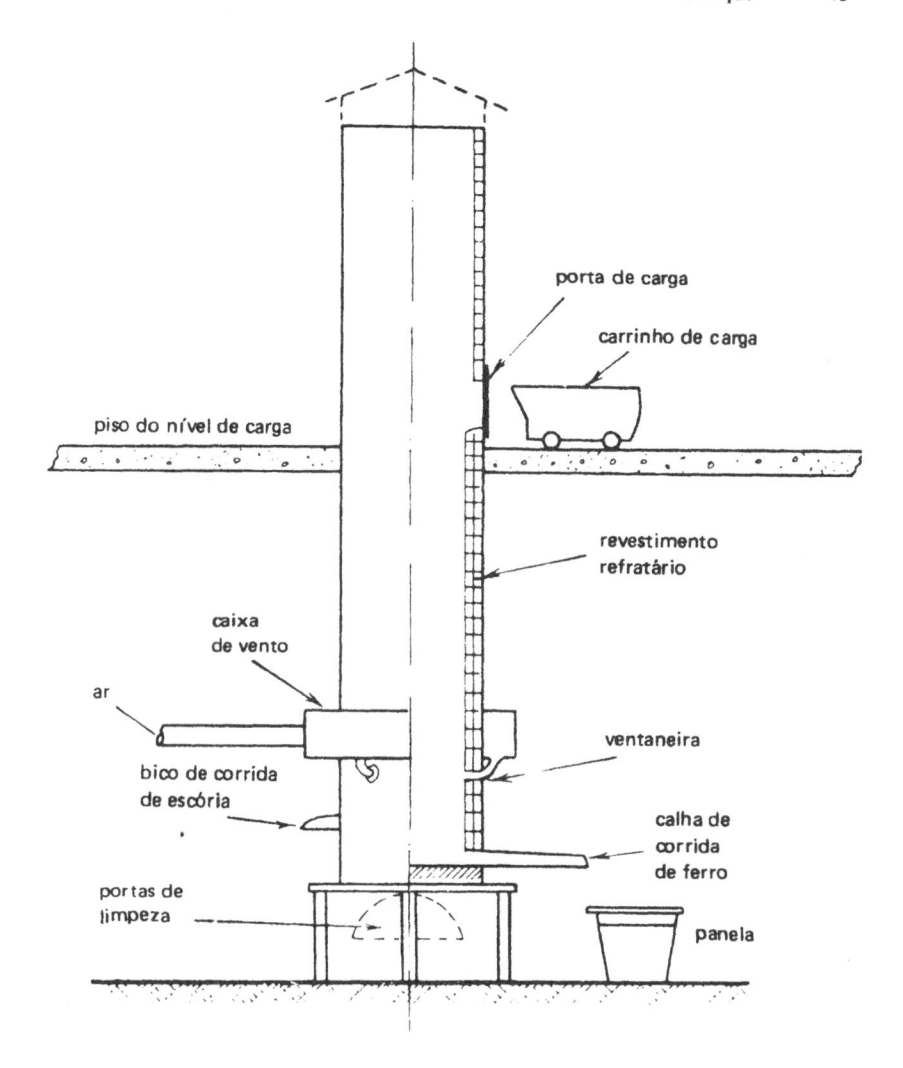

Figura 27  *Forno "cubiló" para fusão de ferro fundido.*

Logo acima do fundo está situado o "furo de vazamento" do metal, geralmente circular e de 12,5 a 25 mm de diâmetro. Um furo de 12,5 mm pode, por exemplo, descarregar cerca de 5 t de metal líquido por hora.

Ao furo é anexada a calha de vazamento que conduz o metal à panela de fundição.

Mais acima, e localizado a 90° ou 180°, situa-se o furo de saída de escória, formada durante o processo. A posição desse furo de escória deve ser tal que permita a formação de um volume suficiente de metal líquido.

Ainda mais acima, situa-se a região das "ventaneiras" ou aberturas, através das quais é introduzido ar comprimido no interior do forno.

O ar comprimido provém da "caixa de vento" que envolve o cubilô; por sua vez, a caixa de vento é alimentada por um ventilador ou ventoinhas rotativas, de modo a ter-se pressões variáveis, de acordo com o diâmetro do cubilô.

Muito acima da caixa de vento, está localizado o nível de carregamento do forno, e sua posição deve ser a mais alta praticável, de modo a permitir um preaquecimento da carga, tanto mais longo quanto possível.

Há cubilôs com câmara de água. Neles, uma certa altura da carcaça, desde o fundo até pouco abaixo das ventaneiras, é feita de blocos de carbono; uma camisa de água envolve a carcaça, desde as ventaneiras até uma altura acima delas de 1,80 m a 4,50 m.

Esses cubilôs apresentam maior capacidade de produção por hora.

A operação de um cubilô processa-se da seguinte maneira:

— a carga é composta de metal, combustível (carvão coque) e uma substância fundente (para facilitar a separação das impurezas do metal e do carvão e formar a escória);

— a composição da carga depende muito da experiência. A carga metálica é constituída de sucata metálica de fundição (canais, alimentadores, peças quebradas) e sucata em geral, ferro-gusa de alto-forno, sucata de aço, adições de ferro-silício e ferro-manganês; estas últimas para acerto de composição química do ferro fundido, de acordo com as especificações.

Como exemplo, para a produção de ferro fundido com a composição seguinte: Ct — 3,36%; Si — 2,17%; S — 0,12%; Mn — 0,77% e Cr — 0,21% a carga total do cubilô foi a seguinte[13]:

| | |
|---|---|
| Sucata de fundição . . . . . . . . . . . | 1.089 kg |
| Ferro-gusa . . . . . . . . . . . . . . . . . | 590 kg |
| Aço . . . . . . . . . . . . . . . . . . . . . . | 584 kg |
| Briquetes de Fe-Si . . . . . . . . . . . . | 6,4 kg |
| Carvão coque . . . . . . . . . . . . . . . | 347 kg |
| Calcário (fundente) . . . . . . . . . . . | 82 kg |
| Carboneto de silício . . . . . . . . . . | 15 kg |

O peso das cargas é baseado nos diâmetros dos cubilôs e na quantidade de coque colocada. Uma regra comum é: a carga metálica deve ser aproximadamente o peso fundido por uma camada de cerca de 15 cm de coque. Por exemplo[13]: um cubilô de 120 cm de diâmetro, com 16% de coque, o peso da carga será aproximadamente 400 kg e num cubilô de 180 cm de diâmetro a 10% de coque, o peso da carga seria de 1.450 kg.

A operação é iniciada, depois de limpado o forno, colocando-se fogo no fundo, com madeira e coque. Os furos de escória e de vazamento do metal são mantidos temporariamente abertos. Quando a camada de coque tiver atingido a altura das ventaneiras e o fogo tiver atravessado toda a camada é iniciada a carga propriamente dita, colocando-se quantidades predeterminadas de ferro-gusa, sucata, coque e fundente (calcário). Prossegue-se no carregamento até que o nível da porta de carga tenha sido atingido; esta altura da carga deve ser mantida durante toda a operação.

A operação de um cubilô pode ser intermitente ou contínua. No primeiro caso, a corrida é feita periodicamente, sendo retirada a quantidade necessária de metal líquido, através do furo de vazamento que é, a seguir, fechado.

No segundo caso, existe somente um furo de descarga e o material fundido (metal e escória) é levado a uma pequena bacia na calha de vazamento. Nela se acumulam ferro líquido e escória que flutua, por ser de menor densidade. A escória que flutua na superfície do ferro escorre lateralmente e o ferro corre normalmente para a panela de fundição.

O cubilô não produz um material de grande uniformidade, do ponto de vista de composição química, mesmo com os melhores controles operacionais. A temperatura do metal líquido também não é fácil de controlar, de modo que, normalmente, o cubilô é empregado para fundir peças de menor responsabilidade com relação à qualidade.

Para ferros fundidos, onde os característicos químicos e físicos devem ser mantidos dentro de rigorosas especificações, o equipamento de fusão mais utilizado é o *forno elétrico a arco*.

O mais comum é idêntico ao que é empregado na fundição de aço.

**4.2 Fusão do aço** O *forno elétrico a arco* consiste numa carcaça cilíndrica de aço, montada sobre um sistema que permite que o aparelho bascule para diante e para trás (Figura 28).

A parte inferior do forno, ou *soleira*, é constituída de um revestimento refratário, de natureza básica ou ácida, conforme a técnica de fundição usada. As partes laterais são revestidas de tijolos refratários tipo silicoso, assim como a cobertura ou *abóbada*.

O sistema de aquecimento compreende três eletrodos, igualmente espaçados, cada um dos quais ligado a uma fase de um suprimento trifásico de eletricidade. Os eletrodos podem ser de carbono ou de grafita, sendo pre-

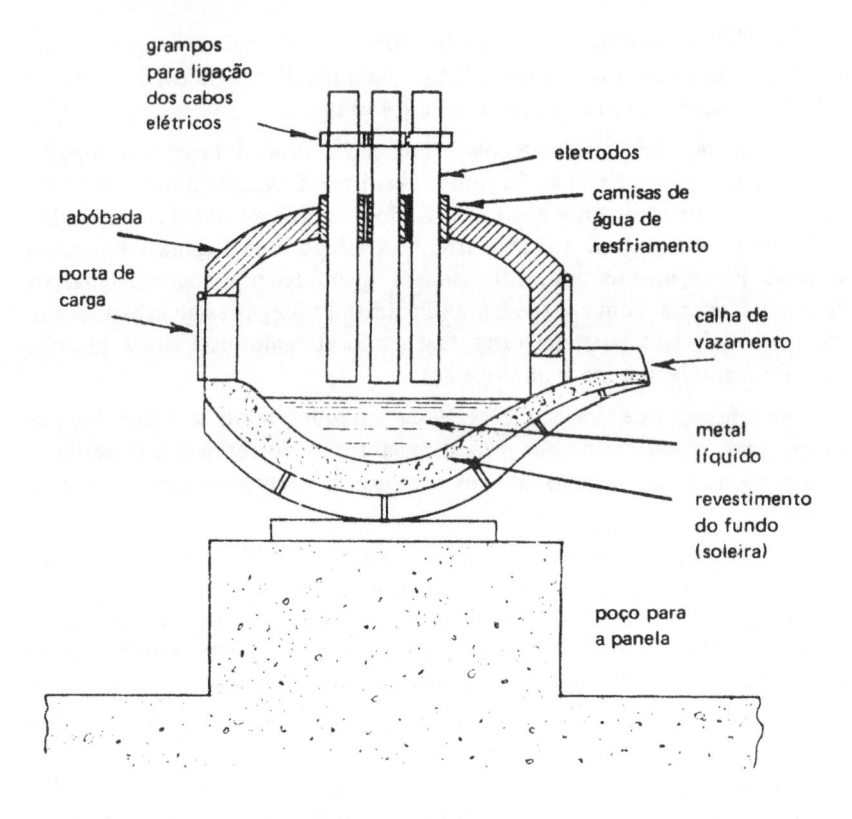

Figura 28   *Forno elétrico a arco.*

feridos estes últimos por possuírem maior resistência e condutibilidade elétrica mais elevada.

O efeito de aquecimento é produzido por arcos que se formam entre os três eletrodos. A energia elétrica é suprida em alta voltagem que é transformada nas baixas voltagens operacionais, mediante um transformador, a partir do qual, por meio de cabos flexíveis de cobre, é levada aos eletrodos.

A faixa de voltagens vai de 90 a 500 volts.

As condições de fusão são controladas pela variação de voltagem aplicada e pelo ajuste automático da posição ou altura dos eletrodos.

A carga do forno é feita por uma porta localizada do lado oposto à calha de vazamento. Em fornos de grande capacidade, a abóbada pode ser retirada e o carregamento é feito pelo topo.

Os fornos elétricos a arco são dimensionados em termos de diâmetro de carcaça; isso determina a capacidade em toneladas do metal líquido do forno. Por exemplo, um forno com diâmetro de 2,75 m tem uma capacidade de 10 a 12 t de metal líquido e um forno com diâmetro de 3,35 m tem uma capacidade de 22 a 26 toneladas.

A produção por hora depende da energia disponível; em média, a produção de 1 t/h exige cerca de 1.000 kVA de capacidade de transformador.

O forno elétrico a arco pode fundir qualquer tipo de sucata.

Na fusão de ferro fundido, a carga é constituída geralmente de sucata de ferro fundido e de aço e o controle dos teores de carbono e silício é feito adicionando-se carbono, na forma de coque e Fe-Si.

A formação da escória é importante, visto que ela atua como uma cobertura protetora na superfície do metal líquido, de modo a diminuir a oxidação e estabilizar o arco.

Na fundição do aço, duas técnicas são empregadas:

– *ácida*, em que a soleira é constituída de areia silicosa e tijolos refratários moídos, sendo a mistura socada no lugar. A carga do forno contém sucata de aço selecionada, de baixos teores de P e S, porque a técnica ácida não permite a eliminação desses elementos. Durante o período de fusão, pequenas quantidades de areia e calcário são adicionadas, periodicamente, para formação da escória protetora. Quando a fusão está completa, adiciona-se minério de ferro (óxido de ferro) de boa qualidade, o qual atua como agente oxidante, que reage com o Si e o Mn, produzindo óxidos de Si e Mn que se incorporam à escória. Depois que a maior parte do Si e do Mn tiver sido oxidada, o banho começa a "ferver", o que é uma evidência da eliminação do carbono. Este atinge valores de 0,20% a 0,25%. A "fervura" é interrompida pela adição de carbono, na forma de ferro carbonetado de baixos teores de P e S. A seguir, outras substâncias desoxidantes são adicionadas – Fe-Si e Fe-Mn – e o metal está pronto para ser vazado;

– *básica*; neste caso, o revestimento refratário do forno é de natureza básica: magnesita ou dolomita. A carga é constituída de sucata de fundição e sucata adquirida. Durante o período de fusão, adicionam-se periodicamente pequenas quantidades de cal, para formar a escória protetora. Adiciona-se ainda minério de ferro, quando a fusão estiver completada. A escória formada retira P do metal fundido. Essa escória é então retirada do forno, geralmente basculando-o ligeiramente para trás, de modo que ela saia pela porta de carregamento. A seguir, compõe-se uma nova escória, constituída essencialmente de cal, fluorspato e, às vezes, pequena quantidade de areia.

Assim que essa segunda escória fundiu, a corrente elétrica é reduzida e espalha-se, sobre a superfície do banho, em intervalos, coque pulverizado, carbono ou ferro-silício ou uma combinação desses materiais. Esse período da operação do forno é chamado período de "refino" e seu objetivo é formar uma escória de carbureto de silício, essencial para a remoção do S do metal líquido.

A composição do banho é então controlada, pelo ajuste do teor de carbono, adicionando-se ferro-gusa de baixo P e de Fe-Si e Fe-Mn, estes últimos depois de ter-se atingido a temperatura apropriada.

O metal está, então, pronto para ser vazado.

Como desoxidante final, adiciona-se alumínio na panela de fundição.

A técnica básica é indispensável para produção de aços-liga.

Outro processo de fundição de aço emprega o *forno de indução* (Figura 29). O forno é suprido por corrente elétrica de alta freqüência.

No princípio de *indução*, a carga metálica constitui o enrolamento secundário do circuito. O enrolamento primário é constituído por uma bobina de tubos de cobre resfriados a água, colocada no interior da carcaça do forno.

A câmara de aquecimento é um cadinho refratário ou é constituída de revestimento refratário socado no lugar, de natureza básica.

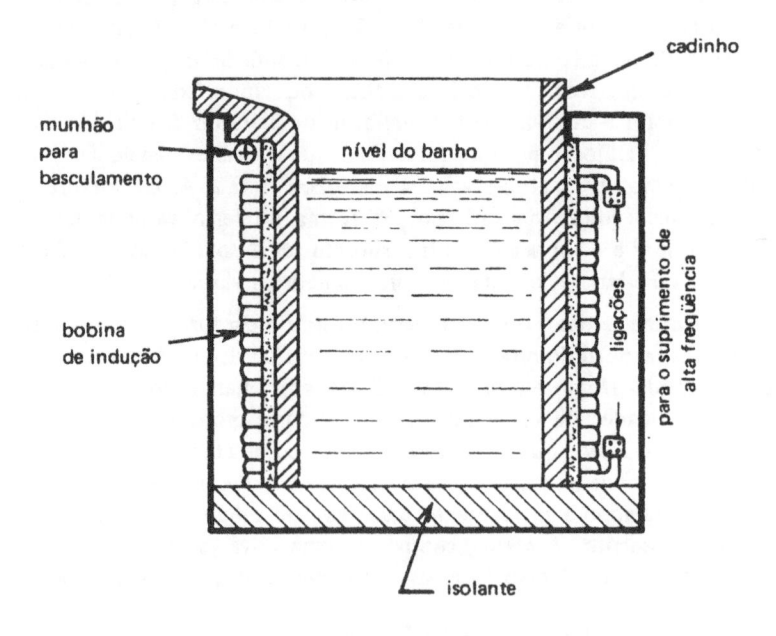

Figura 29  *Forno de indução de alta freqüência.*

O processo consiste em carregar-se o forno com sucata de aço; a seguir passa-se uma corrente de alta freqüência através da bobina primária; induz-se, assim, uma corrente secundária muito mais forte na carga, resultando o seu rápido aquecimento à temperatura desejada. Assim que se forma uma bacia de metal líquido, começa uma ação forte de agitação, o que concorre para acelerar a fusão. Fundida inteiramente a carga, procura-se atingir a temperatura desejada; o metal é desoxidado e está pronto para ser vazado.

Os fornos de indução para fusão de aço têm capacidades variáveis de 50 a 500 kg geralmente, embora fornos maiores sejam ocasionalmente empregados.

Tais fornos são utilizados principalmente para a fusão de aços-liga.

**4.3 Fusão de não-ferrosos** Os fornos elétricos, entre os quais os de indução, prestam-se bem à fundição de metais e ligas não-ferrosos. Entretanto, o principal tipo de forno é o de *cadinho*, aquecido a óleo ou gás (Figura 30) por intermédio de um queimador.

Os fornos podem ser do tipo estacionário, como o indicado esquematicamente na figura — neles, completada a fusão, o cadinho é retirado para vazamento do metal líquido — ou podem ser basculantes, onde o cadinho é fixo na carcaça, a qual contém um bico de vazamento; este é realizado, basculando-se o conjunto.

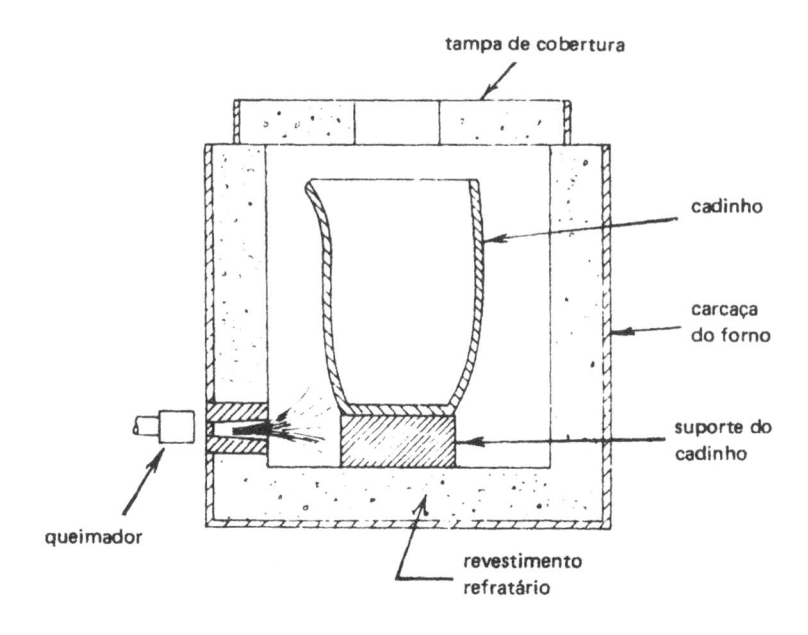

**Figura 30** *Forno de cadinho, tipo estacionário.*

A maioria dos metais e ligas oxida-se, absorve gases e outras substâncias e forma uma casca superficial. Vários métodos foram idealizados para preservar a pureza do metal e produzir peças de boa qualidade.

O alumínio e suas ligas, por exemplo, absorvem hidrogênio quando aquecidos e esse gás causa porosidade nas peças fundidas, as quais apresentam, ainda, tendência à oxidação.

A casca formada serve, de certo modo, de proteção contra o hidrogênio e oxidação ulterior. A tendência de oxidação e absorção de oxigênio aumenta com a temperatura e o tempo, de modo que esses fatores devem ser rigorosamente controlados.

Alguns fundentes podem ser adicionados para melhorar as condições de fusão. Por essas razões, têm sido desenvolvidos processos de fusão a vácuo, de modo a manter metais e ligas não-ferrosos limpos e puros durante a fusão.

4.4 **Outros tipos de fornos** Entre eles pode-se citar o *forno de arco indireto* (Figura 31). Trata-se de um forno monofásico, tipo basculante, de eletrodos horizontais. Tem sido usado, com êxito, na fundição de ferro fundido de alta qualidade e ligas e metais não-ferrosos pesados. Depois de carregado, liga-se a força e dota-se o forno de um ligeiro movimento basculante para frente e para trás, mediante dispositivos elétricos especiais.

Esse movimento aumenta paulatinamente até atingir o máximo de 140°-160°, quando a carga está completamente fundida.

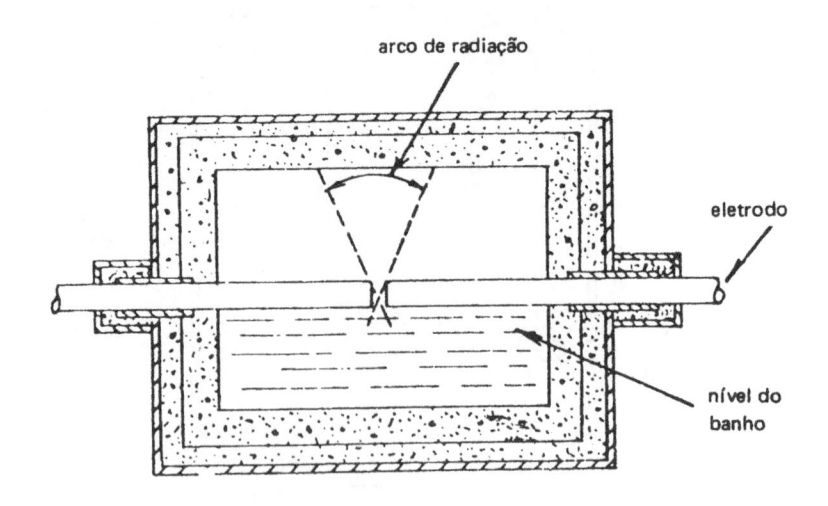

Figura 31   *Forno a arco indireto, tipo "Detroit".*

A regulagem do arco é feita automaticamente, ou seja, à medida que os eletrodos se consomem, um deles se aproxima, de modo a manter sempre o arco elétrico.

Com esse forno, obtêm-se temperaturas elevadas e, além disso, consegue-se um controle químico do metal fundido mais rigoroso.

A capacidade normal desses fornos atinge 2 t, embora tenham sido fabricados fornos maiores.

**5 Desmoldagem, limpeza e rebarbação** Completada a solidificação das peças no interior dos moldes, procede-se às operações de desmoldagem, corte de canais, limpeza e rebarbação.

No caso da fundição em areia, a qual é quase totalmente reaproveitada, as fundições bem equipadas dispõem de maquinário de desmoldagem especial.

A desmoldagem tem por finalidade separar a areia das peças solidificadas, que, freqüentemente, estão ainda muito quentes.

Em linhas gerais, o equipamento de desmoldagem consiste em um *desmoldador* em grade, dotado de movimento vibratório. A areia separada cai sobre *transportadores* de correia, por exemplo, e é levada a silos, de modo a ser reaproveitada.

No percurso de transporte aos silos, *polias magnéticas* separam pedaços de canais, rebarbas ou qualquer outro resíduo metálico. A areia, livre desses resíduos, é levada por *elevadores de caneca* a um *silo de estocagem*, a partir do qual se procede à sua recuperação, mediante operações de peneiramento, correção do teor de aglomerante, adição de água e mistura final.

As peças são, a seguir, transportadas para a Secção de Limpeza e Rebarbação.

A *limpeza* compreende as seguintes etapas[14]:

— *limpeza grosseira*, para remoção de canais e alimentadores
— *limpeza da superfície*, interna e externa das peças fundidas

A *limpeza grosseira* é feita de diversos modos, dependendo principalmente do tipo de liga fundida. Em alumínio, magnésio e suas ligas, os cortes de canais são feitos com serras de fita, no caso de peças grandes, ou manualmente, em peças pequenas.

Para cobre, bronze e latão, utilizam-se serras de fita ou discos de corte de óxido de alumínio.

No caso do ferro fundido, que é uma liga frágil, a extração de canais e alimentadores pode ser feita por percussão com martelo ou marreta, desde que se corte ligeiramente o canal, no ponto onde se deseja removê-lo, por intermédio de um rebolo de corte.

Canais grandes exigem corte por discos de corte de óxido de alumínio ou serras de fita.

Os canais podem ainda ser removidos utilizando-se maçarico de oxiacetileno.

Os mesmos processos, preferivelmente o maçarico de oxiacetileno, são empregados no corte de canais de peças de aço.

A *limpeza da superfície* é feita principalmente mediante o emprego dos chamados *jatos de areia*. Nestes aparelhos, uma substância abrasiva, em grãos, é arremessada sob pressão de encontro à superfície das peças. As peças são colocadas no interior de câmaras, de pequena ou grande dimensão, dependendo das peças a limpar.

Nos jatos de areia menores, o operador manuseia as mangueiras que formam o jato abrasivo, colocando mãos e braços, devidamente protegidos, no interior da câmara e observando o trabalho através de um visor.

Nos jatos de areia maiores, o operador, inteiramente protegido, penetra na própria câmara de limpeza, onde executa o serviço.

Outro processo de limpeza da superfície corresponde ao *tamboreamento*. O equipamento consiste num recipiente cilíndrico de chapa grossa que opera horizontalmente, com movimento de rotação de 25 a 50 rpm.

Em geral, o cilindro ou tambor é carregado até ser ocupado no máximo 70% do seu volume disponível. Peças em forma de estrela são colocadas juntamente com as peças fundidas, para facilitar sua limpeza e promover um polimento superficial.

A limpeza das peças fundidas, sobretudo para remover machos e areia em peças de grandes dimensões, pode ser realizada mediante um jato d'água de alta pressão, com ou sem mistura de areia.

A *rebarbação* tem por fim remover as rebarbas e outras protuberâncias metálicas em excesso na peça fundida. A rebarbação é feita geralmente após o corte dos canais e alimentadores e após a limpeza por jato abrasivo.

Para esse fim, são utilizados *marteletes pneumáticos* e *esmerilhagem*. O martelete pneumático efetua a primeira operação de rebarbação, pela remoção do excesso de material.

Em seguida, as peças são esmerilhadas para eliminar qualquer excesso de metal ainda existente e produzir a superfície acabada da peça fundida.

Os tipos usados de esmeril são de bancada ou fixos, portáteis e suspensos. Estes últimos são empregados para peças de grande porte.

O tipo de abrasivo do rebolo depende da liga a ser esmerilhada:

- para ferro fundido cinzento e latão, o abrasivo recomendado é de carbureto de silício;
- para aço, óxido de alumínio;
- para alumínio e ferro fundido maleável, carbureto de silício.

**6  Controle de qualidade de peças fundidas**  A inspeção de peças fundidas — como de peças produzidas por qualquer outro processo metalúrgico — tem dois objetivos:

- rejeitar as peças defeituosas;
- preservar a qualidade das matérias-primas utilizadas na fundição e a sua mão-de-obra.

O controle de qualidade compreende as seguintes etapas[15]:

6.1 **Inspeção visual**  para detectar defeitos visíveis, resultantes das operações de moldagem, confecção e colocação dos machos, de vazamento e limpeza;

6.2 **Inspeção dimensional**  a qual é realizada geralmente em pequenos lotes produzidos antes que toda a série de peças seja fundida;

6.3 **Inspeção metalúrgica**  que inclui análise química; exame metalográfico, para observação da microestrutura do material; ensaios mecânicos, para determinação de suas propriedades mecânicas, ensaios não-destrutivos, para verificar se os fundidos são totalmente sãos.

Muitas vezes, uma inspeção, para ser completa, exige testes de uma montagem, onde são incluídas as peças fundidas e onde se simulam ou duplicam as condições esperadas em serviço.

**7  Conclusões**  O processo de fundição por gravidade, em areia, é o mais generalizado, pois peças de todas as dimensões e formas — exceto as mais complexas — e praticamente de qualquer metal podem ser fundidas em areia.

A fundição em moldes metálicos produz uma contração muito rápida que, em algumas ligas de menor resistência mecânica, pode resultar em fissuras. Por outro lado, certas ligas apresentam temperaturas de fusão que podem danificar os moldes metálicos. Entretanto, a fundição em moldes metálicos dá origem a peças com melhor acabamento superficial, dentro de tolerâncias dimensionais mais estreitas, com secções mais finas e exigem menos usinagem que as fundidas em areia.

A Tabela 5[9] apresenta, em linhas gerais, uma comparação de alguns de alguns processos de fundição.

## TABELA 5
### COMPARAÇÃO DE ALGUNS PROCESSOS DE FUNDIÇÃO

| Fator | Fundição em areia | Fundição em molde permanente | Fundição sob pressão | Fundição por centrifugação |
|---|---|---|---|---|
| Metal processado | Todos | Ferros fundidos e não-ferrosos | Não-ferrosos de baixo ponto de fusão | Todos |
| Dimensões comerciais mín. – máx. | As maiores | 0,5 kg a cerca de 150 kg | Diminutas a 35 kg em Al, a 150 kg em Zn | Acima de 25 t |
| Espessura mín., mm | 3,2 – 4,7 | 3,2 | 0,8 – 1,6 | 1,6 |
| Resist. à tração*kgf/mm² | 13 | 16 | 19,5 | 17,5 |
| Ordem de produção** (Peças por hora) | 10 – 15 | 40 – 60 | 120 – 150 | 30 – 50 |
| Custo do molde ou modelo*** | 100 | 660 | 1650 | 500 |

\* Para uma liga de alumínio, como exemplo.
\*\* Produção estimada para uma peça fundida de alumínio de cerca de 1,5 kg de peso e moderada complexidade.
\*\*\* Tomando como base 100 para fundição em areia.

# CAPÍTULO II

## PROCESSOS DE CONFORMAÇÃO MECÂNICA – LAMINAÇÃO

**1  Introdução**  A conformação mecânica para a produção de peças metálicas inclui um grande número de processos que, entretanto, em função dos tipos de esforços aplicados, podem ser classificados em apenas algumas categorias, a saber[16]:

- processos de compressão direta
- processos de compressão indireta
- processos de tração
- processos de dobramento
- processos de cisalhamento.

A Figura 32 apresenta exemplos típicos dessas categorias: os processos de laminação e forjamento são de "compressão direta"; trefilação de fios e tubos, extrusão e estampagem profunda são processos de "compressão indireta", porque embora as forças aplicadas sejam freqüentemente de tração ou compressão, a reação da peça com a matriz produz elevadas forças indiretas de compressão.

O *tracionamento* de chapas serve de exemplo do processo de conformação mecânica tipo tração; nele, uma chapa metálica é envolvida em torno do contorno de uma matriz, pela aplicação de esforços de tração. O *dobramento* envolve a aplicação de momentos de dobramento na chapa e o *cisalhamento* envolve a aplicação de esforços de cisalhamento que levam à ruptura ou corte do metal.

**FORJAMENTO**

**LAMINAÇÃO**

**TREFILAÇÃO**

**EXTRUSÃO**

**ESTAMPAGEM PROFUNDA**

**TRACIONAMENTO**

**DOBRAMENTO**

**CORTE**

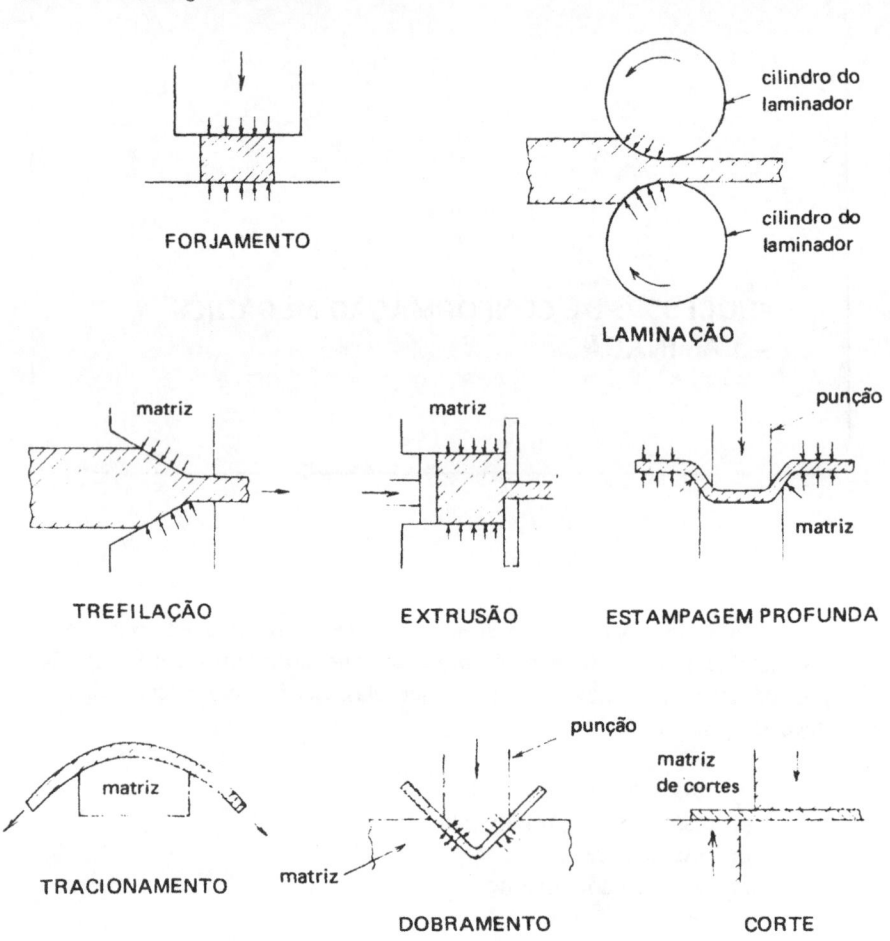

Figura 32   *Representação esquemática dos processos de conformação mecânica.*

As operações de conformação mecânica são processos de trabalho dentro da fase plástica do metal.

Quando o trabalho de conformação é realizado em lingotes, de modo a produzir formas simples como placas, tarugos, barras, chapas etc., os processos são chamados *trabalho mecânico primário*. Quando, geralmente a partir das partes obtidas nesses processos primários, o trabalho mecânico leva a formas e objetos definitivos, os processos são chamados *trabalho mecânico secundário*.

A fabricação de arames, fios, peças forjadas, peças estampadas etc., está incluída nessa classificação.

O objetivo precípuo do trabalho mecânico é conformar peças. Secundariamente, ele exerce outra função muito importante: rompe e refina a estrutura dendrítica presente nos metais e ligas fundidos, contribuindo para uma melhora apreciável das propriedades mecânicas do material.

Já foi estudado o efeito da temperatura no característico de *deformação plástica dos metais*. Naquela ocasião classificaram-se os processos de deformação em *trabalho a quente* e *trabalho a frio*, em função de uma temperatura específica, chamada *temperatura de recristalização*.

Os efeitos dessas duas condições de trabalho sobre a estrutura e as propriedades mecânicas dos metais já são conhecidos.

Pode-se resumir as vantagens e desvantagens dos dois processos de trabalho mecânico da seguinte maneira:

— o trabalho a quente permite o emprego de menor esforço mecânico e, para a mesma quantidade de deformação, as máquinas necessárias são de menor capacidade que no trabalho a frio;

— a estrutura do metal é refinada pelo trabalho a quente, de modo que sua tenacidade melhora; o trabalho mecânico a frio deforma a estrutura, em maior ou menor profundidade, conforme a extensão do trabalho e, em conseqüência, pode alterar sensivelmente as propriedades mecânicas: resistência e dureza aumentam; ductilidade diminui. Tais alterações podem ser úteis em certas aplicações ou devem ser eliminadas por recozimento;

— o trabalho a quente melhora a tenacidade, porque, além de refinar a estrutura, elimina a porosidade e segrega as impurezas; escória e outras inclusões são comprimidas na forma de fibras, com orientação definida, o que torna o metal mais resistente numa determinada direção;

— o trabalho a quente deforma mais profundamente que o trabalho a frio, devido à continuada recristalização que ocorre durante o processo;

— o trabalho a quente, entretanto, exige ferramental (cilindros, matrizes, dispositivos de adaptação etc.) de material de boa resistência ao calor, o que pode afetar o custo da operação;

— outra desvantagem do trabalho a quente corresponde à oxidação e formação de casca de óxido, devido às elevadas temperaturas envolvidas no processo;

— o trabalho a quente não permite, ainda, a obtenção de dimensões dentro de estreitas tolerâncias;

— o trabalho a frio não apresenta tais desvantagens; além disso, produz melhor acabamento superficial.

O trabalho mecânico, além do efeito do encruamento, quando realizado a frio, pode produzir certas anomalias, que se deve procurar evitar ou corrigir.

Dois exemplos dessas anomalias são a chamada *casca de laranja* e as *linhas de Luder* ou *de distensão*.

O defeito *casca de laranja*, resultante eventualmente da estampagem de chapas, é relacionado com o tamanho de grão do material. Esse defeito ocorre em chapas de metal cuja granulação é muito grande e é caracterizado por uma superfície extremamente rugosa, nas regiões que sofreram deformação apreciável. O defeito resulta do fato de que os grãos individuais tendem a deformar-se independentemente uns dos outros, de modo que eles ficam em relevo na superfície da chapa. Essa rugosidade permanece visível mesmo após recobrimento superficial protetor ou pintura.

Se a granulação do metal for fina, não ocorre a referida rugosidade, pois os grãos menores deformam-se como um todo e é difícil distinguir-se a olho nu grãos individuais.

O defeito *linhas de distensão* pode ocorrer em chapas de aço de baixo carbono, quando o material é deformado na faixa de escoamento. O defeito corresponde a depressões que aparecem, em primeiro lugar, ao longo dos planos de máxima tensão de cisalhamento, que, como se sabe, são planos inclinados de 45° em relação à tensão principal; à medida que a deformação continua, as depressões se espalham e acabam se juntando, de modo a produzir uma superfície áspera.

A solução usual para evitar este defeito é submeter a chapa de aço em ligeira laminação a frio, correspondente a uma redução na espessura de 0,5 a 2,0%. O encruamento resultante elimina o ponto de escoamento, não se verificando o aparecimento de linhas de distensão em deformação subseqüente.

**2 Laminação** Neste processo de conformação mecânica, o metal é forçado a passar entre dois cilindros, girando em sentido oposto, com a mesma velocidade superficial, distanciados entre si a uma distância menor que o valor da espessura da peça a ser deformada (Figura 33).

Ao passar entre os cilindros, o metal sofre deformação plástica; a espessura é reduzida e o comprimento e a largura são aumentados.

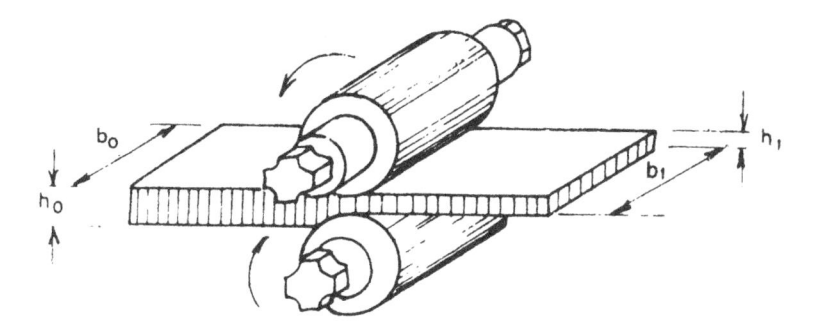

Figura 33  *Representação esquemática, em perspectiva, do processo de laminação.*

Pela laminação, o perfil obtido pode ser o definitivo e a peça resultante pronta para ser usada; por exemplo, trilhos, vigas etc.; ou o perfil obtido corresponde ao de um produto intermediário a ser empregado em outros processos de conformação mecânica como, por exemplo, tarugos para forjamento, chapas para estampagem profunda etc.

As diferenças entre a espessura inicial e a final, da largura inicial e final e do comprimento inicial e final, chamam-se respectivamente: *redução total, alargamento total* e *alongamento total* e podem ser expressas por:

$$\Delta h = h_0 - h_1$$
$$\Delta b = b_1 - b_0$$
$$\Delta l = l_1 - l_0$$

Nas condições normais, o resultado principal da redução de espessura do metal é o seu alongamento, visto que o seu alargamento é relativamente pequeno e pode ser desprezado.

2.1 **Forças na laminação**  As Figuras 34 e 35 mostram, respectivamente, a zona de deformação e as forças atuantes no momento do contato do metal com os cilindros de laminação.

Cada cilindro entra em contato com o metal segundo o arco AB (Figura 34), que se chama *arco de contato*. A esse arco corresponde o ângulo chamado *ângulo de contato* ou *de ataque*.

Chama-se *zona de deformação* a zona à qual corresponde o volume de metal limitado pelo arco AB, pelas bordas laterais da placa sendo laminada e pelos planos de entrada e saída do metal dos cilindros.

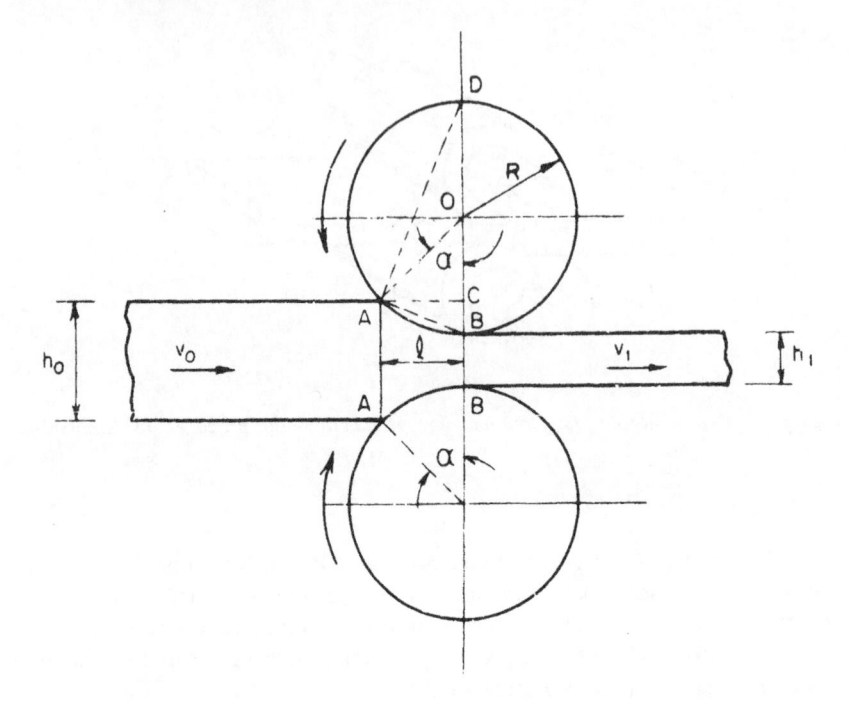

Figura 34  *Zona de deformação e ângulos de contato durante a laminação.*

O ângulo de contato é dado pela fórmula

$$\cos \alpha = 1 - \frac{h_0 - h_1}{2R}$$

Como se vê, o ângulo de contato se relaciona com a redução ($h_0-h_1$) e o diâmetro 2R dos cilindros.

O metal, de espessura $h_0$, entra em contato com os cilindros no plano AA (Figuras 34 e 35) à velocidade $v_0$ e deixa os cilindros, no plano BB, com a espessura reduzida para $h_1$.

Admitindo que não haja alargamento da placa, a diminuição de altura ou espessura é compensada por um alongamento, na direção da laminação. Como devem passar, na unidade de tempo, por um determinado ponto, iguais volumes de metal, pode-se escrever

$$b_0 h_0 v_0 = bhv = b h_1 v_1$$

onde *b* é a largura da placa e *v* a velocidade a uma espessura *h* intermediária entre $h_0$ e $h_1$.

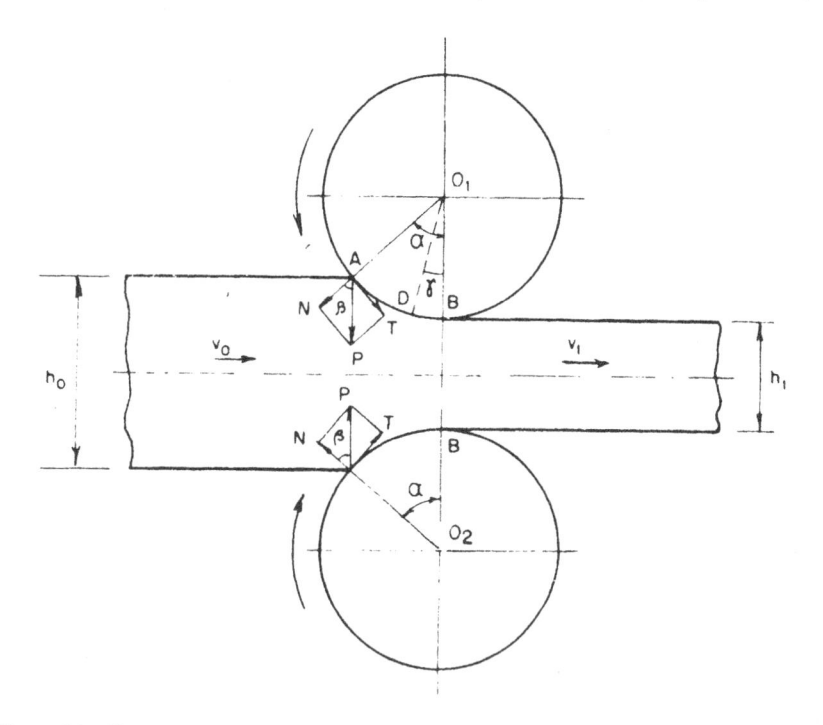

Figura 35 *Esquema de forças atuantes no momento do contato (ou de entrada) do metal com os cilindros do laminador.*

Para que um elemento vertical da placa permaneça indeformado, a equação acima exige que a velocidade na saída $v_1$ seja maior que a velocidade de entrada $v_0$. Portanto, a velocidade da placa cresce da entrada até a saída. Ao longo da superfície ou arco de contato, entre os cilindros e a placa, ou seja, na zona de deformação, há somente um ponto onde a velocidade periférica V dos cilindros é igual à velocidade da placa. Esse ponto é chamado *ponto neutro* ou *ponto de não deslizamento* e o ângulo central $\delta$ é chamado *ângulo neutro* (Figura 35).

A Figura 35 mostra que duas forças principais atuam sobre o metal, quer na entrada, quer em qualquer ponto da superfície de contato. Essas forças são: uma força normal ou radial N e uma força tangencial T, também chamada *força de atrito*.

Entre o plano de entrada AA e o ponto neutro D, o movimento da placa é mais lento que o da superfície dos cilindros e a força de atrito atua no sentido de arrastar o metal entre os cilindros. Ao ultrapassar o ponto neutro D, o movimento da placa é mais rápido que o da superfície dos cilindros. Assim, a direção da força de atrito inverte-se, de modo que sua tendência é opor-se à saída da placa de entre os cilindros.

A componente vertical da força radial N é chamada *carga de laminação* P, que é definida como a força que os cilindros exercem sobre o metal. Essa força é freqüentemente chamada *força de separação*, porque ela é quase igual à força que o metal exerce no sentido de separar os cilindros de laminação[16].

A *pressão específica de laminação* é a carga de laminação P dividida pela área de contato e é dada pela expressão

$$p = \frac{P}{b.Lp}$$

onde b.Lp é a área de contato (b corresponde à largura b da placa e Lp corresponde ao comprimento projetado do arco de contato).

2.2 **Tipos de laminadores** A máquina que executa a laminação, ou seja, o *laminador* abrange inúmeros tipos, dependendo cada um deles do serviço que executa, do número de cilindros existentes etc.

Em princípio, o laminador é constituído de uma estrutura metálica que suporta os cilindros com os mancais, montantes e todos os acessórios necessários. Esse conjunto é chamado *cadeira de laminação*, esquematicamente representada na Figura 36.

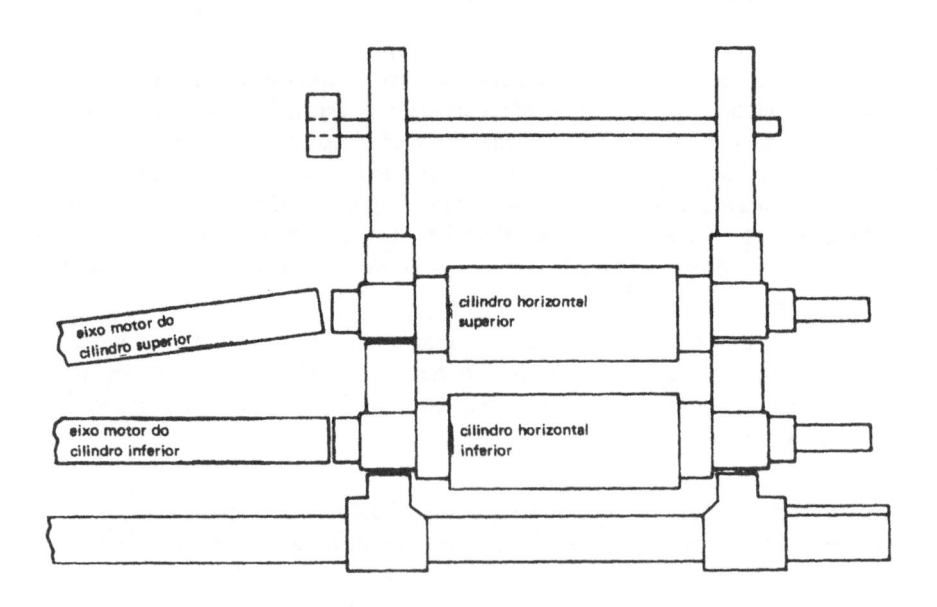

Figura 36 *Representação esquemática de uma cadeira de laminação.*

Pelas condições de trabalho, a classificação dos laminadores é mais ampla. De fato, por esse critério, os laminadores podem ser classificados em *a quente* e *a frio*, dependendo da temperatura de trabalho do metal: se superior ou inferior à temperatura de recristalização do metal.

Dentro dessas duas categorias de laminadores, ficam incluídos os seus vários tipos, em função do produto que está sendo laminado, do número de cilindros, do seu diâmetro, da disposição das cadeiras etc.

— *Duo*, composto apenas de dois cilindros de mesmo diâmetro, girando em sentidos opostos, com a mesma velocidade periférica e colocados um sobre o outro. A Figura 37 mostra duas variedades do laminador duo: o *duo com retorno por cima*, em que a peça, depois de sofrer o primeiro *passe* ou passagem ou primeira deformação, é devolvida para o passe seguinte, passando sobre o cilindro superior. Em outras palavras, os cilindros não podem ter seu movimento de rotação invertido e cada passe é realizado pela entrada da peça sempre do mesmo lado, os cilindros se aproximando cada vez mais. O outro tipo de duo é o *reversível*, em que o sentido de rotação dos cilindros é invertido e os cilindros aproximados, após cada passagem da peça através dos mesmos.

A figura mostra ainda um conjunto de cadeiras duo colocadas uma após a outra, em linha reta, de modo que a peça sob laminação avance continuamente, sendo trabalhada simultaneamente em vários passes, até que, ao sair da última cadeira, o produto esteja acabado. Essa disposição de cadeiras origina a chamada *laminação contínua*.

— *Trio*, em que três cilindros são dispostos um sobre o outro; a peça é introduzida no laminador, passando entre o cilindro inferior e o médio e retorna entre o cilindro superior e o médio. Os modernos laminadores trio são dotados de mesas elevatórias ou basculantes para passar as peças de um conjunto de cilindros a outro.

— *Quádruo*, que compreende quatro cilindros, montados uns sobre os outros; dois desses cilindros são denominados trabalho (os de menor diâmetro) e dois denominados suporte ou apoio (os de maior diâmetro). Estes laminadores são empregados na laminação e relaminação de chapas que, pela ação dos cilindros de suporte, adquirem uma espessura uniforme em toda a secção transversal.

— *Laminador universal* (Figura 38), em que se tem uma combinação de cilindros horizontais e verticais; a figura representa o tipo chamado "Grey", empregado na laminação de perfilados pesados (duplo T, como a figura mostra); os cilindros verticais estão colocados no mesmo plano vertical que os cilindros horizontais.

Os tipos mais comuns estão representados nas Figuras 37 e 38[17].

"DUO" COM RETORNO POR CIMA

"DUO" REVERSÍVEL

LAMINADOR CONTÍNUO

"TRIO"

cilindro de apoio

cilindro de trabalho

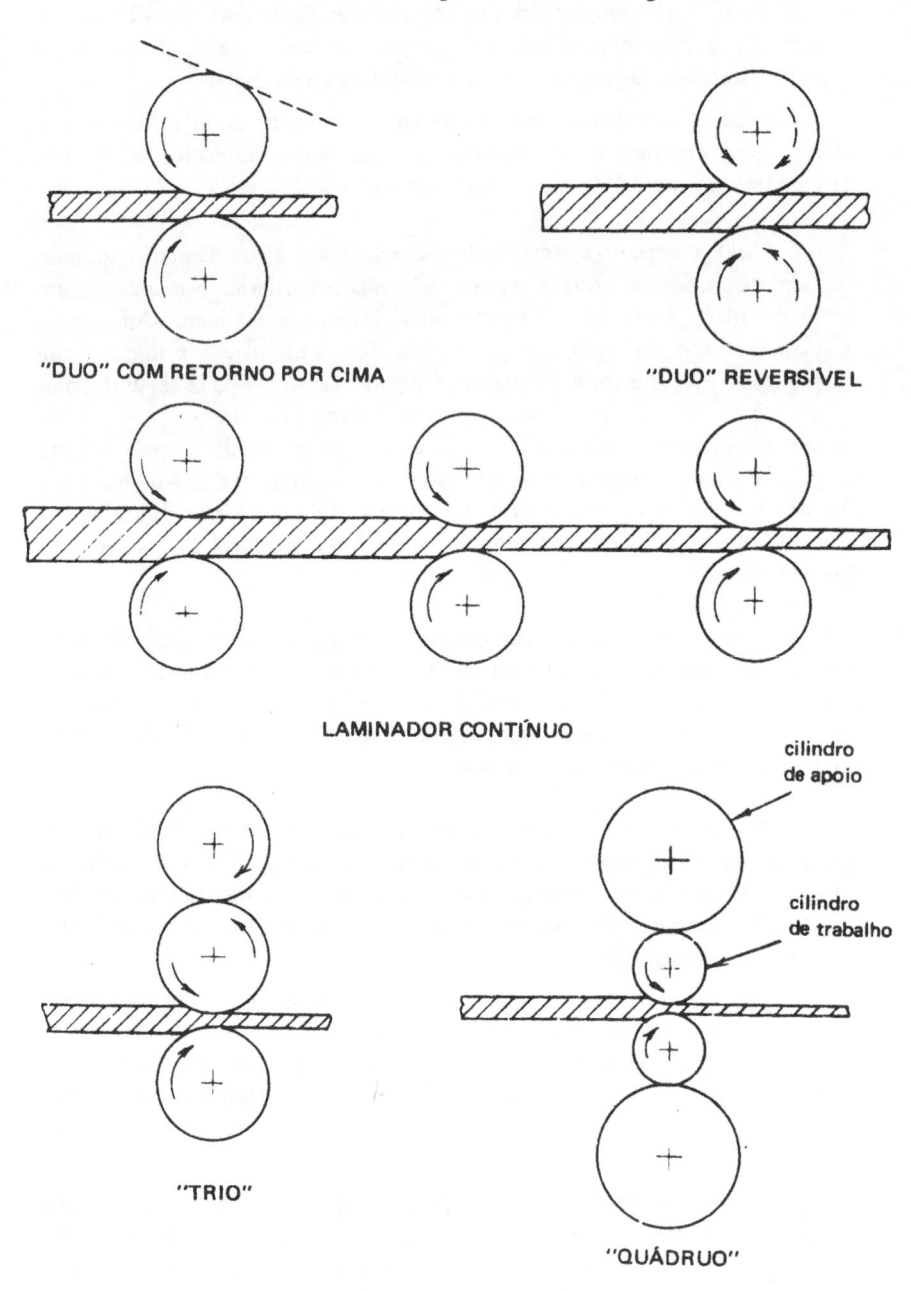

"QUÁDRUO"

Figura 37  *Tipos de laminadores.*

Esses cilindros verticais não são acionados e sua função é simplesmente garantir uniformidade da secção do perfilado.

– *Laminador Sendzimir* (Figura 38), em que os cilindros de trabalho são suportados, cada um deles, por dois cilindros de apoio. Este sistema permite grandes reduções de espessura em cada passagem através dos cilindros de trabalho.

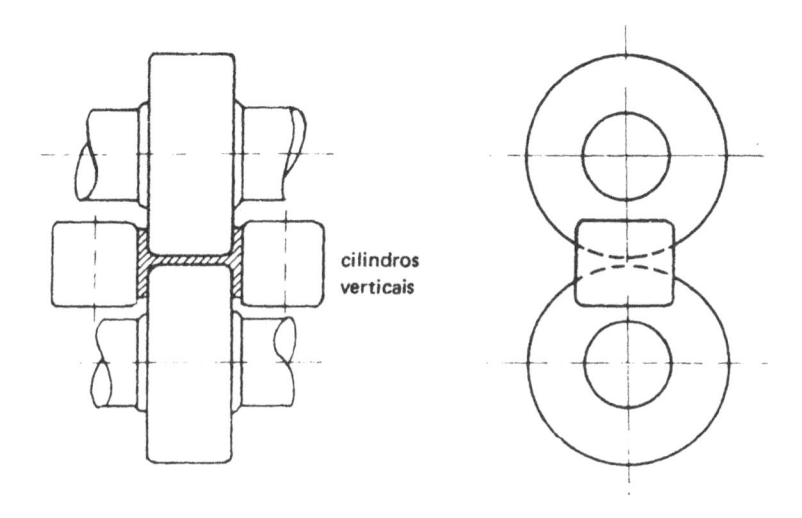

LAMINADOR UNIVERSAL, TIPO GREY

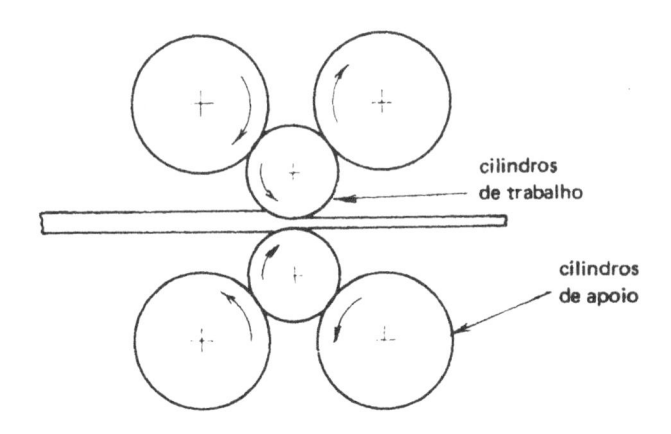

LAMINADOR TIPO SENDZIMIR

Figura 38 *Tipos de laminadores.*

## 2.3 Órgãos mecânicos de um laminador

As duas estruturas metálicas que constituem a cadeira de laminação são chamadas *gaiolas*, as quais, por meio de mancais, suportam os cilindros. Essas gaiolas são geralmente construídas em aço fundido e são ligadas entre si por peças fundidas ou forjadas.

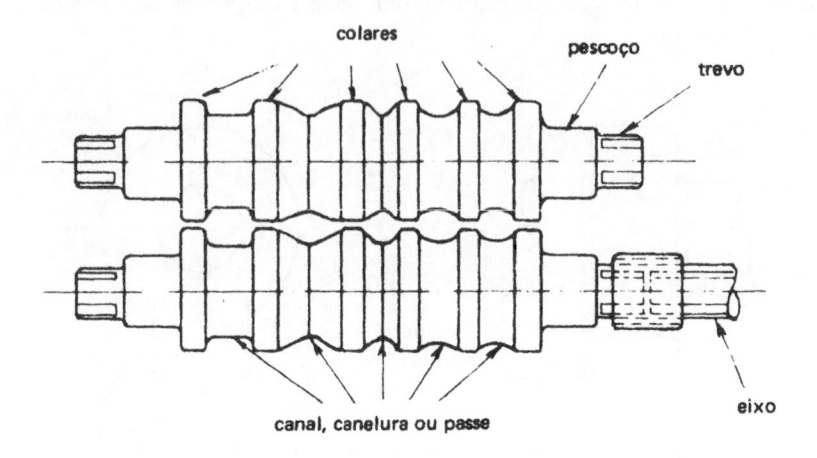

Figura 39  *Cilindro de laminação.*

Os cilindros de laminação são peças inteiriças, fundidas ou forjadas (Figura 39)[18] que apresentam uma parte central chamada *corpo*, a qual executa o esforço direto de deformação. Essa parte pode ser lisa — para laminação de chapas — ou pode apresentar reentrâncias, de modo a permitir reduções ou conformações diferentes no mesmo cilindro. Essas reentrâncias, também chamadas *caneluras*, possibilitam, por exemplo, pelo emprego de passes sucessivos, a redução paulatina de secção de barras redondas, quadradas etc., por intermédio do mesmo par de cilindros ou no mesmo laminador.

Em cada extremidade do cilindro, ficam localizados os *pescoços*, que se apóiam nos mancais das gaiolas. Finalmente, para além dos pescoços, situa-se o *trevo*, que é a parte que recebe o acoplamento para rotação.

Nos laminadores modernos são utilizadas juntas universais, de modo que o trevo é substituído por uma secção adequada ao desenho do acoplamento.

No topo da gaiola situam-se parafusos que controlam a elevação do cilindro superior, de modo a modificar a distância entre os dois cilindros e permitir reduções diferentes, conforme as necessidades de trabalho. Essa ajustagem dos cilindros é, geralmente, motorizada. Esses parafusos suportam a pressão da laminação.

A transmissão do movimento de rotação do motor de acionamento aos cilindros é feita por intermédio de uma caixa de pinhões.

Há uma série de órgãos auxiliares de que os laminadores necessitam, mas cuja descrição escapa ao objetivo da presente obra. Entre esses órgãos auxiliares podem ser citados os empurradores, as mesas transportadoras, as tesouras, as mesas elevatórias etc.

**2.4 Operações de laminação** Adotando-se o critério de classificar os laminadores pela função que executam, os mesmos compreendem, em princípio, os dois tipos seguintes:

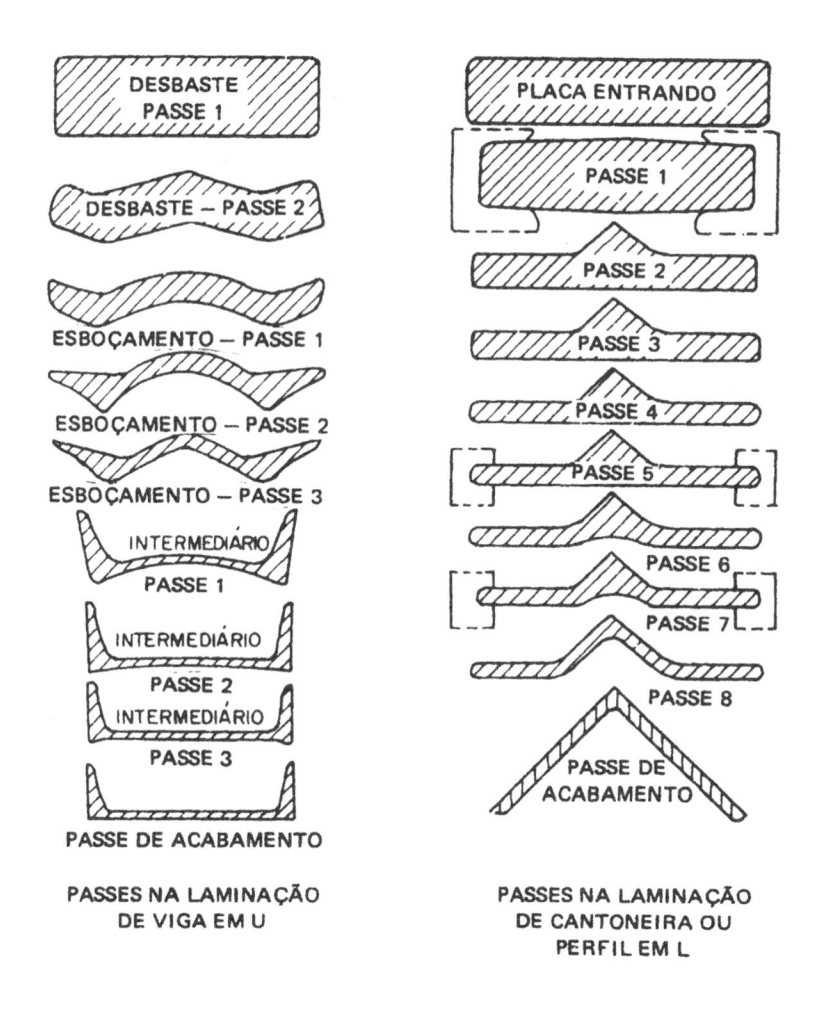

**Figura 40** *Passes para produção de perfilados em U e em L de aço.*

– *laminadores primários*, também chamados de *desbaste*, cuja função é transformar os lingotes de metal em produtos intermediários ou semi-acabados, como blocos, placas e tarugos, os quais serão transformados nos

– *laminadores acabadores*, em produtos acabados, tais como perfilados em geral (Figura 40), trilhos, chapas, tiras etc.

A laminação de desbaste é sempre feita a quente; a laminação de acabamento é geralmente iniciada a quente e, em casos de perfis mais simples, como tiras e chapas, terminada a frio.

A Figura 41[19] representa esquematicamente a seqüência das operações de laminação para a redução de um lingote numa placa, utilizando um laminador duo reversível.

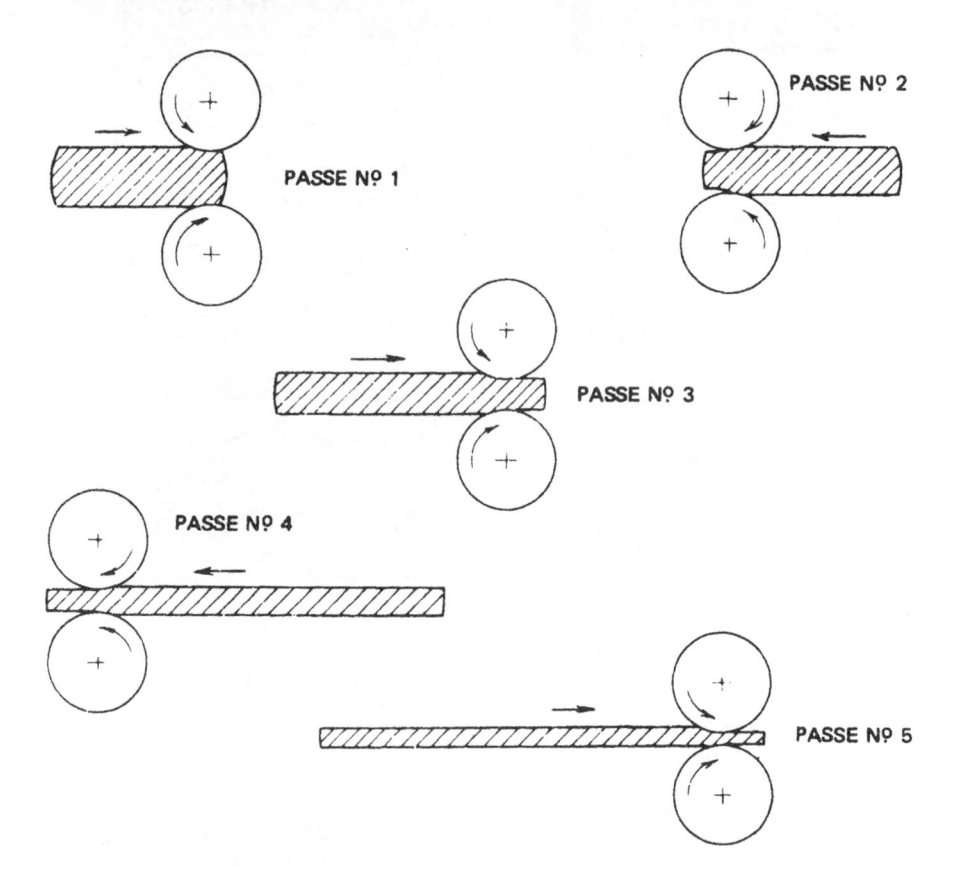

Figura 41  *Representação esquemática da seqüência de passes na laminação de tiras a quente.*

A Figura 42[19] mostra os três cilindros (os dois extremos estão cortados) de um laminador trio, representando a forma e as dimensões das aberturas dos passes para a laminação de blocos de aço.

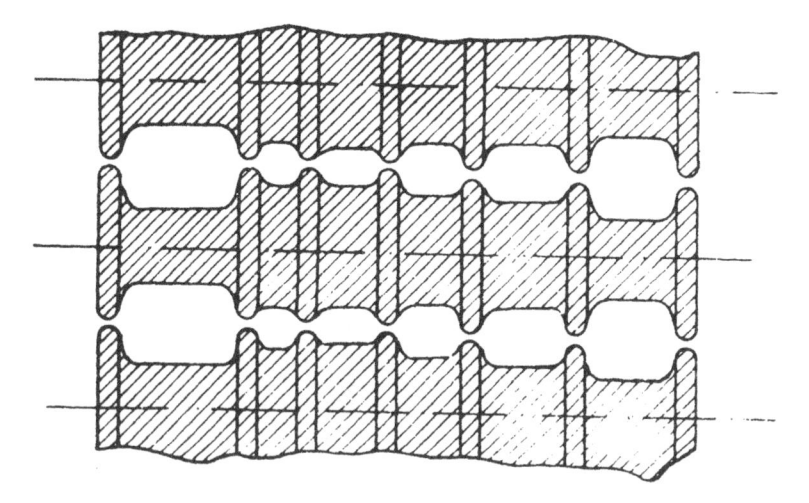

Figura 42  Representação esquemática das aberturas dos cilindros de um laminador trio para a produção de blocos e tarugos de aço.

2.4.1 **Laminação de produtos planos**  Os produtos laminados planos incluem chapas em geral (pretas, estanhadas, galvanizadas), tiras, barras, chatas etc. São obtidos em laminadores com cilindros de corpo plano; além disso, nesses produtos a relação da largura para a espessura é geralmente maior que no caso de outros produtos laminados.

Um exemplo de laminação de chapa de aço é o seguinte:

— o lingote, depois de aquecido à temperatura de laminação, em fornos especiais, chamados *fornos-poço*, é levado ao laminador de desbaste até produzir as placas que constituem o ponto de partida para a produção de chapas e outros produtos planos (Figura 43)[19].

A placa, reaquecida em fornos de aquecimento de placas, passa inicialmente por um laminador tipo duo, cuja função é apenas quebrar a casca de óxido formada durante o seu aquecimento; nessa operação emprega-se um jato de água a alta pressão.

A seguir, por intermédio do transportador de roletes, a placa é encaminhada para o primeiro laminador de desbaste, tipo quádruo, de modo a sofrer uma redução em espessura e aumento de largura, se for necessária a produção de larguras maiores que da placa original.

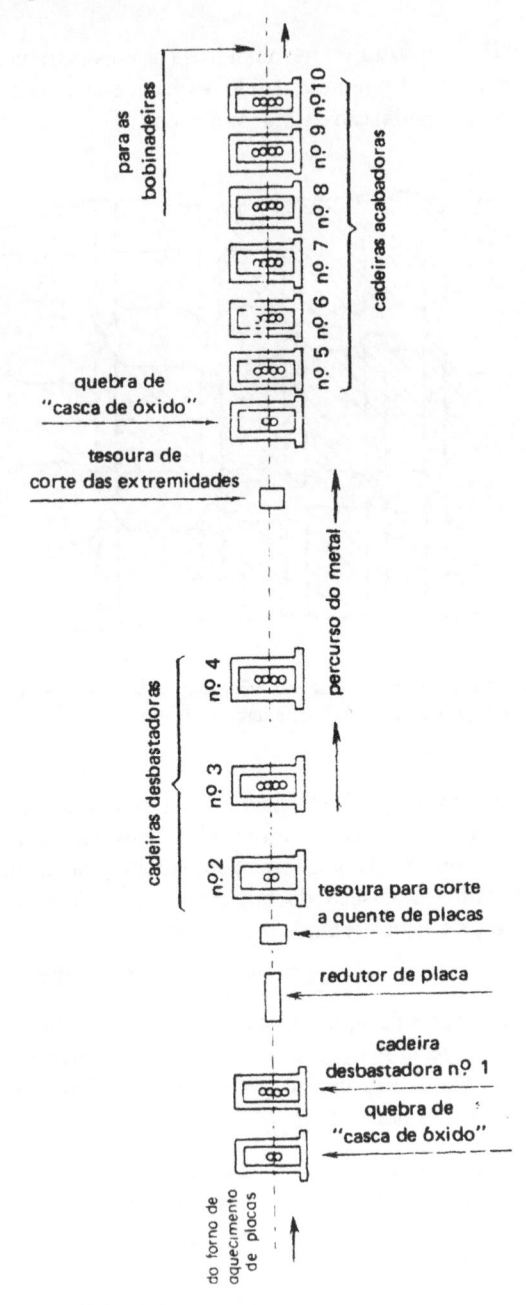

Figura 43  *Representação esquemática da disposição das cadeiras de laminação para produção de bobinas de aço.*

Antes e depois dessa primeira cadeira quádrua, existem mesas rotativas que giram a placa de 90° para permitir o aumento de sua largura.

Antes de entrar na segunda cadeira de desbaste, também tipo quádruo, a placa já reduzida na primeira laminação passa por um dispositivo de achatamento dos bordos.

A seguir, a placa passa por uma tesoura de corte a quente, antes de atingir a segunda gaiola de desbaste; esta consiste num laminador duo universal, possuindo, portanto, cilindros verticais para controle das extremidades, montados na entrada dessa segunda cadeira.

Continuando sua trajetória, a placa passa por duas outras cadeiras desbastadoras, tipo quádruo universal.

Ao sair do último laminador desbastador, as placas percorrem uma mesa de roletes que as encaminha aos laminadores acabadores. Antes de entrar nestes, entretanto, passam por uma tesoura rotativa que corta as suas extremidades de modo a torná-las perfeitamente esquadradas. Sofrem ainda uma quebra de casca de óxido (que possa ter-se formado anteriormente), por intermédio de um laminador duo.

Finalmente, são encaminhadas ao conjunto acabador de cadeiras, constituído de, por exemplo, seis laminadores quádruos, onde se processam reduções sucessivas. Assim, admitindo que as placas saídas do desbaste apresentem uma espessura de 28 mm (1,10"), as reduções obtidas serão as seguintes: 50% na primeira cadeira acabadora, 40% na segunda, novamente 40% na terceira, 35% na quarta, 15% na quinta e 10% na sexta, saindo com uma espessura de 2,5 mm (0,10").

As chapas são, a partir da última cadeira acabadora, enroladas em bobinas, pelo emprego de dispositivos denominados *bobinadeiras*.

Para obtenção de menores espessuras, a laminação é prosseguida a frio; consegue-se nesse processo, reduções de espessura de 25 a 99%[19], além de uma superfície mais densa e macia.

As bobinas são inicialmente submetidas ao processo de *decapagem*, que consiste na remoção química de casca de óxido da superfície do metal, mediante a ação de soluções aquosas de ácidos orgânicos.

No caso da decapagem de aço, utiliza-se uma solução diluída de ácido sulfúrico. O produto resultante da reação dessa solução com o óxido de ferro é sulfato ferroso e hidrogênio. A superfície do aço torna-se limpa, isenta de películas de óxido, as quais, se permanecessem durante a laminação a frio, dariam mau aspecto superficial e aumentariam a tendência à corrosão (enferrujamento).

No processo de decapagem contínua, a concentração do ácido varia de 12 a 25% e a temperatura do banho de decapagem de 90° a 105°C. Nesse processo, as bobinas produzidas na laminação a quente são inicialmente levadas a um dispositivo constituído de roletes que, sob pressão, quebram a casca de óxido superficial em pedaços finos, aumentando a área de óxido para o ataque ulterior pela solução ácida. Simultaneamente, a bobina é endireitada e aplainada, verificando-se, também, um pequeno efeito de encruamento.

Uma tesoura corta as extremidades da bobina para torná-la em ângulo reto e permitir a soldagem do topo posterior.

Realizada a soldagem das extremidades, a bobina é levada aos diversos tanques de decapagem, em número de três a cinco geralmente. Segue-se lavagem em água fria e quente, secagem com ar quente, corte e recobrimento superficial com pequena camada de óleo, como proteção e para servir de lubrificação durante a laminação a frio e rebobinagem.

As bobinas decapadas são levadas aos laminadores para laminação a frio, os quais podem ser de vários tipos: quádruo reversível, em que as bobinas desenroladas são laminadas num sentido e no outro entre os dois cilindros de trabalho, cuja distância vai diminuindo até atingir-se a espessura final, ou pelo emprego de laminação contínua, em que são utilizadas três a cinco cadeiras quádruas, sobretudo quando se deseja reduções a frio de 80 a 90%, como é o caso de folhas estanhadas, que apresentam uma espessura variável de 0,20 mm a 0,35 mm.

Após a laminação a frio e rebobinagem, as bobinas são geralmente recozidas, pelo processo *em caixa*, a temperaturas que promovam recristalização do material e anulem o efeito de encruamento ocorrido durante a deformação a frio.

O processo de recozimento em caixa será posteriormente abordado.

Do mesmo modo serão posteriormente estudados os processos de zincagem e estanhagem a que as chapas de aço são freqüentemente submetidas.

# CAPÍTULO III

## FORJAMENTO E PROCESSOS CORRELATOS

**1 Introdução** O *forjamento* é o processo de conformação mecânica pelo martelamento ou pela prensagem.

Em princípio, há dois tipos gerais de equipamentos para forjamento: os *martelos de forja* ou *martelos de queda* e as *prensas*.

Nos primeiros, golpes rápidos e sucessivos são aplicados no metal, enquanto, nos segundos, o metal fica sujeito à ação de força de compressão a baixa velocidade. Assim, no forjamento por martelamento, a pressão atinge a máxima intensidade quando o martelo toca o metal, decrescendo rapidamente a seguir de intensidade, à medida que a energia do golpe é absorvida na deformação do metal.

Na prensagem, atinge-se o máximo valor da pressão pouco antes que ela seja retirada.

Em resumo: enquanto o martelamento produz deformação principalmente nas camadas superficiais, a prensagem atinge as camadas mais profundas e a deformação resultante é mais regular do que a que é produzida pela ação dinâmica do martelamento.

As operações de forjamento são realizadas a quente, ou seja, a temperaturas acima das de recristalização do metal, embora alguns metais possam ser forjados a frio.

A máxima temperatura de forjamento corresponde àquela em que pode ocorrer fusão incipiente ou aceleração da oxidação e a mínima corresponde àquela abaixo da qual poderá começar a ocorrer encruamento.

Para o caso dos aços-carbono, a faixa usual de temperatura é 800° -1.000°C. Em aços altamente ligados, as temperaturas empregadas são mais elevadas, devido à complexidade da estrutura do material.

**2 Forças atuantes na deformação** Admita-se um corpo metálico, representado na Figura 44, sujeito à ação de forças externas, representadas por P[20]. À ação dessa força, opõe-se uma reação interna do metal, chamada *resistência ideal r,* à sua deformação.

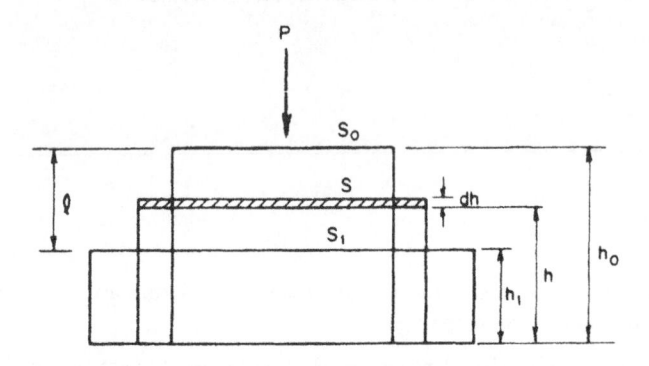

Figura 44  *Corpo metálico sujeito à ação de forças externas.*

Esta resistência depende da temperatura, da velocidade de deformação e das condições segundo as quais se dá o escorregamento (corpo livre que se dilata lateralmente ou corpo vinculado pelas paredes de um molde).

No caso da *deformação livre*, o efeito da força P sobre a superfície $S_o$ é um achatamento livre do corpo. Supondo-se um achatamento elementar dh, o trabalho elementar de deformação dT, medido no deslocamento dh, é expresso por

$$dT = P.dh$$

chamando a *resistência ideal à deformação* de $r_d$ tem-se

$$r_d = \frac{P}{S}$$

resultando, então,

$$dT = r_d.S.dh = a.b.r_d.dh$$

onde *a* e *b* são as outras dimensões do corpo representado na Figura 44.

Como na deformação o volume permanece constante, tem-se

$$V_c = a.b.h$$

ou

$$dT = V_c.r_d.\frac{dh}{h} \qquad (1)$$

O trabalho total necessário para deformar o corpo de $h_0$ a $h_1$ é dado pela integral da fórmula (1):

$$T = \int_{h_1}^{h_0} V_c.r_d.\frac{dh}{h}$$

ou

$$T = V_c.r_d.\int_{h_1}^{h_0} \frac{dh}{h}, \text{ expressão que pode ser escrita}$$

$$T = V_c.r_d.[\ln h]_{h_1}^{h_0}$$

ou

$$T = V_c.r_d(\ln h_0 - \ln h_1)$$

ou

$$T = V_c.r_d.\ln \frac{h_0}{h_1} \qquad (2)$$

Pela Figura 44, tem-se

$$S_0 h_0 = S_1 h_1 = V_c \text{ (volume constante)}$$

ou

$$\frac{S_0}{S_1} \frac{h_0}{h_1} = 1$$

Multiplicando os dois membros por $h_1/h_0$, tem-se

$$\frac{S_0}{S_1} = \frac{h_1}{h_0}$$

e também

$$\ln \frac{S_0}{S_1} = \ln \frac{h_0}{h_1}$$

ou

$$\ln \frac{S_1}{S_0} = \ln \frac{h_0}{h_1}$$

Substituindo-se na equação (2), tem-se

$$T = V_c \cdot r_d \cdot \ln \frac{S_1}{S_0} \tag{3}$$

O trabalho de deformação pode igualmente ser expresso pela equação

$$T = V_c \cdot r_d \, \varphi_h \tag{4}$$

onde $\varphi_h$ representa a deformação correspondente à tensão $T_1$ de esmagamento.

Finalmente, o trabalho pode ainda ser expresso pela equação

$$T = P.e \tag{5}$$

onde $e$ corresponde ao esmagamento total realizado $e = h_0 - h_1$.

A equação (3) pode, pois, também ser escrita

$$P.e = V_c \cdot r_d \cdot \ln \frac{S_1}{S_0}$$

ou

$$P = \frac{V_c \cdot r_d \, \ln S_1/S_0}{e} \tag{6}$$

Se se chamar de $R_d$ a *resistência real* à deformação, deve-se admitir um determinado rendimento $n$ no esforço realizado, ou seja,

$$R_d = \frac{r_d}{n}$$

Considerando, pois, a resistência real $R_d$, a equação (6) pode ser escrita

$$P = \frac{V_c \cdot R_d \cdot \ln S_1/S_0}{e}$$

ou

$$P = \frac{V_c \cdot R_d \cdot \ln h_0/h_1}{e} \qquad (7)$$

que corresponde à força necessária para deformar o metal.

A Tabela 6[20] apresenta a resistência real aproximada $R_d$ para a deformação a quente (1000° a 1200°C) de aço por ação dinâmica de martelo e por ação estática de prensa.

## TABELA 6

### RESISTÊNCIA À DEFORMAÇÃO A QUENTE DE AÇO POR AÇÃO DE MARTELO E DE PRENSA

| Deformação % | $R_d$ (kgf/mm²) | |
|---|---|---|
| | Por ação do martelo | Por ação da prensa |
| 0 a 10 | 10–15 | 4– 6 |
| 10 a 20 | 25–20 | 6–12 |
| 20 a 40 | 20–30 | 12–22 |
| 40 a 60 | 30–36 | 22–28 |
| Acima de 60 | 36–50 | 28–38 |

Considere-se, agora, uma massa de peso Q em queda livre de uma altura H (Figura 45).

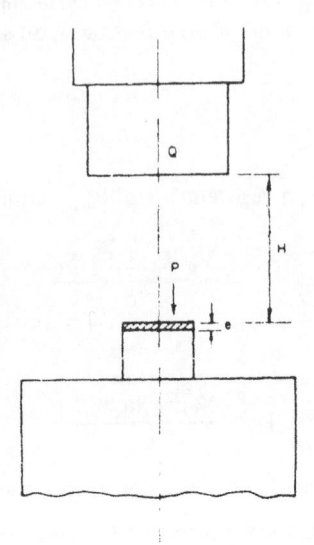

Figura 45  *Martelo em queda livre sobre um bloco de metal*

A massa Q ao cair livremente, adquire uma aceleração de gravidade, desenvolvendo uma energia cinética que se exprime por

$$T_u = \frac{m.v^2}{2} \cdot \eta$$

onde

$T_u$ = trabalho utilizado
v = velocidade final da massa de peso Q ao atingir o corpo
e = esmagamento resultante
m = Q/g = massa, onde g representa a aceleração de gravidade, (9,81)

Como a velocidade final v é expressa por

$$v = \sqrt{2gH}$$

ou

$$v^2 = 2gH$$

tem-se

$$T_u = \frac{Q}{g} \cdot \frac{1}{2} \cdot 2gH.\eta$$

onde

$$\eta = \text{rendimento do martelo}$$

Tem-se assim:

$$T_u = Q.H.\eta \qquad (8)$$

Esse trabalho corresponde ao de deformação do material P.e.
Logo

$$Q.H.\eta = P.e$$

ou

$$P = \frac{Q.H}{e}\eta \qquad (9)$$

Igualando as fórmulas (9) e (7), tem-se

$$\frac{V_c.R_d.\ln h_0/h_1}{e} = \frac{Q.H}{e} \cdot \eta$$

ou

$$V_c.R_d.\ln h_0/h_1 = Q.H.\eta$$

Conhecidos o peso Q da massa em queda e todos os outros elementos, pode-se extrair

$$H = \frac{V_c.R_d.\ln h_0/h_1}{\eta.Q} \qquad (10)$$

No caso da *deformação vinculada* (Figura 46)[20], ou seja, *forjamento em matriz*, o esforço de deformação é maior, pois o material sob deformação é retido entre as paredes de um molde ou matriz, além das paredes de uma cavidade perimetral para conter o material em excesso.

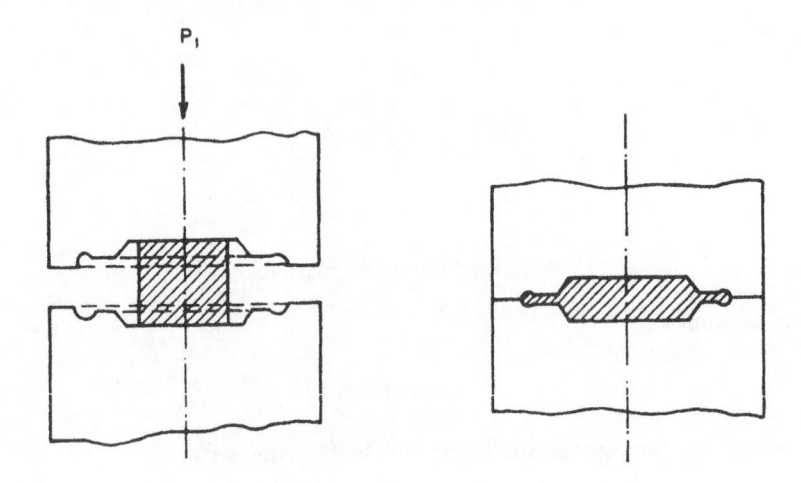

Figura 46  *Deformação por martelamento vinculada.*

Devido ao atrito das paredes da matriz e devido à cavidade perimetral, a resistência real à deformação $R_d$ é maior e deve ser multiplicada por um coeficiente que leva em consideração as condições acima. Esse coeficiente é da ordem de 1,3 a 1,6, de acordo com a forma da cavidade da matriz.

A força de deformação, entretanto, pode ser reduzida se a mesma for realizada, gradualmente, pela aplicação de dois ou mais golpes do martelo.

3  **Processos de forjamento**  O forjamento é, pois, o processo de deformação a quente em que, pela aplicação de força dinâmica ou estática, se modifica a forma de um bloco metálico. Em linhas gerais, o termo *forjamento* abrange os seguintes processos de conformação:

- *prensagem*, em que o esforço de deformação é aplicado de forma gradual;
- *forjamento simples* ou *livre*, em que o esforço de deformação é aplicado mediante golpes repetidos, com o emprego de matrizes abertas ou ferramentas simples;
- *forjamento em matriz*, que difere do anterior, porque é uma deformação vinculada, obtida mediante o emprego de matrizes fechadas;

---

NOTA: Na falta de tabelas de logaritmos neperianos ln, pode-se usar as tabelas comuns à base 10. Obtido o logaritmo à base 10 do número considerado, divide-se o mesmo pelo módulo de transformação 0,434294 e tem-se o logaritmo neperiano ln.

– *recalcagem*, em que se submete uma barra cilíndrica à deformação de modo a transformá-la numa peça determinada; uma variedade desse processo é a *eletro-recalcagem*, em que a barra cilíndrica, em vez de ser previamente aquecida, atinge a temperatura fixada de deformação na própria máquina de recalcagem. Entretanto, a eletro-recalcagem produz somente peças intermediárias, que devam ser posteriormente conformadas na forma definitiva.

3.1 **Prensagem** O processo é usado para a deformação inicial de grandes lingotes, resultando produtos a serem posteriormente forjados ou, então, para forjar os lingotes em grandes eixos, como os de navio, ou para forjar peças de formas simétricas com secção circular ou cônica.

As prensas (Figura 47) são de grande capacidade, a qual pode atingir 50.000 toneladas ou mais; essas prensas são acionadas hidraulicamente.

O êmbolo é movimentado por cilindros hidráulicos e pistões que fazem parte de sistema hidráulico de alta pressão ou por um sistema hidro-pneumático. A pressão pode ser mudada à vontade, pelo ajuste de uma válvula de controle de pressão. Assim, a velocidade de deformação é controlada. Devido à quase ausência de choque, o custo de manutenção é mais baixo do que no martelamento, pois a pressão é aumentada gradualmente.

O custo inicial de uma prensa hidráulica é, entretanto, maior do que o de uma prensa mecânica de mesma capacidade e sua ação é também mais lenta.

Prensagem em matrizes fechadas é empregada na conformação de peças de metais e ligas não-ferrosos, porque esses materiais apresentam maior grau de plasticidade, necessária para preencher as cavidades das matrizes, mediante operação de esmagamento.

Outra vantagem reside no fato de não se necessitar de grandes ângulos de saída ou conicidade nas matrizes, apenas 2° a 3° ao contrário do forjamento em matriz, em que esses ângulos são pelo menos o dobro.

Uma aplicação muito importante desse processo é feita na indústria aeronáutica e outros setores industriais, em peças de alumínio que, pela prática eliminação de conicidade, exigem menos usinagem e, portanto, resultam em maior economia.

As pressões geralmente aplicadas, em $t/cm^2$, variam de[21]:

– 0,70 a 2,8 para latão
– 1,4  a 2,8 para alumínio
– 2,1  a 4,2 para aço
– 2,8  a 5,6 para titânio.

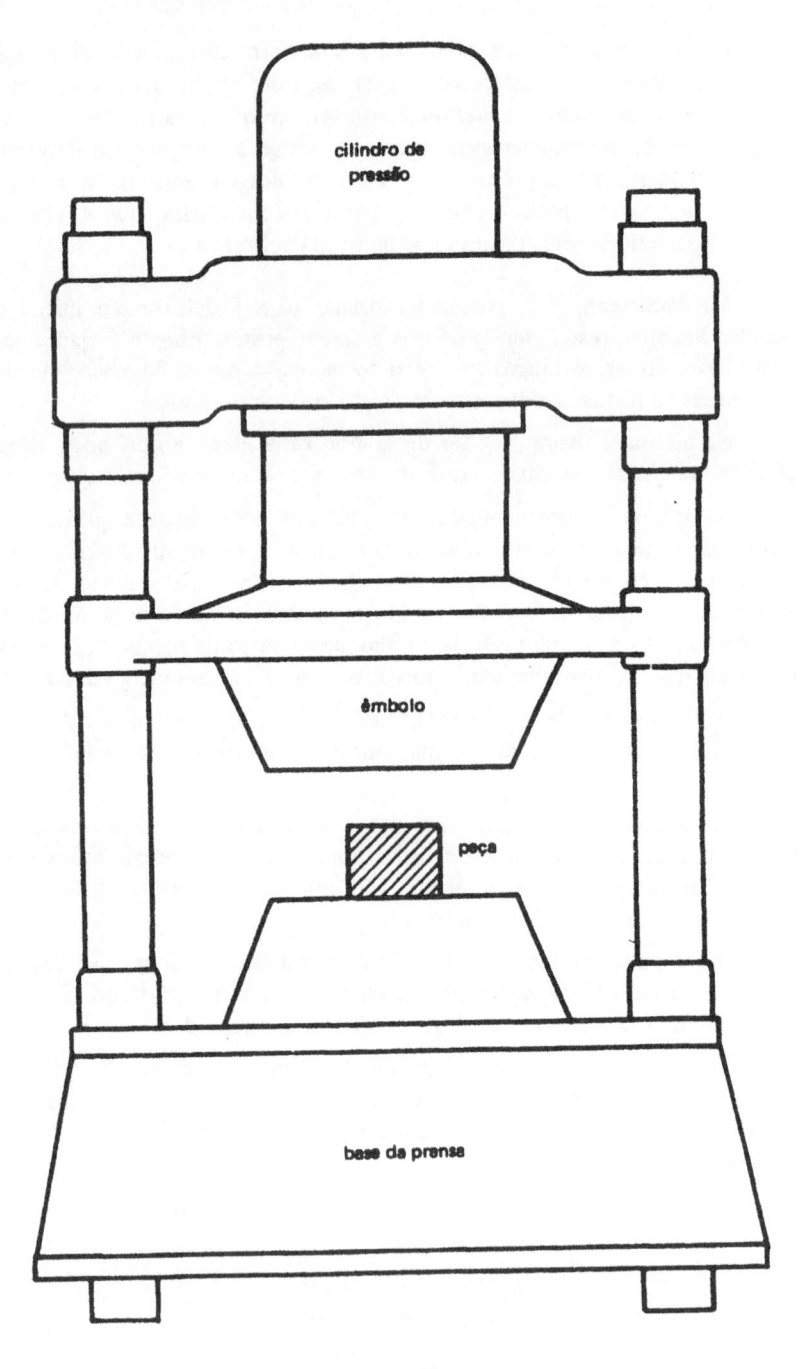

Figura 47 *Prensa.*

## 3.2 Forjamento livre

Em princípio, o *forjamento livre* é uma operação preliminar em que, a partir de blocos, tarugos etc., procura-se esboçar formas que, em deformações posteriores por forjamento em matriz ou outro processo, são transformadas em objetos de formas mais complexas.

Contudo, o forjamento livre, pelo emprego de ferramentas simples, manuseadas por um operador experiente, permite uma série de operações de natureza elementar, entre as quais as seguintes[22]:

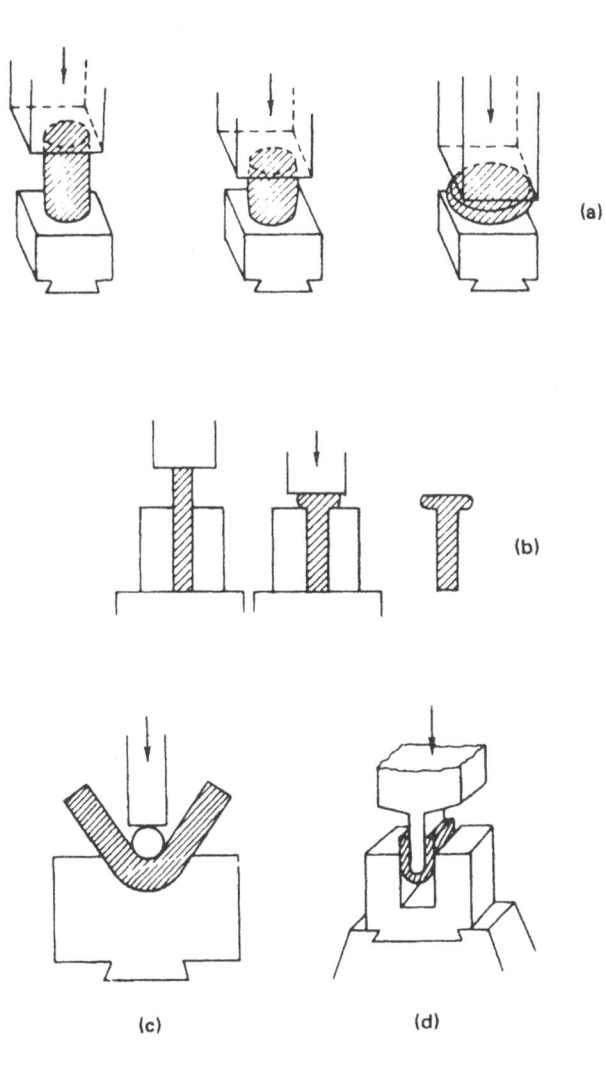

Figura 48 (a) *Operações de esmagamento.* (b) *Conformação de uma flange.* (c) *Dobramento de uma barra.* (d) *Dobramento de uma chapa.*

— *esmagamento* de um disco metálico simples; a Figura 48(a) mostra as várias fases da operação;

— *conformação de uma flange* numa extremidade de uma barra cilíndrica; a Figura 48(b) mostra a fase inicial que consiste na colocação da barra num cilindro de altura predeterminada, de acordo com a largura desejada da flange. A figura mostra ainda a peça resultante;

— *dobramento* de uma barra redonda com auxílio de um cilindro — Figura 48(c) — e dobramento de uma placa com o auxílio de uma matriz aberta — Figura 48(d);

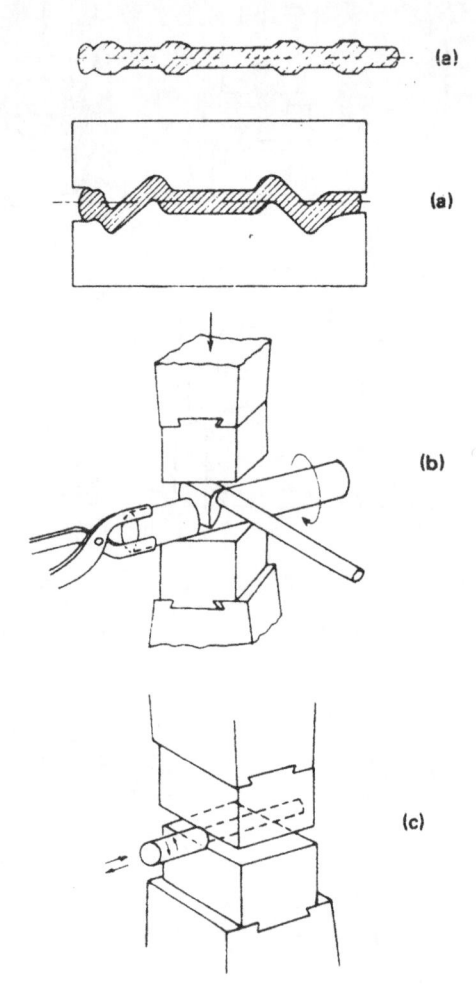

Figura 49 (a') *Operação de dobramento de uma barra*, (a) *Inicialmente esboçada;* (b) *Corte de uma barra,* (c) *Estiramento de uma barra.*

— *dobramento* de uma biela previamente esboçada — Figura 49(a) e (a');

— *corte a quente*, com auxílio de martelo, bigorna, tenaz e dispositivo semelhante a machado — Figura 49(b);

— *estiramento* de uma barra, a qual, durante a operação, deve ser girada e deslocada longitudinalmente como está indicado na Figura 49(c). No caso representado, a operação consiste em martelamento livre. Se se desejar obter melhor acabamento, emprega-se duas meias matrizes com cavidade cilíndrica. Pode-se obter, por esse processo simples, secções quadradas, hexagonais etc. Para produção em série, usa-se o *forjamento rotativo*, a ser estudado mais adiante;

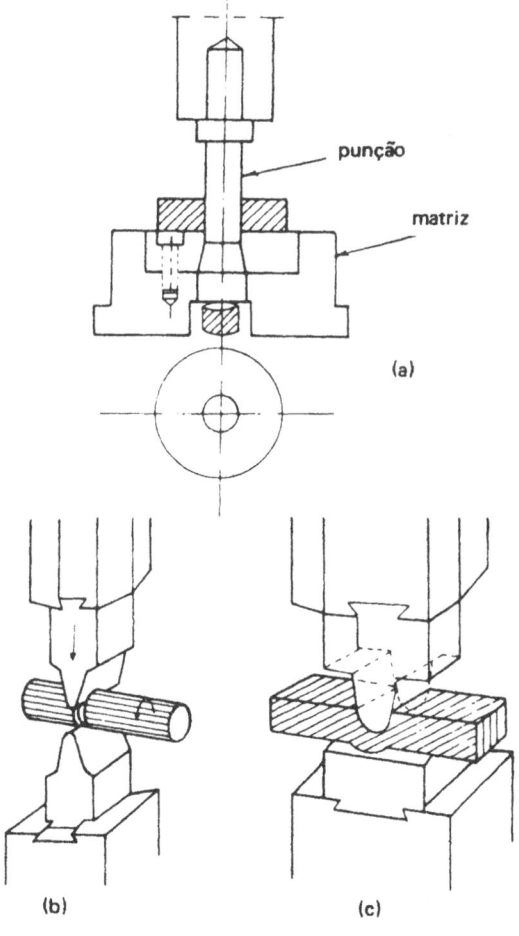

**Figura 50** (a) *Operações de corte a quente;* (b) *Estrangulamento de uma barra;* (c) *Estrangulamento de uma barra de secção retangular.*

– *perfuração a quente* de discos metálicos – Figura 50(a) – com o emprego de um punção e uma matriz, a primeira presa ao martelo e a segunda na bigorna;

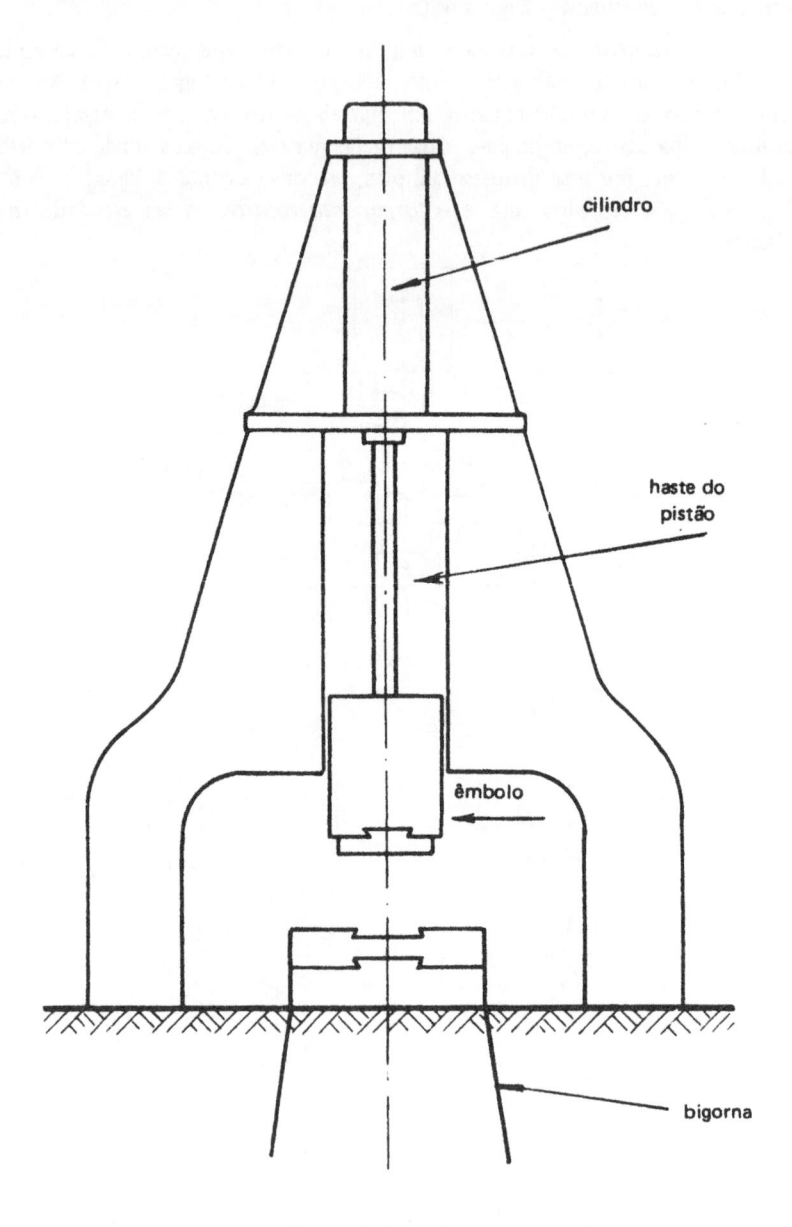

Figura 51  *Martelo de forja de estrutura dupla.*

— *estrangulamento* de uma barra redonda — Figura 50(b) — ou de uma placa retangular — Figura 50(c) —, ou seja, confecção de sulcos transversais.

A Figura 51 apresenta esquematicamente um martelo de forja de estrutura dupla, cuja capacidade varia geralmente de 2.500 a 10.000 tonelada. Essas prensas apresentam grande rigidez, de modo que são vantajosas para forjamento de aço e outras ligas de alta resistência.

Tipos semelhantes são empregados no forjamento em matriz.

3.3 **Forjamento em matriz** Neste processo, o forjamento é realizado em matrizes fechadas, que conformam a peça de acordo com uma forma definida e precisa.

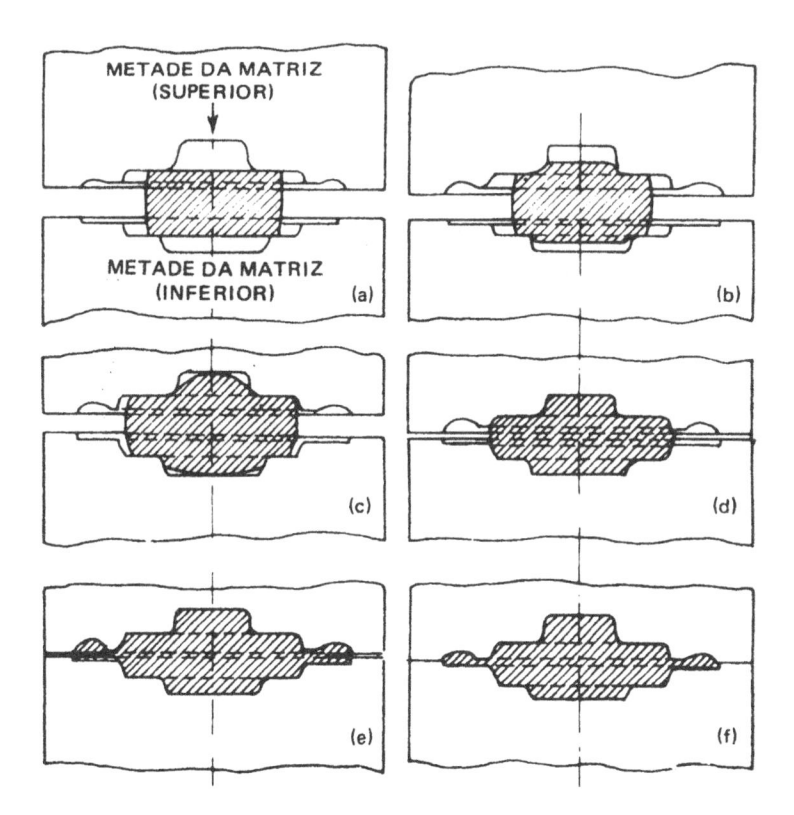

**Figura 52** *Diversas fases do forjamento em matriz.*

Esquematicamente, o processo está representado na Figura 52[23].

Inicialmente, procede-se ao *esboçamento*, ou seja, ao preparo grosseiro da forma da peça, por intermédio de uma operação de forjamento livre. O pedaço esboçado é colocado sobre uma metade da matriz, presa na bigorna do *martelo de queda*.

A outra metade da matriz está presa no martelo. Pela aplicação de golpes sucessivos, o material, aquecido acima da temperatura de recristalização, flui e preenche completamente a cavidade das duas meias matrizes, como a Figura 52 mostra.

barra
(a)

extremidades em cone
(b)

posicionamento na matriz
(c)

forjamento final
(d)

peça pronta (corte)

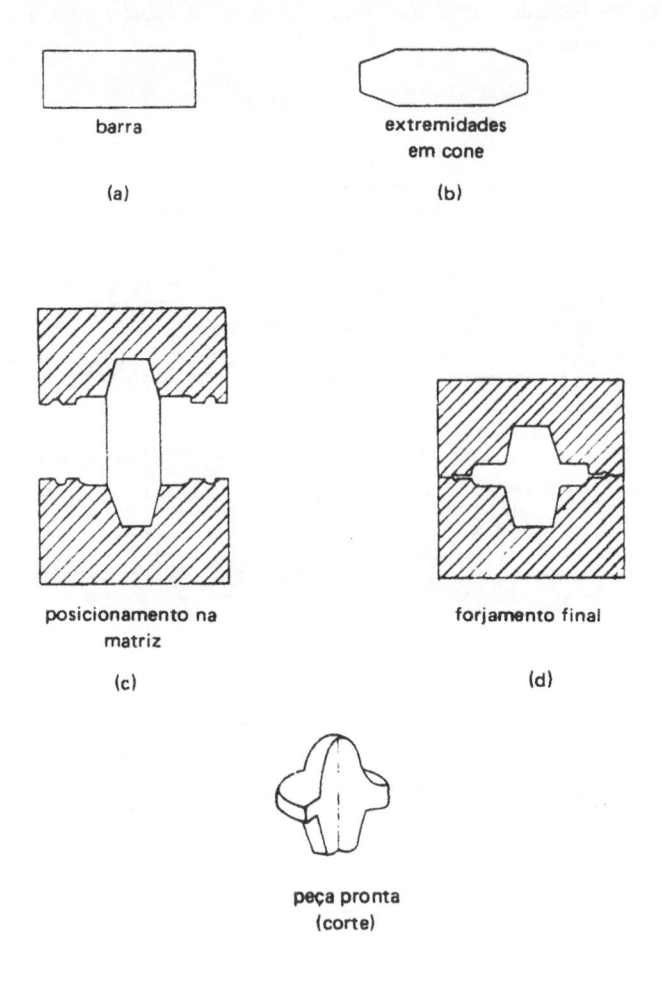

**Figura 53** *Matriz para forjamento em matriz.*

A matriz possui ainda uma cavidade na sua periferia, propositadamente confeccionada, e que segue o perfil da peça sobre o plano de união das duas metades de matriz, com o objetivo de conter o excesso de material que deve ser previsto, de modo a garantir total preenchimento da matriz e produzir uma peça sã.

Assim sendo, é necessário que o volume de material a ser deformado corresponda a todas as cavidades da matriz.

Na Figura 53, nota-se que a partir da fase (c) o material começa a penetrar na cavidade periférica, formando a *rebarba*. Com isso, facilita-se o contato completo das duas metades de matriz e todas as peças são obtidas com altura constante.

A fase final da operação de *forjamento em matriz* é o *corte da rebarba*, pelo emprego de matrizes especiais de corte ou quebra de rebarbas.

peça inicial

fase de estiramento na cavidade A

fase de arredondamento na B

fase de dobramento na C

fase de esboçamento na D

fase de acabamento na E

corte da rebarba

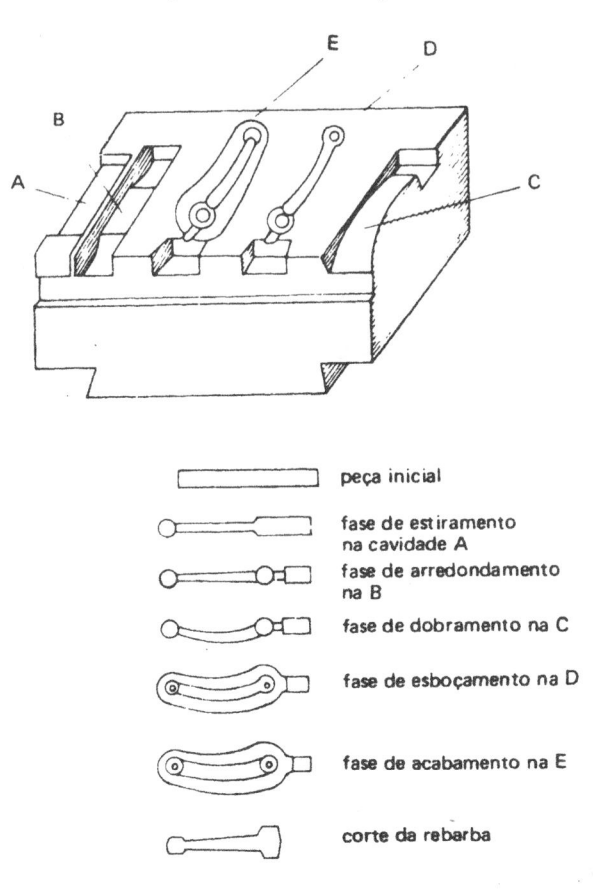

Figura 54 *Matriz múltipla para forjamento em matriz.*

Freqüentemente, procede-se ainda a uma *cunhagem* para conferir à peça acabamento dimensional final, calibrando suas dimensões e dando acabamento superficial melhor.

**3.3.1 Matrizes para forjamento em matriz** A Figura 53 mostra uma matriz simples para forjamento em matriz. Estão representados a barra inicial, o primeiro desbaste das pontas, o posicionamento na matriz, o forjamento final e a peça pronta em corte.

A Figura 54[23] mostra uma meia matriz com as cavidades múltiplas de esboçamento e acabamento de uma alavanca.

A Figura 55[23] mostra esquematicamente o corte de uma rebarba, mediante a ação direta de punção na peça apoiada na matriz de corte.

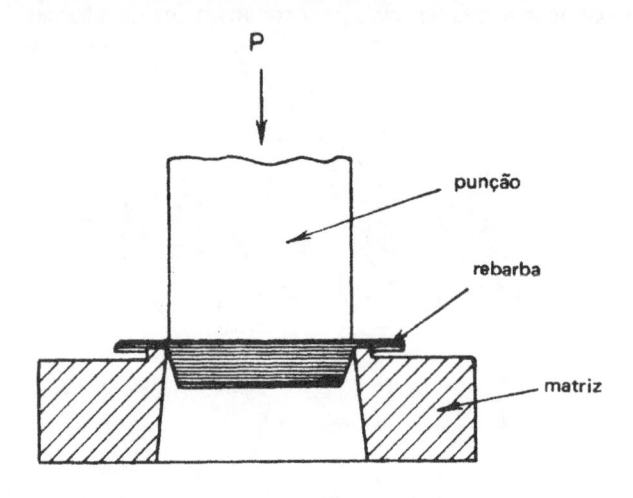

Figura 55   *Matriz esquemática para corte de rebarba.*

Antes de proceder-se a um projeto de matriz para forjamento em matriz, é necessário considerar o projeto e desenho da peça a ser forjada e os fatores que devem ser levados em conta.

3.3.1.1 **Sobremetal**, para usinagem. O excesso de material é função das dimensões da peça. Recomenda-se o emprego da seguinte regra[23]:

- para peças de pequenas dimensões, até 20 mm de diâmetro ou largura, $-0,5$ a $1,0$ mm;
- para peças de dimensões médias, entre 20 mm a 80 mm de diâmetro ou largura, $-1,0$ a $1,0$ mm;

— para peças de 80 mm a 150 mm de diâmetro ou largura, −1,5 a 2,0 mm;

— para peças entre 150 mm até 250 mm de diâmetro ou largura, − 2,0 a 3,0 mm.

**3.3.1.2 Ângulos de saída ou conicidade**, para facilitar a retirada da peça da cavidade da matriz. A Figura 56 indica não somente esses ângulos, que variam de 5° a 7° para as superfícies internas e de 7° a 8° para superfícies externas, como também a concordância dos cantos. Para fins práticos, procura-se manter constantes os valores desses ângulos, em torno de 7°.

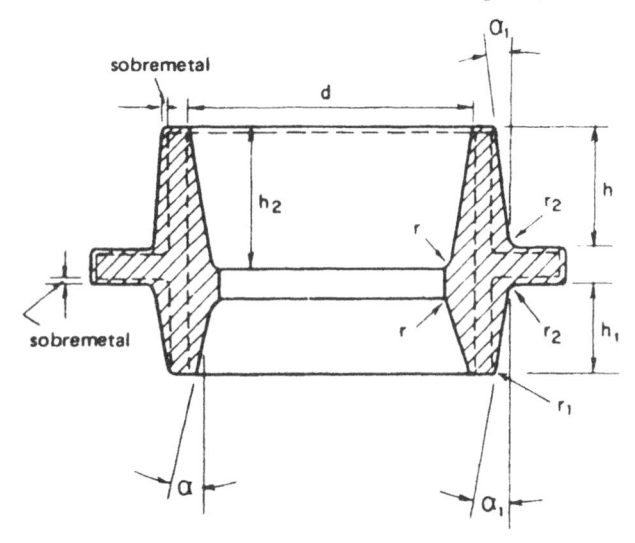

**Figura 56** *Representação de sobremetal, ângulos de saída e raios de concordância.*

**3.3.1.3 Concordância dos cantos**, devido à possibilidade de ocorrerem falhas em função da contração que se verifica a partir da temperatura de forjamento até a temperatura ambiente. Assim, deve-se evitar cantos vivos, que criam tensões e, eventualmente, levam o metal a fissurar até 2 a 5 mm de profundidade. A Figura 56 mostra os pontos onde os raios de curvatura devem ser projetados e a Tabela 7 apresenta valores que podem ser adotados para esses raios.

**3.3.1.4 Tolerâncias**, em função de um possível deslocamento de uma meia matriz em relação à outra metade. Esse deslocamento pode ocorrer por incorreção construtiva, dando como resultado uma peça defeituosa. Assim, é necessário estabelecer tolerâncias longitudinais, em função das dimensões das peças forjadas. A Figura 57[23] representa esquematicamente as excentricidades que podem resultar de matrizes defeituosas.

## TABELA 7

### RAIOS DE CONCORDÂNCIA EM PEÇAS PARA FORJAMENTO EM MATRIZ

| Medidas $h, h_1, h_2$ ou d mm | | Concordância, mm | | |
|---|---|---|---|---|
| de | até | r | $r_1$ | $r_2$ |
| – | 25 | 5 | 0,5 | 1,0 |
| 25 | 40 | 8 | 1,0 | 1,5 |
| 40 | 63 | 12 | 1,5 | 2,0 |
| 63 | 100 | 20 | 1,5 | 2,5 |
| 100 | 160 | 30 | 2,0 | 3,0 |
| 160 | 250 | 50 | 2,5 | 3,5 |

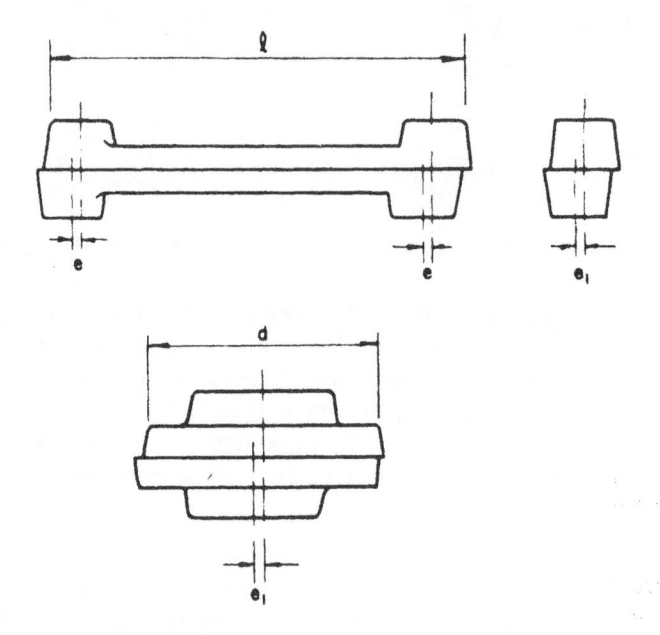

Figura 57 *Excentricidades resultantes de deslocamento horizontal das duas meias matrizes;* e, *longitudinal e* $e_1$, *transversal.*

Dependendo das dimensões das peças e da natureza do processo — forjamento em matriz normal ou forjamento em matriz de precisão —, os valores de $e$ e $e_1$ variam.

Uma razão adicional para estabelecer tolerâncias é o desgaste das cavidades da matriz.

**TABELA 8**

TOLERÂNCIAS DIMENSIONAIS DE PEÇAS FORJADAS EM MATRIZ

| Dimensões da peça mm | Forjamento normal | | Forjamento de precisão | |
|---|---|---|---|---|
| | Limites máx e mín. | Tolerância total | Limites máx e mín. | Tolerância total |
| Até 30      | ±0,5     | 1,0 | +0,3-02  | 0,5 |
| De 30 a 50  | ±0,6     | 1,2 | +0,4-03  | 0,7 |
| De 50 a 80  | +0,9-0,7 | 1,6 | +0,5-0,4 | 0,9 |
| De 80 a 125 | +1,2-0,8 | 2,0 | +0,6-0,5 | 1,1 |
| De 125 a 200| +1,5-1,0 | 2,5 | +0,8-0,6 | 1,4 |
| De 200 a 250| +1,8-1,2 | 3,0 | +0,9-0,7 | 1,6 |
| De 250 a 315| +2,2-1,3 | 3,5 | +1,0-0,8 | 1,8 |
| De 315 a 400| +2,6-1,4 | 4,0 | | |
| De 400 a 500| +3,0-1,5 | 4,5 | | |
| De 500 a 600| +3,4-1,6 | 5,0 | | |

A Tabela 8[23] apresenta algumas recomendações preliminares nesse sentido.

Existem tabelas mais completas, preparadas pelas associações técnicas, de modo a tornar o projeto mais preciso.

**3.3.2 Projeto das matrizes** No projeto das matrizes, devem ser levados em conta os pontos a seguir:

**3.3.2.1 Contração do metal** O metal aquecido à temperatura de forjamento dilata; portanto, ao resfriar contrai, o que deve ser levado em conta no projeto da matriz; ou seja, esta deve ser construída maior, porque se isso não ocorrer a peça resultante apresentará menores dimensões que as projetadas. Sob o ponto de vista prático, podem-se considerar os seguintes valores para a contração, de acordo com o tipo de material:

para aço . . . . . . . . . . 1,0% (de 1020°C a 20°C)
para bronze . . . . . . . . 0,8% (de  520°C a 20°C)
para latão . . . . . . . . . 0,9% (de  520°C a 20°C)
para cobre . . . . . . . . . 0,8% (de  520°C a 20°C)
para ligas leves . . . . . . 0,9% (de  420°C a 20°C)

Assim, no caso do aço, para uma dimensão de 100 mm no desenho da peça, a cavidade da matriz correspondente deverá apresentar a dimensão de 101 mm.

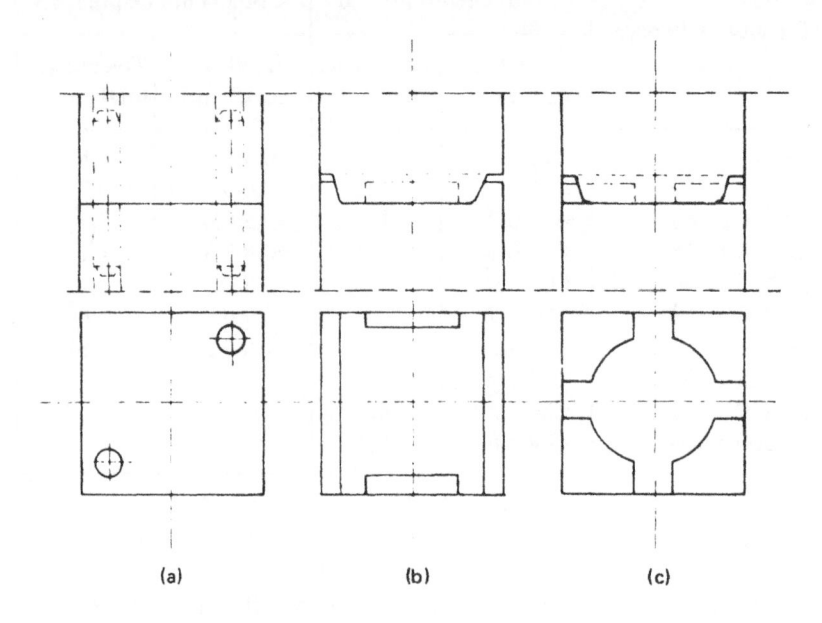

Figura 58  *Sistemas de referência para matrizes para forjamento em matriz.*

**3.3.2.2 Sistema de referência entre as duas meias matrizes** Para uma peça perfeita é necessário que as duas metades da matriz coincidam, de modo que a cavidade da matriz superior siga perfeitamente a cavidade da inferior. Em linhas gerais, pode-se usar dois sistemas de alinhamento, como a Figura 58[23] indica: (a) por intermédio de duas colunas opostas diagonalmente; (b) e (c) por intermédio de sedes cônicas ou inclinadas, na forma de macho e fêmea para centragem final.

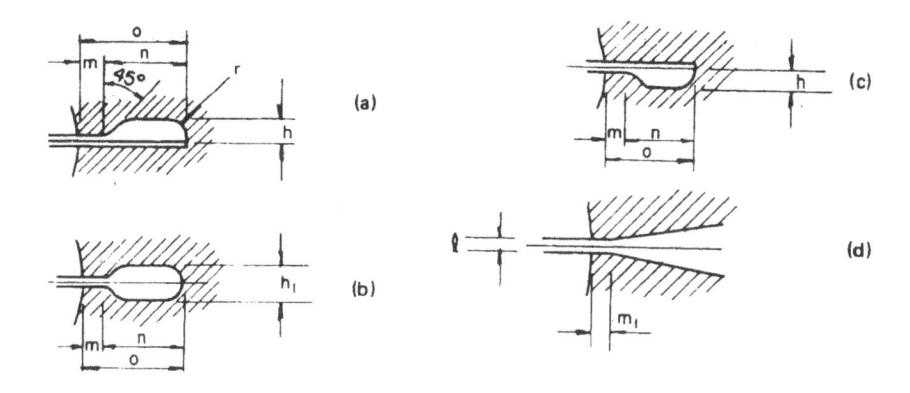

Figura 59  *Formas e perfis de alguns tipos de canais de rebarbas.*

3.3.2.3 **Canais de rebarbas**  A Figura 59[23] apresenta quatro tipos de canais de rebarbas e a Tabela 9 dá recomendações sobre as suas dimensões (em mm). O tipo (a) é colocado na metade superior da matriz; no tipo (b), o canal é simétrico; no tipo (c), o canal é colocado na meia matriz inferior e o tipo (d), aberto, é empregado quando não se vincula o volume do metal entre limites bem definidos, como nos casos de forjamento em matriz de barras e placas.

**TABELA 9**

DIMENSÕES DOS PERFIS DO QUEBRA-REBARBA DA FIGURA 59

| TIPO DE CANAL | l | m | n | o | h | $h_1$ | r | $m_1$ |
|---|---|---|---|---|---|---|---|---|
| Pequeno | 2 | 4 | 11 | 15 | 3,5 | 5 | 2,5 | 2 |
| Médio | 2,5 | 5 | 20 | 25 | 5,0 | 8 | 4 | 3 |
| Grande | 3 | 6 | 29 | 35 | 6,5 | 10 | 5 | 4 |

3.3.3 **Material das matrizes**  Os materiais empregados na confecção das matrizes são aços especiais — tipo ferramenta — caracterizados por conterem carbono de médio a alto teor e elementos de liga como cromo, níquel, molibdênio, tungstênio e vanádio. Exigem tratamento térmico tanto mais complexo, quanto maior a quantidade e a porcentagem de elementos de liga presentes.

## 3.4 Recalcagem

Trata-se essencialmente de um processo de conformação a quente em que uma barra, tubo ou outro produto de secção uniforme, geralmente circular, tem uma parte de sua secção transversal alongada ou reconformada.

Em princípio, o processo é levado a efeito mantendo-se a peça original aquecida entre matrizes e aplicando-se pressão numa sua extremidade, na direção do eixo, com o emprego de uma ferramenta de recalcar, que alarga (recalca) a extremidade, mediante deslocamento do metal.

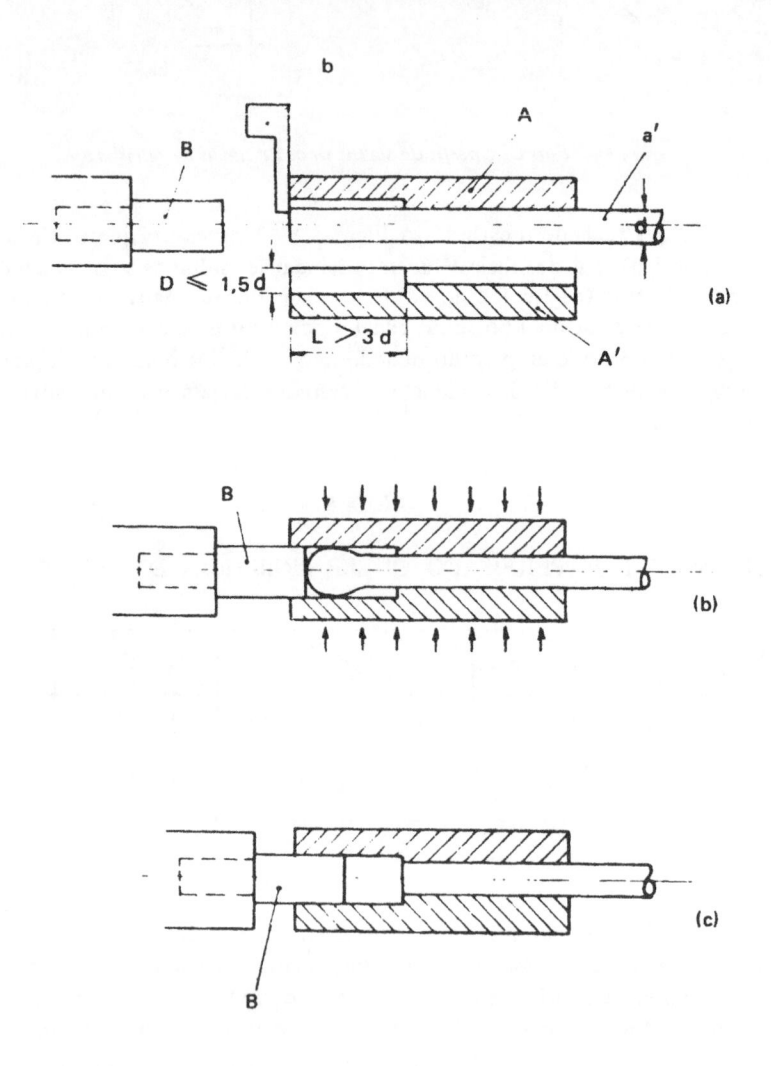

Figura 60  *Recalcagem de uma barra:* (a) *fase inicial;* (c) *fase final.*

A Figura 60⁽²³⁾ ilustra esquematicamente o processo. A barra a', aquecida, é inserida na máquina, entre as duas matrizes abertas A e A'. Uma alavanca b determina a posição exata da barra na extremidade das matrizes.

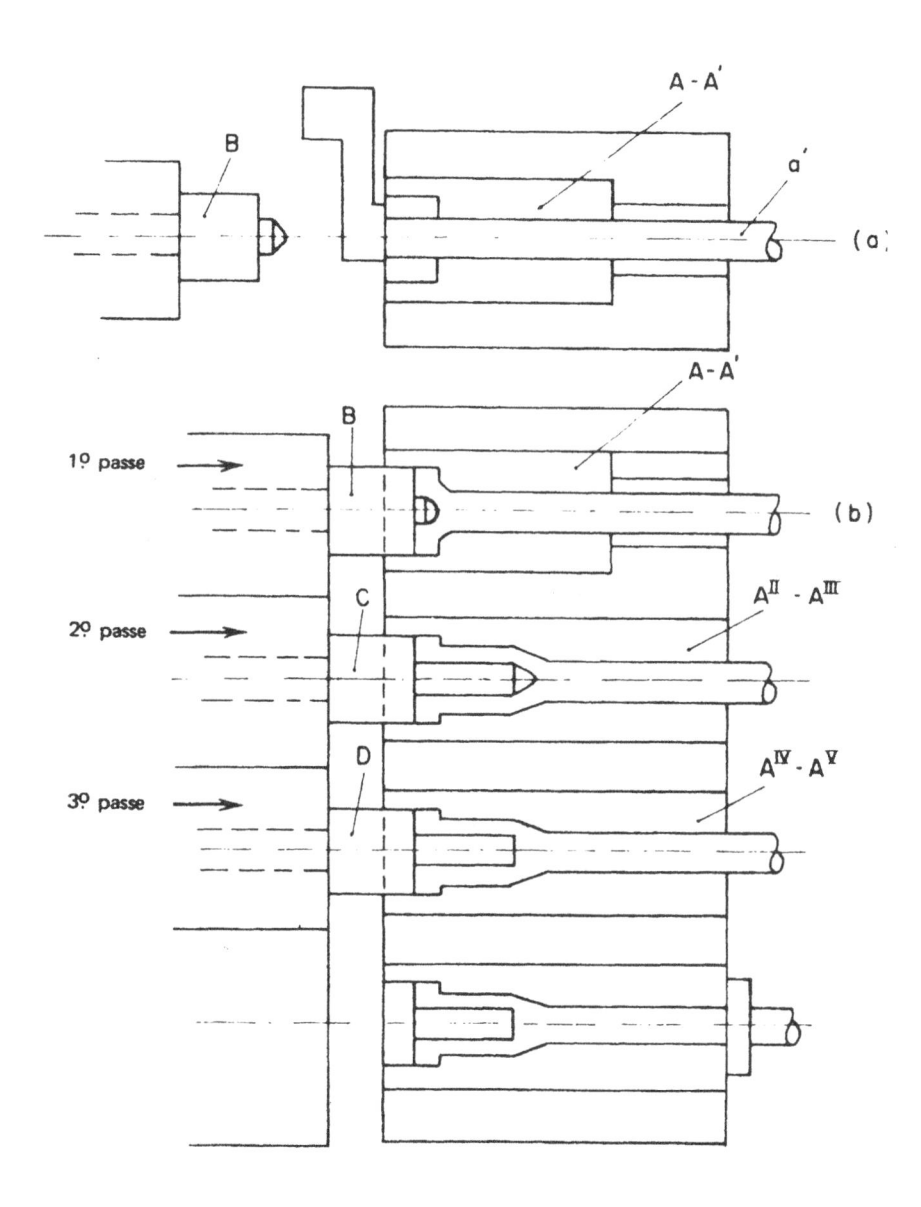

Figura 61  *Operação de recalcagem em três etapas.*

A máquina é acionada: as matrizes fecham e bloqueiam a barra, ao mesmo tempo que a alavanca b se eleva, deixando livre a extremidade para a entrada do punção B da ferramenta de recalcar; o punção entra na câmara para recalcar a extremidade da barra — fases (b) e (c) da figura. A matriz abre-se e a máquina interrompe sua ação automaticamente.

A Figura 61 mostra como obter, por recalcagem, a partir de uma barra, uma peça com um alargamento na extremidade, uma flange e um orifício profundo.

A operação, como se vê, consiste em várias passagens, de modo que a matriz correspondente é múltipla e vários punções são empregados.

A Figura 62[24] mostra o ferramental para recalcagem dupla, ou seja, nas duas extremidades de uma barra. A operação consiste em cinco passes, os dois primeiros numa matriz dupla com duas ferramentas de recalcagem e os três últimos numa matriz tripla com três ferramentas de recalcagem.

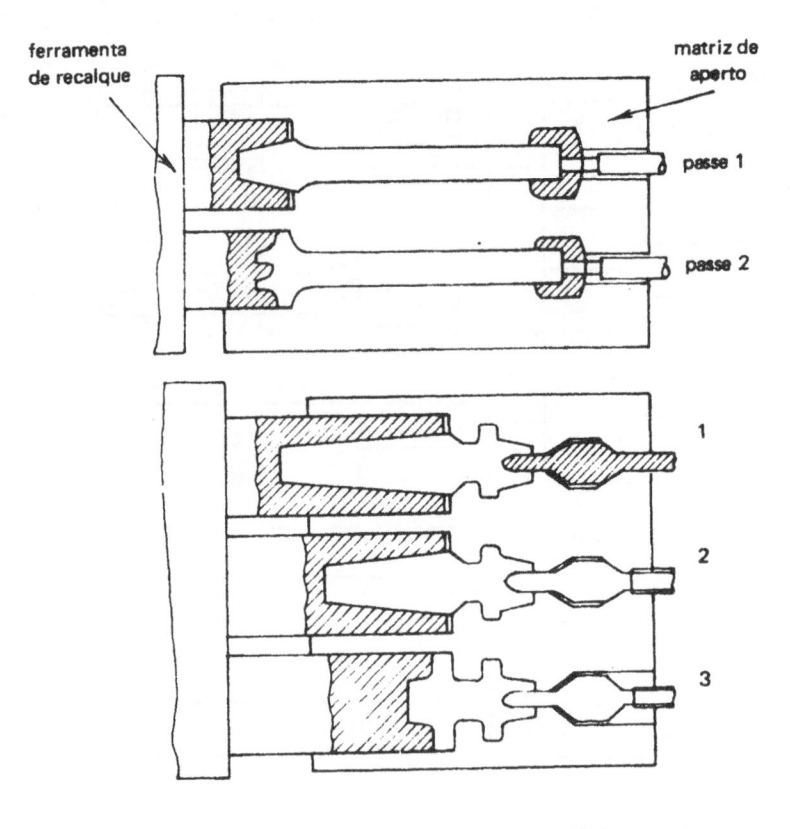

Figura 62  *Ferramental para recalcagem das duas extremidades, em cinco passes.*

A operação de recalcagem nas duas extremidades é realizada em muitas peças, devendo-se ter cuidado com problemas de manuseio e aquecimento, problemas esses não encontrados em recalcagem de uma extremidade apenas[24].

Se os diâmetros das extremidades forem diferentes, recomenda-se forjar o diâmetro menor em primeiro lugar, o que facilita o manuseio no segundo aquecimento.

As máquinas de recalcagem são horizontais, operadas mecanicamente por intermédio de um eixo principal com uma transmissão excêntrica, que propulsiona o cursor da ferramenta de recalcagem horizontalmente. Cames e excêntricos propulsionam o cursor da matriz que se movimenta horizontalmente em ângulo reto em relação ao cursor da ferramenta de recalcar.

Os componentes mecânicos fundamentais na recalcagem são as duas matrizes de aperto.

### 3.4.1 Pressão de recalcagem

Pode-se empregar, com razoável precisão, a fórmula abaixo, para determinar a pressão de recalcagem e escolher a máquina de recalcar adequada para uma determinada operação de recalcagem[23]:

$$P = S \cdot R_d \cdot k$$

onde

$P$ = pressão máxima, em kgf, que ocorre na recalcagem

$S$ = área, em mm², da secção transversal da peça. Se esta for de secção circular, com diâmetro D na extremidade maior, a área a considerar é

$$S = \frac{\pi D^2}{4}$$

$R_d$ = resistência à deformação, em kgf/mm², do material a recalcar, à temperatura de deformação.

Tem-se, aproximadamente,

$R_d$ = 10 a 15 para aços
$R_d$ = 6 para cobre
$R_d$ = 0,4 a 0,5 para ligas leves
$R_d$ = 4 para latão

k = coeficiente que varia de acordo com as várias dimensões da peça. O valor de k pode ser extraído dos dados apresentados na Figura 63.

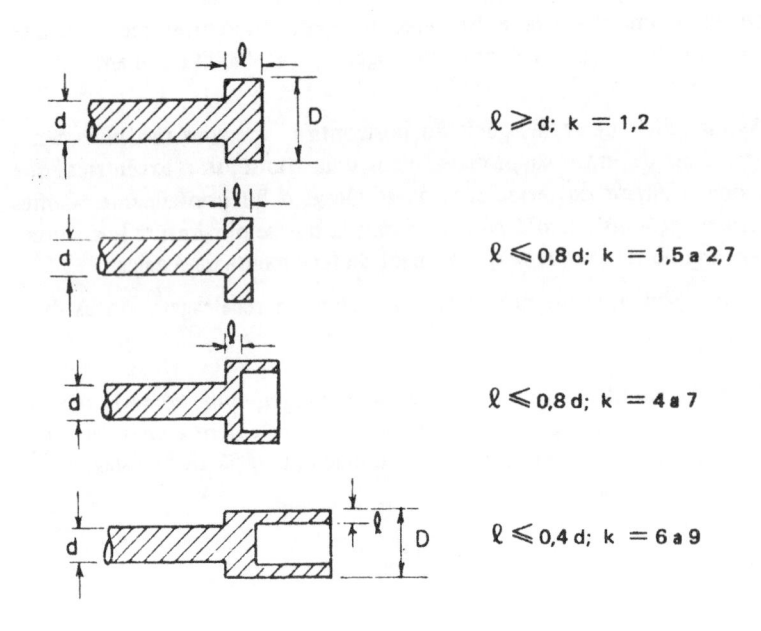

$\ell \geqslant d$; k = 1,2

$\ell \leqslant 0,8\,d$; k = 1,5 a 2,7

$\ell \leqslant 0,8\,d$; k = 4 a 7

$\ell \leqslant 0,4\,d$; k = 6 a 9

Figura 63  *Valores recomendados para o coeficiente k relativo à fórmula de pressão de recalcagem.*

**3.5 Outros processos de forjamento**  Incluem o *forjamento rotativo* e o *forjamento em cilindros*.

3.5.1 **Forjamento rotativo**  É um processo de redução da área da secção transversal de barras, tubos ou fios, mediante a aplicação de golpes radiais repetidos, com o emprego de um ou mais pares de matrizes opostas[25].

A peça a ser forjada, geralmente, é de forma quadrada, circular ou apresenta qualquer forma simétrica em secção transversal. Outras formas, como as retangulares, podem também ser forjadas rotativamente.

Pelo processo, consegue-se reduzir, por exemplo, tubos a partir de 35 cm de diâmetro e barras a partir de 10 cm de diâmetro aproximadamente.

Normalmente, o processo é aplicado a frio em aços-carbono com 0,20% ou menos de carbono. À medida que aumenta o teor desse elemento e ocorre a presença de elementos de liga, a forjabilidade rotativa decresce.

Mesmo em aço-carbono, a ser deformado por forjamento rotativo à temperatura ambiente, a sua microestrutura deve ser adequada, para máxima deformabilidade, o que exige um tratamento térmico prévio de coalescimento. Nessas condições, a redução de secção pode atingir 70%, enquanto com estrutura normal – de perlita fina, por exemplo – a redução só pode atingir 30% a 40%.

Alguns metais e ligas, menos ou pouco dúcteis, como aços-liga de dureza Rockwell superior a 90B, tungstênio, molibdênio etc., devem ser deformados a quente.

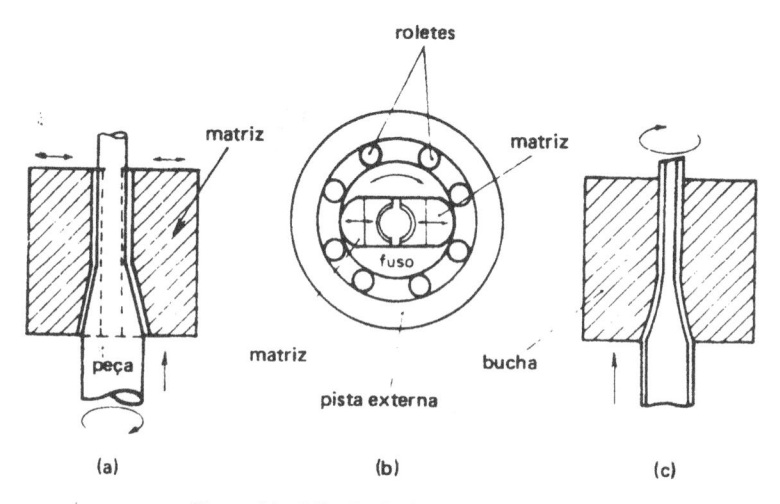

Figura 64   *Método de forjamento rotativo.*

A Figura 64[26] mostra os métodos para forjamento rotativo.

A Figura 64 (a) representa o método em que as matrizes são cônicas; elas são abertas e fechadas rapidamente, enquanto a peça gira e é introduzida no sentido longitudinal.

Outro método está representado na Figura (b): as matrizes giram num fuso, ao mesmo tempo que roletes ao redor da periferia as abrem e fecham golpeando a peça, centenas de vezes por minuto. É este o método mais comum.

A Figura 64 (c), finalmente, indica o método para forjamento rotativo de tubos; a bucha gira e o tubo é introduzido; ou o tubo gira, à medida que penetra no interior da bucha. A operação pode ser levada a efeito num torno mecânico: a bucha é colocada na placa de castanhas da árvore do torno, onde adquire movimento de rotação, e o tubo é empurrado para o seu interior a partir do cabeçote móvel, ou vice-versa.

O forjamento rotativo de tubos é feito com os objetivos seguintes: redução dos diâmetros interno e externo, confecção de conicidade numa extremidade, melhora da resistência, obtenção de tolerâncias mais estreitas etc.

Para reduzir apenas a espessura das paredes dos tubos, o forjamento rotativo é levado a efeito com o emprego de um *mandril*, ou seja, uma barra de precisão com diâmetro correspondente ao diâmetro interno do tubo. Esse mandril é colocado no interior do tubo, de modo que quando este recebe os golpes repetidos na superfície externa, a superfície interna não é afetada.

O mandril pode ser usado para modificar a forma da superfície interna do tubo.

3.5.2 **Forjamento em cilindros**  O processo é empregado na redução da secção transversal de barras ou tarugos, pela sua passagem através de dois cilindros que giram em direções opostas e que possuem um ou mais entalhes ou caneluras coincidentes em cada cilindro (Figura 65)[27].

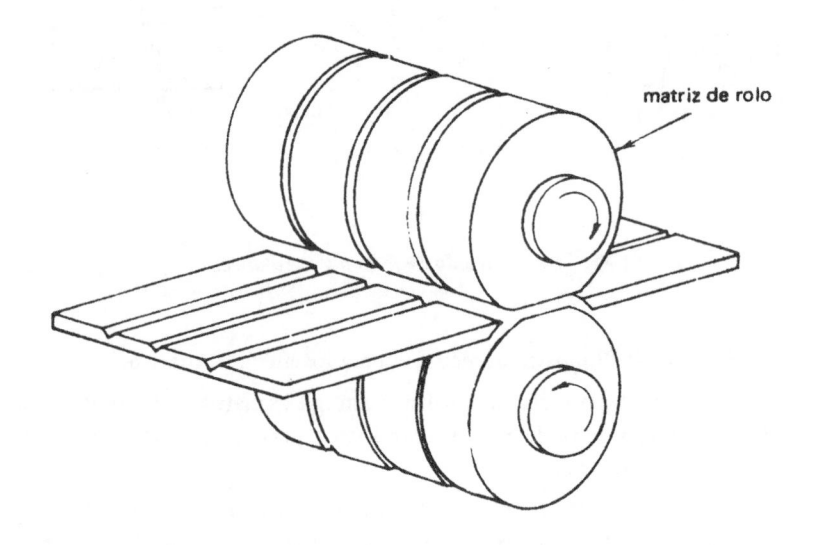

Figura 65  *Representação esquemática de forjamento em cilindros.*

A peça é passada em cada canelura dos cilindros, os quais são construídos em segmentos ou meios cilindros. Ao girar, os cilindros comprimem a peça numa das caneluras; o *movimento* é interrompido, a peça é colocada na canelura seguinte e os cilindros novamente movimentados; e assim em seguida.

Por esse processo pode-se aumentar o comprimento de barras, reduzir seu diâmetro ou modificar sua secção conforme desejado.

É um processo simples, rápido, que é vantajoso na conformação preliminar de peças a serem recalcadas ou forjadas em matriz, ou mesmo para a fabricação de objetos com formas definitivas.

# CAPÍTULO IV

# ESTAMPAGEM

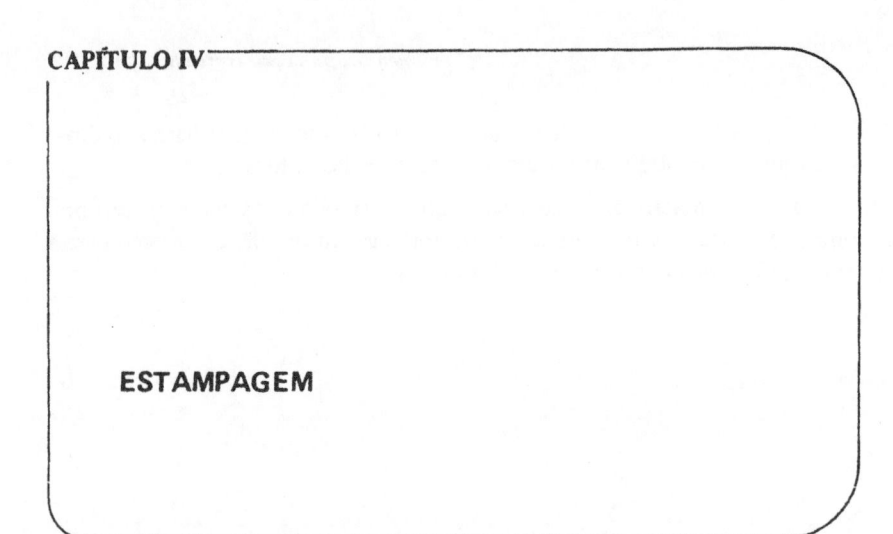

**1 Introdução** A estampagem é um processo de conformação mecânica, realizado geralmente a frio, que compreende um conjunto de operações, por intermédio das quais uma chapa plana é submetida a transformações de modo a adquirir uma nova forma geométrica, plana ou oca.

A deformação plástica é levada a efeito com o emprego de *prensas de estampagem*, com o auxílio de dispositivos especiais chamados *estampos* ou *matrizes*.

Basicamente, a estampagem compreende as seguintes operações:

- corte
- dobramento e encurvamento
- estampagem profunda

Enquanto as duas primeiras são normalmente realizadas a frio, a estampagem profunda pode eventualmente ser realizada a quente, de acordo com as necessidades técnicas.

No caso mais simples, uma única deformação pode ser suficiente; entretanto, dependendo da profundidade de deformação desejada, pode ser necessária a aplicação de duas ou mais operações de estampagem.

**2 Corte de chapas** O processo corresponde à obtenção de formas geométricas determinadas, a partir de chapas, submetidas à ação de uma ferramenta ou *punção de corte*, aplicada por intermédio de uma prensa que exerce pressão sobre a chapa apoiada numa matriz (Figura 66)[28]. No instante em que o punção penetra na matriz, o esforço de compressão converte-se em esforço de cisalhamento e ocorre o desprendimento brusco de um pedaço de chapa.

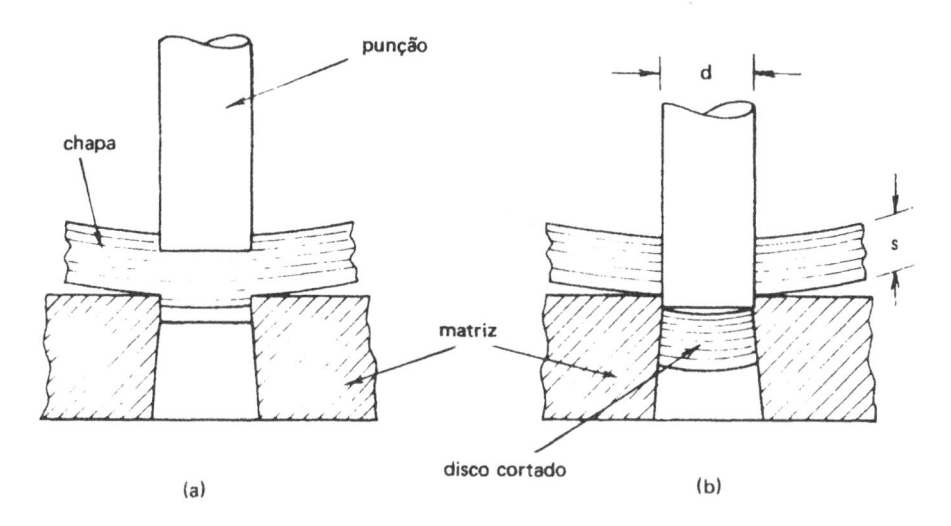

Figura 66  *Operação de corte em chapa*

Chamando $s$ a espessura da chapa e $d$ o diâmetro do punção, verificou-se experimentalmente que, para chapas de aço e punções de aço temperado, a relação $s/d$ apresenta o valor máximo de 1,2, o que significa que, em princípio, a espessura da chapa a ser cortada deve ser igual ou menor que o diâmetro do punção.

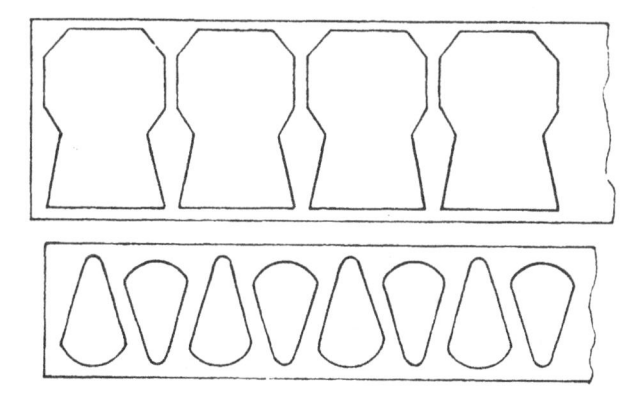

Figura 67  *Disposições recomendadas de elementos que podem ser cortados de chapas*

A Figura 67[28] mostra que formas as mais variadas podem ser obtidas de chapas, mediante a operação de corte descrita.

As figuras obtidas pelo corte de chapas podem, eventualmente, ser utilizadas para uma operação posterior de estampagem profunda.

2.1 **Matriz para corte**   A Figura 68[28] mostra os principais componentes de uma matriz de corte relativamente simples.

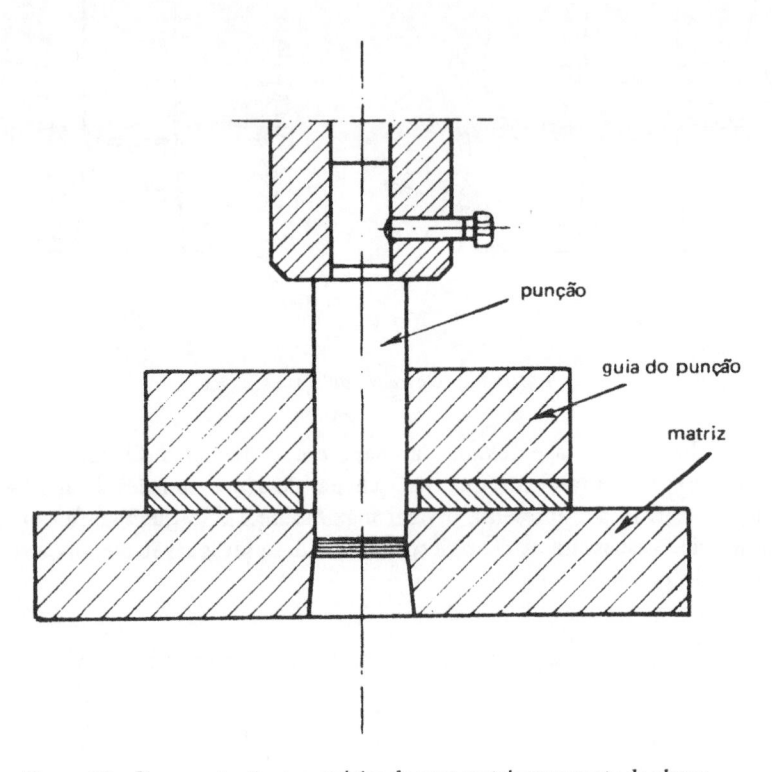

Figura 68   *Representação esquemática de uma matriz para corte de chapa*

O punção deve apresentar secção conforme o contorno desejado da peça a extrair da chapa; do mesmo modo, a cavidade da matriz.

É muito importante o estabelecimento do valor para a *folga* entre o punção e a matriz. Essa folga depende da espessura da chapa a ser submetida ao corte e do tipo de material, que pode ser duro ou mole. O gráfico da Figura 69[28] permite a determinação da referida folga.

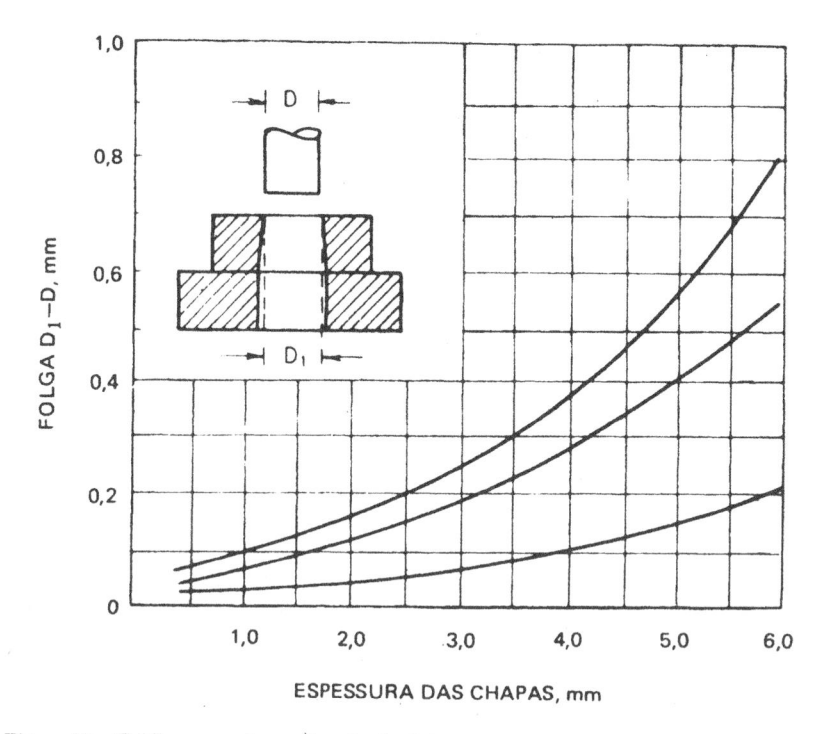

**Figura 69** *Gráfico para determinação da folga entre punção e matriz, na operação de corte de chapa, em função do tipo de material e da espessura da chapa.*

A curva superior refere-se ao aço duro, a curva média ao aço doce e latão e a curva inferior ao alumínio e metais leves.

Quanto menores a espessura da chapa e o diâmetro do punção, menor a folga; e vice-versa.

2.2 **Esforço necessário para o corte** A equação que permite determinar o esforço para o corte é a seguinte:

$$Q = p.e.\sigma_c$$

onde

$Q$ = esforço de corte ou de cisalhamento, em kgf
$p$ = perímetro da figura, mm
$e$ = espessura da chapa, mm
$\sigma_c$ = resistência ao cisalhamento do material, kgf/mm².

Como

$\sigma_c$ = 3/4 a 4/5 $\sigma_t$, aproximadamente, onde
$\sigma_t$ = resistência à tração do material; é relativamente simples determinar-se o esforço de corte, conhecido o material.

**3   Dobramento e encurvamento**   A Figura 70 mostra as fases de operações simples de dobramento, nas quais se procura manter a espessura da chapa ou evitar qualquer outra alteração dimensional.

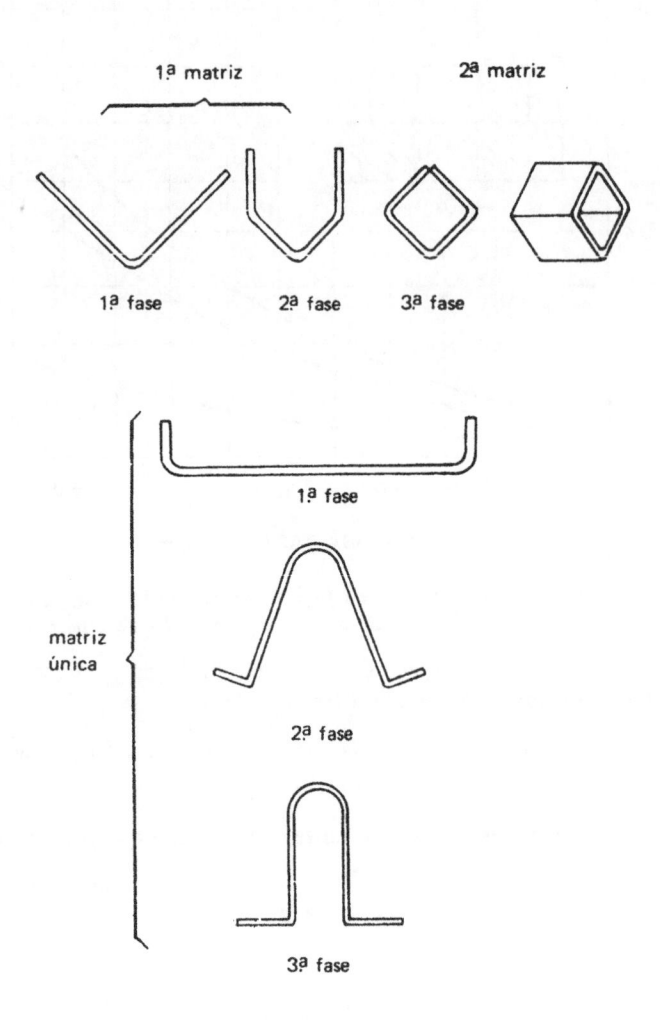

Figura 70   *Representação esquemática das várias fases de dobramento de uma chapa.*

Em operações mais simples de dobramento, para obtenção de elementos relativamente curtos, usam-se matrizes, montadas em prensas de estampagem. A Figura 71 mostra, esquematicamente, os principais componentes de uma dessas matrizes.

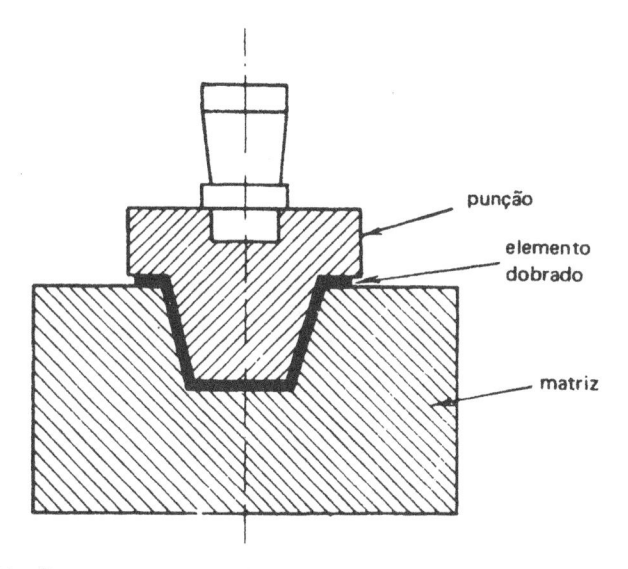

Figura 71  *Representação esquemática de uma matriz simples de dobramento.*

No dobramento, dois fatores são importantes: o raio de curvatura e a elasticidade do material. Devem-se sempre evitar cantos vivos, para o que devem ser fixados raios de curvatura que correspondem de 1 a 2 vezes a espessura da chapa para materiais moles e de 3 a 4 vezes a espessura para materiais duros[28].

No caso de materiais mais duros, devido aos característicos de elasticidade dos metais, é comum que, depois de realizado o esforço de dobramento, a chapa tenda a voltar à sua forma primitiva, de modo que se recomenda construir as matrizes com ângulos de dobramento mais acentuados, além de realizar-se a operação em várias etapas, com uma única ou com várias matrizes.

**3.1 Determinação da linha neutra**  Toda vez que se deve obter um elemento dobrado, segundo um perfil determinado, é necessário conhecer-se, em primeiro lugar, o seu desenvolvimento linear ou as dimensões exatas da chapa, a partir da qual vai ser produzido o elemento dobrado.

Com esse objetivo, procede-se inicialmente à determinação da *linha neutra* do elemento dobrado, ou seja, a linha da secção transversal cuja fibra correspondente não foi submetida a nenhum esforço, quer de tração ou de compressão e que, em conseqüência, não sofreu qualquer deformação.

A determinação dessa linha neutra é feita mediante um cálculo extremamente simples, como a Figura 72[28] mostra.

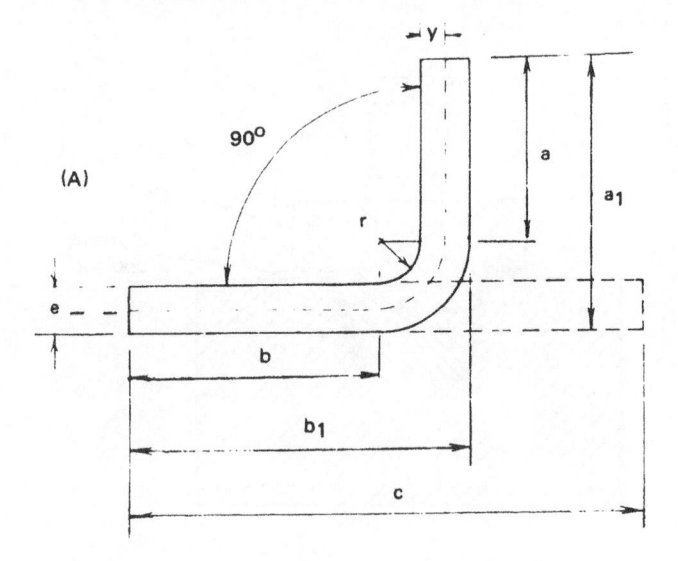

Figura 72  *Determinação da linha neutra de uma chapa submetida a um dobramento preliminar.*

Uma tira de chapa correspondente ao material que vai ser dobrado é submetida a um dobramento preliminar. Seu comprimento é $c$ e a sua espessura $e$; dobrada a tira, mede-se os comprimentos $a$ e $b$ e o raio $r$. Admitindo-se que o valor $y$ corresponda à distância da linha neutra, tem-se

$$c = a + b + \pi/2\,(r + y)$$

ou

$$2c = 2a + 2b + \pi r + \pi y$$

donde se extrai

$$y = 2\frac{c - a - b}{\pi} - r$$

Em vista dos resultados práticos obtidos, conclui-se que a linha neutra está geralmente situada na metade da secção quando a espessura da chapa é no máximo de um milímetro. Em espessuras superiores, admite-se que a linha neutra se situe a 1/3, aproximadamente, da curva interna. Se a chapa dobrada apresenta contracurvas, admite-se que, em cada caso, a linha neutra se localize em direção à curva interna.

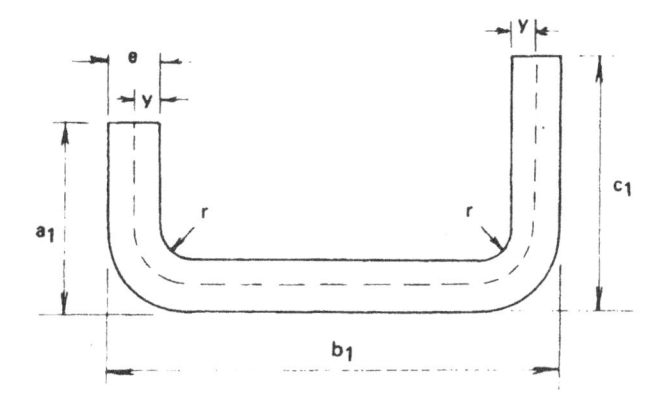

**Figura 73** *Elemento dobrado em U.*

Localizada a posição da linha neutra, pode-se calcular facilmente o comprimento do elemento dobrado. A Figura 73[28] representa uma chapa dobrada em U, cujo desenvolvimento, representado por $L$, pode, portanto, ser facilmente obtido, visto que o desenho dá todas as dimensões necessárias a um ensaio prévio de dobramento, com uma tira do material em questão, permitindo localizar a linha neutra.

**3.2 Esforço necessário para o dobramento** Suponha-se uma chapa metálica colocada sobre uma matriz de dobramento e sujeita ao esforço de dobramento (Figura 74)[28].

Admitindo-se que a chapa se comporte como um sólido apoiado nas extremidades e carregado no centro, a determinação do esforço de dobramento é relativamente simples.

Sejam:

P = força necessária para o dobramento, kgf
b = largura da chapa, mm
l = distância entre os apoios, mm
e = espessura da chapa, mm
$M_f$ = momento fletor, kgf. mm
$\sigma_t$ = limite de resistência à tração, kgf/mm$^2$
$\sigma_f$ = tensão de flexão necessária para obter a deformação permanente, kgf/mm$^2$

Admite-se $\sigma_f = 2\sigma_t$

I = momento de inércia da secção, em relação ao eixo neutro, mm$^4$
z = distância máxima das fibras ao eixo neutro, mm
l/z = módulo de resistência, mm$^3$

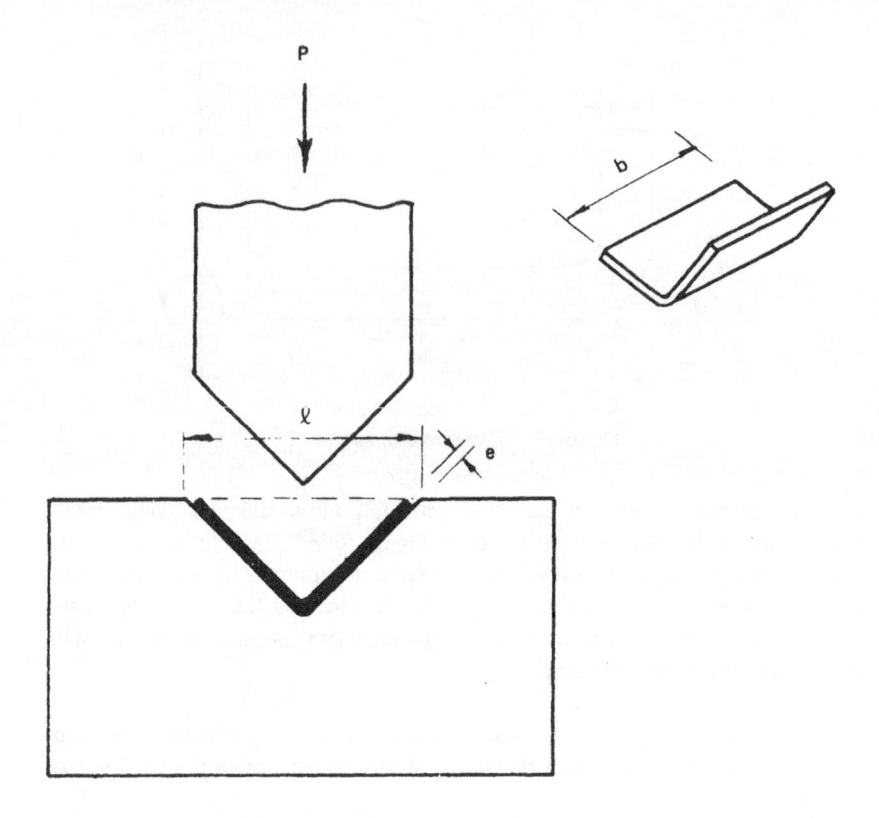

**Figura 74** *Representação esquemática do método para determinação do esforço necessário para o dobramento.*

O momento fletor das forças externas é dado por:

$$M_f = \frac{P.1/2.1/2}{1} = \frac{P.1^2}{41} = \frac{P.1}{4}$$

Ao $M_f$ contrapõe-se o momento das reações internas do material, expresso por

$$\sigma_f \cdot I/z$$

Logo, igualando as duas fórmulas, tem-se

$$\frac{P.1}{4} = \sigma_f \frac{I}{z}$$

Para secções retangulares

$$\frac{I}{z} = \frac{b.e^2}{6}$$

Então

$$\frac{P.l}{4} = \frac{\sigma_f.b.e^2}{6}$$

ou

$$\frac{P.l}{2} = \frac{\sigma_f.b.e^2}{3}$$

ou

$$P = \frac{2.\sigma_f.b.e^2}{3.l}$$

onde

$$\sigma_f = 2\sigma_t, \text{ aproximadamente.}$$

**4 Encurvamento** A operação de encurvamento segue, em linhas gerais, os mesmos princípios e conceitos explicados na operação de dobramento. Geralmente, curvatura total, como a Figura 75 mostra, exige várias etapas.

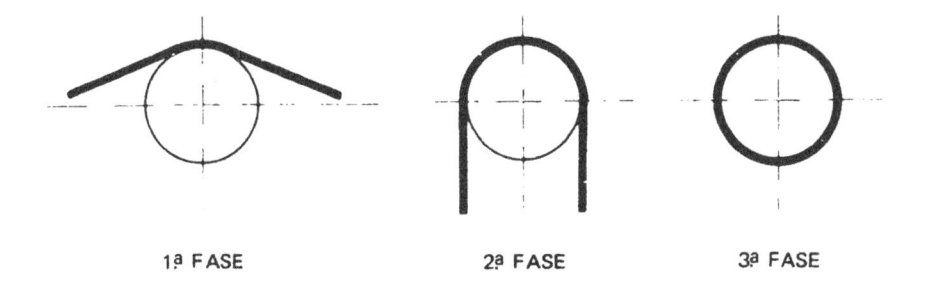

Figura 75  *Representação das fases de curvatura de uma chapa realizada com uma única matriz.*

## 5 Estampagem profunda

**5  Estampagem profunda**  É o processo de estampagem em que as chapas metálicas são conformadas na forma de *copo*, ou seja, um objeto oco. As aplicações mais comuns correspondem a cápsulas, carrocerias e pára-lamas de automóveis, estojos, tubos etc.

A estampagem profunda produz, pois, objetos ocos, a partir de chapas planas, sem geralmente modificar a espessura destas e realizando-se a deformação em uma ou mais fases.

A Figura 76[28] permite estudar o comportamento das fibras do material quando submetido ao processo de estampagem profunda. O material está representado por um disco metálico $A$ de diâmetro $D$, do qual se originou o cilindro oco $B$, de diâmetro $d$ e altura $h$.

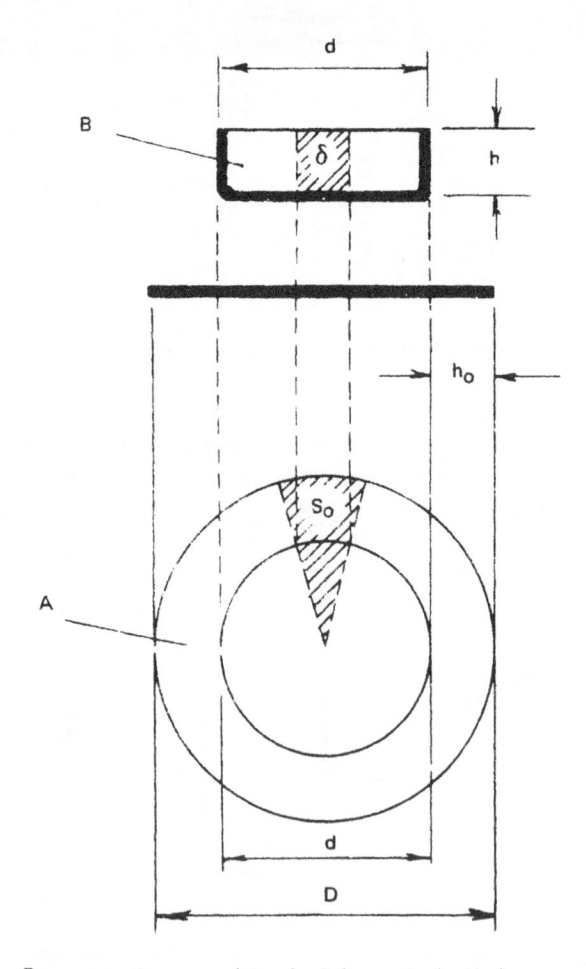

Figura 76  *Representação esquemática da deformação devida à estampagem profunda.*

De início, admite-se que a espessura da chapa permanece constante.

O disco do fundo do cilindro $B$ também não sofreu qualquer alteração. A parede cilíndrica, entretanto, ficou deformada, porque antes constituía a curva circular $h_o$, limitada pelos diâmetros $D$ e $d$. Essa deformação está representada pelas áreas hachuradas $S_o$ e $\delta$, correspondentes, respectivamente, ao elemento $S_o$ da coroa de largura $h_o$ antes da deformação e ao elemento $\delta$ na parede do cilindro $B$, que resulta da mudança durante a estampagem do elemento $S_o$.

Ao mesmo tempo que passa da forma trapezoidal para a forma retangular $\delta$, o elemento $S_o$ dobra-se de 90°, resultando no cilindro uma altura $h$ maior que a altura $h_o$ do elemento trapezoidal.

Conclui-se que cada elemento estará solicitado, durante a estampagem, por forças radiais de tração e forças tangenciais de compressão.

5.1 **Matriz para estampagem profunda**  A Figura 77[28] mostra uma matriz simples para estampagem profunda. O disco a embutir, na posição inicial, foi introduzido sobre a peça de retenção ou fixação $G$. O punção $A$ é fixado no porta-punção $B$ e o conjunto é fixado na parte móvel ou cabeçote superior da prensa. Durante a ação de deformação, o punção $A$, ao

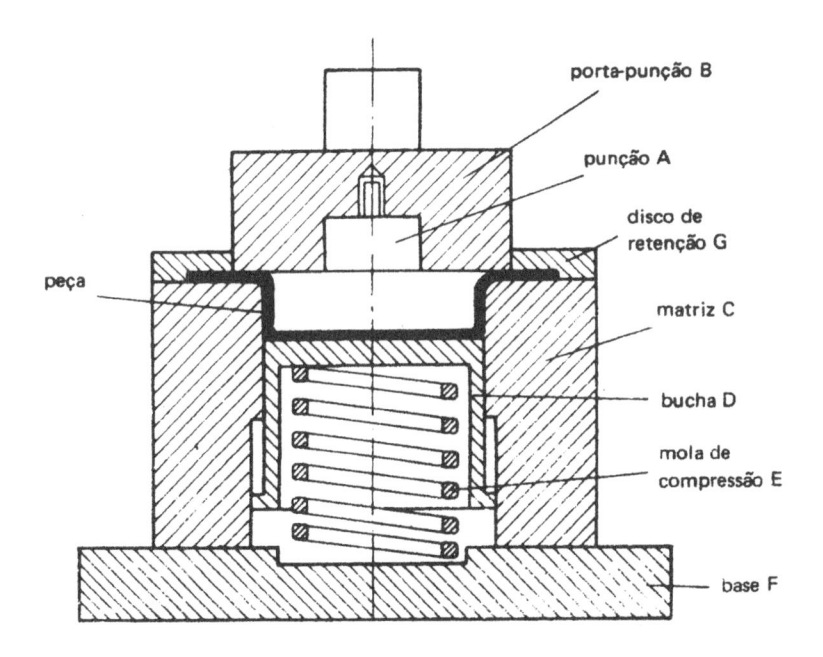

Figura 77  *Desenho esquemático de uma matriz simples para estampagem profunda.*

penetrar na matriz *C*, molda o objeto. Durante a penetração, o mancal *D* é comprimido, acompanhando a deformação da chapa e comprime, ao mesmo tempo, a mola *E*. O mancal *D* impede deformação irregular da chapa e o disco de retenção *G* garante um embutimento sem rugosidade. Ao terminar a operação, o punção *A* retrocede e o mancal *D* livre, sob a ação da mola *E*, sobe e expulsa o objeto conformado.

A matriz *C* como se vê, vai fixada na base *F*, que, por sua vez, é presa na mesa da prensa.

## 5.2 Desenvolvimento de um elemento para estampagem profunda

Como no caso do dobramento de chapas, é necessário, a partir de um determinado desenho de peça a ser estampada, conhecer-se o disco de chapa original. Em outras palavras, é preciso determinar as dimensões da chapa que será o ponto de partida para o objeto estampado, utilizando a menor quantidade possível de material.

O método a ser exposto[28], resultado de experiências sucessivas, é relativamente simples, porém, presta-se somente para objetos ocos com forma geométrica regular ou com secção circular.

Para objetos mais irregulares, recomenda-se um recurso prático que consiste em cortar-se aproximadamente a placa e realizar-se a estampagem; examina-se, a seguir, o contorno do objeto obtido para verificar-se se falta material ou se há material em excesso; corta-se uma nova chapa, com o desenvolvimento corrigido, e procede-se a nova estampagem profunda; e assim em seguida até a obtenção do objeto sem excesso ou falta de material.

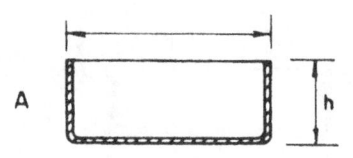

**Figura 78**   *Recipiente cilíndrico.*

O cálculo proposto para objetos ocos de forma retangular está exemplificado nas Figuras 78 e 79[28].

O cálculo para o primeiro caso (Figura 78) é o seguinte:

D = diâmetro do disco desenvolvido
S = superfície do disco desenvolvido = $\pi D^2/4$
S = superfície externa do cilindro = $\pi d^2/4 + \pi dh$

logo

$$\pi D^2/4 = \pi d^2/4 + \pi dh$$

ou

$$\pi D^2 = \pi d^2 + 4\pi dh$$

ou

$$D^2 = d^2 + 4dh \quad \text{ou} \quad D = \sqrt{d^2 + 4dh}$$

Admitindo-se $h = 2d$, ter-se-á:

$$D = d + h = 3d$$

donde se pode extrair a regra aproximada seguinte:

> *"O diâmetro do disco desenvolvido de um corpo oco cilíndrico reto, cuja altura seja o dobro do diâmetro, é igual ao diâmetro médio mais a altura do cilindro resultante".*

Esse cálculo presta-se principalmente para chapas finas, ainda que sofram uma ligeira diminuição de espessura, na operação de estampagem profunda.

O cálculo torna-se mais preciso se for tomado como base o volume do material, em lugar da superfície.

Se os cilindros apresentarem os cantos da base arredondados, o diâmetro do disco desenvolvido é:

$$D = \sqrt{d^2 + 4dh - r}$$

desde que o raio *r* de concordância não ultrapasse de 1/4 a altura *h* do cilindro.

Todos os cálculos são feitos considerando-se diâmetros médios.

Para a Figura 79, o cálculo aproximado é o seguinte:

$$S = \text{superfície da coroa superior e da base do cilindro} = \frac{\pi d_2^2}{4}$$

$$S_1 = \text{área da superfície lateral do cilindro} = \pi d_1 h$$

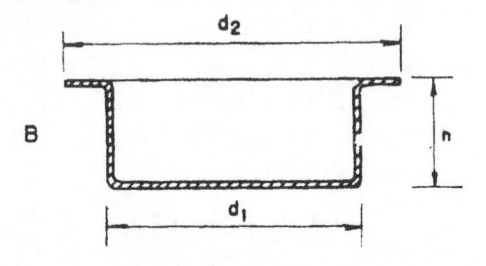

**Figura 79** *Recipiente cilíndrico com flange.*

A correspondência das áreas leva a

$$\pi D^2/4 = \pi d_2^2/4 + \pi d_1 h$$

ou

$$\pi D^2 = \pi d_2^2 + 4\pi d_1 h$$

donde

$$D = \sqrt{d_2^2 + 4d_1 h}$$

5.3 **Operações de reestampagem** A redução teórica máxima que se obtém numa única operação de estampagem é cerca de 50% e mesmo nas condições mais favoráveis não ultrapassa 60%[29]. Assim, é praticamente impossível obter-se, numa única operação de estampagem profunda, um objeto oco com altura muito maior que o diâmetro. Recorre-se, então, a operações de reestampagem, de vários tipos como a Figura 80 mostra.

Reestampagem direta ou de ação simples

Reestampagem direta com matriz crônica ou de ação dupla

Reestampagem inversa

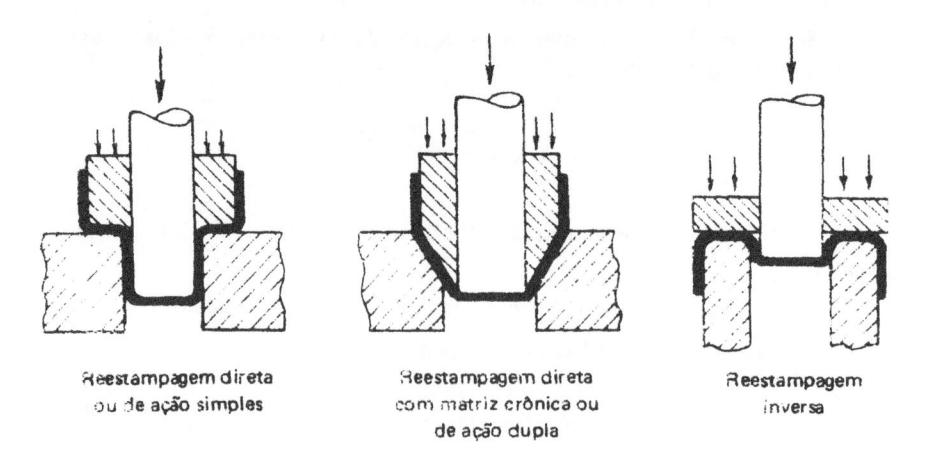

Figura 80 *Métodos de reestampagem*

5.4 **Prensas de estampagem**   As prensas de estampagem podem ser mecânicas, em que um volante é fonte de energia, a qual é aplicada por manivelas, engrenagens, excêntricos, durante a aplicação do esforço de deformação, ou hidráulica, em que a pressão hidrostática aplicada contra um ou mais pistões fornece a energia para o esforço de deformação. A Figura 81[30] indica os principais componentes de uma prensa hidráulica de ação dupla para estampagem.

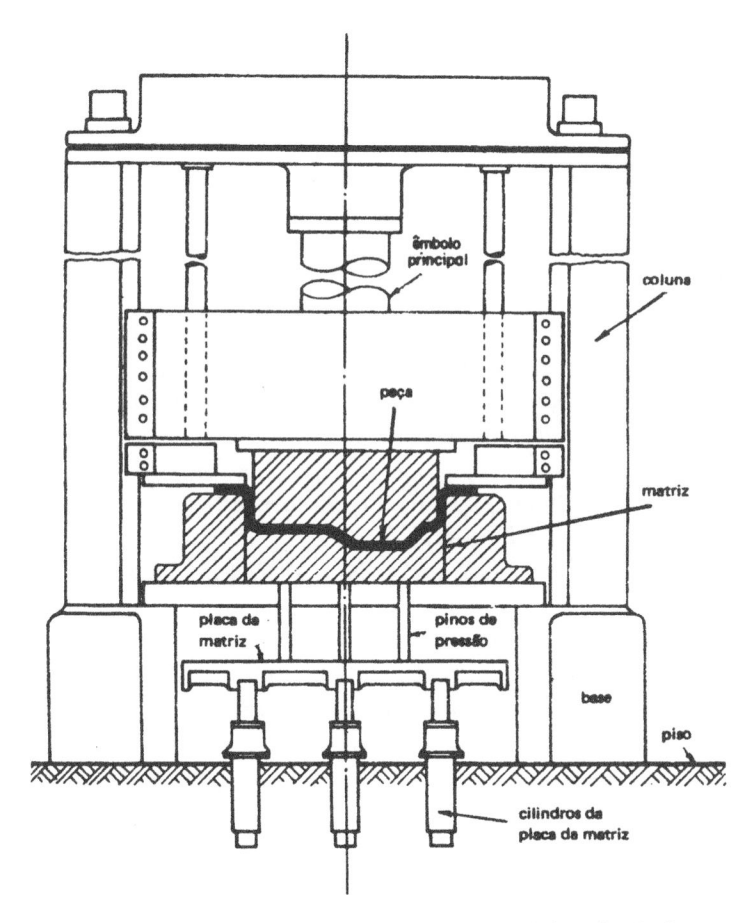

Figura 81  *Principais componentes de uma prensa hidráulica de dupla ação para estampagem.*

---

NOTA  O livro *Stampaggio a Freddo delle Lamiere*, de Mario Rossi, citado na Bibliografia, apresenta uma série de exemplos de objetos com formas diferentes e deve ser consultado pelos que desejarem aprofundar-se no assunto.

# CAPÍTULO V

## OUTROS PROCESSOS DE CONFORMAÇÃO MECÂNICA

**1 Cunhagem** Trata-se de uma operação de prensagem, geralmente realizada a frio, em que todas as superfícies da peça são restringidas ou limitadas, pela utilização de matrizes, de modo que o perfil e a impressão da matriz se reproduzam perfeitamente.

O processo aplica-se em objetos decorativos como medalhas, moedas etc., ou quando se deseja grande precisão dimensional, como em diversas peças da indústria automobilística.

Na cunhagem, a primeira etapa consiste numa operação preliminar de forjamento e extrusão, visto que apenas pequena redistribuição do metal, durante a cunhagem, pode ser obtida.

Em seguida, é realizada a cunhagem propriamente dita, em prensas ou martelos de forja, submetendo-se o metal a um esforço de deformação entre as duas partes da matriz, de modo a ultrapassar o limite de escoamento sob compressão do metal. Geralmente, para conseguir-se a deformação desejada, a carga acima do limite de escoamento sob compressão deve ser aumentada de 3 a 5 vezes.

Finalmente, procede-se ao corte das rebarbas produzidas no processo.

Os metais submetidos à cunhagem incluem aços-carbono e aços-liga contendo carbono até 0,30%, devendo-se levar em conta que a capacidade de cunhagem decresce à medida que os teores de carbono e de elementos de liga aumentam; aços inoxidáveis, cobre, prata, ouro e suas ligas são igualmente submetidos a esse tipo de processo.

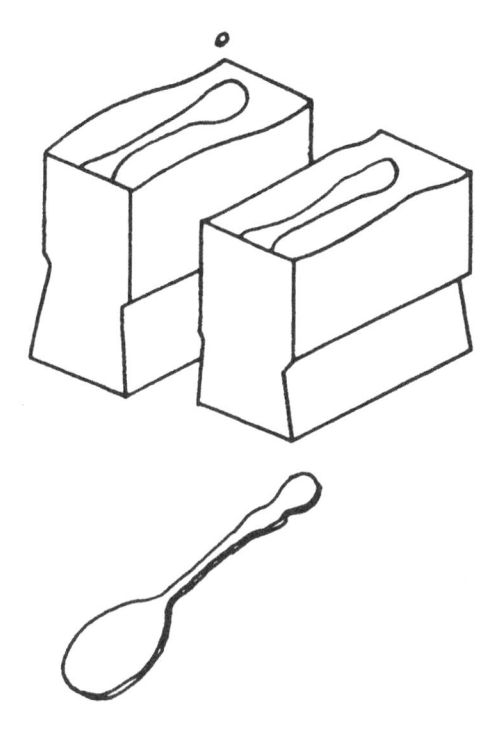

**Figura 82** *Matrizes para cunhagem de uma colher de chá de aço inoxidável*

A Figura 82$^{(31)}$ mostra um exemplo de matrizes de cunhagem.

**2 Repuxamento** É um processo que consiste na conformação de chapas metálicas em cilindros sem costura, cones, semi-esferas ou outras formas circulares, utilizando uma combinação de rotação e esforço mecânico. A Figura 83$^{(32)}$ representa esquematicamente como a operação pode ser realizada manualmente.

O processo é geralmente levado a efeito em torno, em cujo cabeçote se prende uma placa circular do metal a ser repuxado, ao mesmo tempo em que a ferramenta é forçada de encontro à placa. Utiliza-se geralmente um mandril, como a figura mostra, de forma preestabelecida. Formas mais simples podem ser obtidas sem mandril.

O repuxamento manual é empregado para conformação de flanges, abas, copos, cones e superfícies de dupla curva de revolução, como sinos.

Qualquer metal dúctil que possa ser conformado a frio por outro processo, presta-se igualmente para ser repuxado.

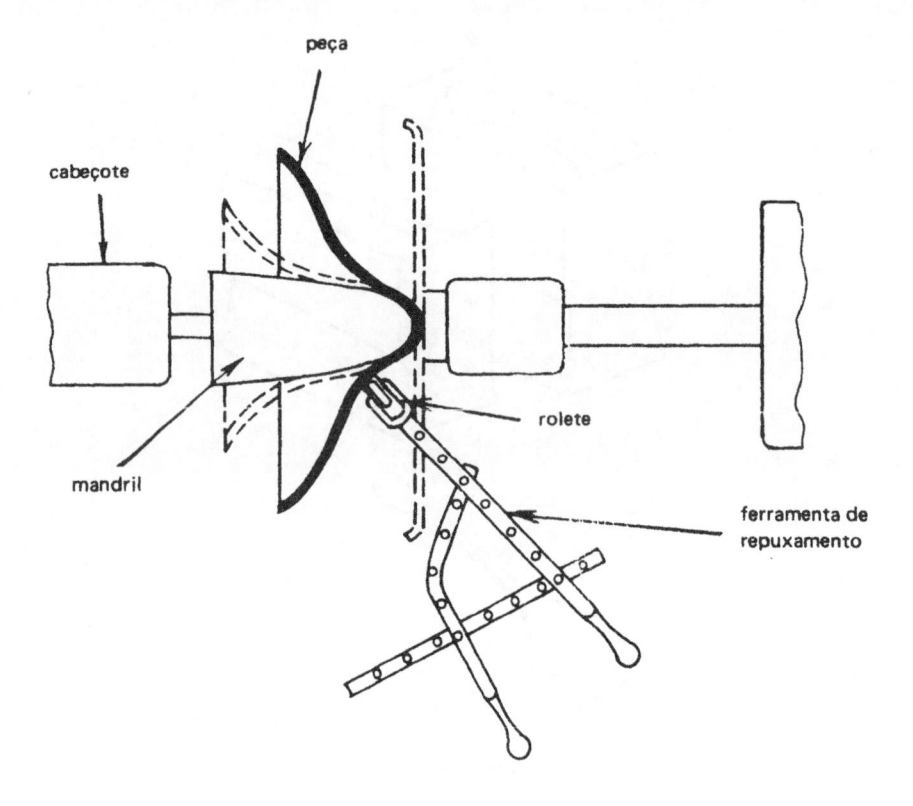

**Figura 83** *Disposição do ferramental para repuxamento, utilizando-se um sistema de alavancas semelhantes a tesouras.*

O processo pode ainda ser mecanizado, com o emprego de equipamento especialmente construído para esse fim, permitindo a conformação de uma grande variedade de objetos, desde pequenas ferragens até grandes componentes para aplicações mais sofisticadas, como do setor aeroespacial.

**3  Conformação com três cilindros**   Emprega-se o processo para conformação de objetos a partir de chapas, barras, vigas, tubos etc., pela passagem entre três cilindros, como a Figura 84[33] indica. Nela verifica-se que o metal é introduzido entre os *cilindros frontais*, os quais agarram a chapa e a movimentam de tal modo que, ao passar pelo *cilindro de dobramento*, a conformação se inicia.

A Figura 84 mostra ainda alguns objetos típicos produzidos por intermédio dessa operação.

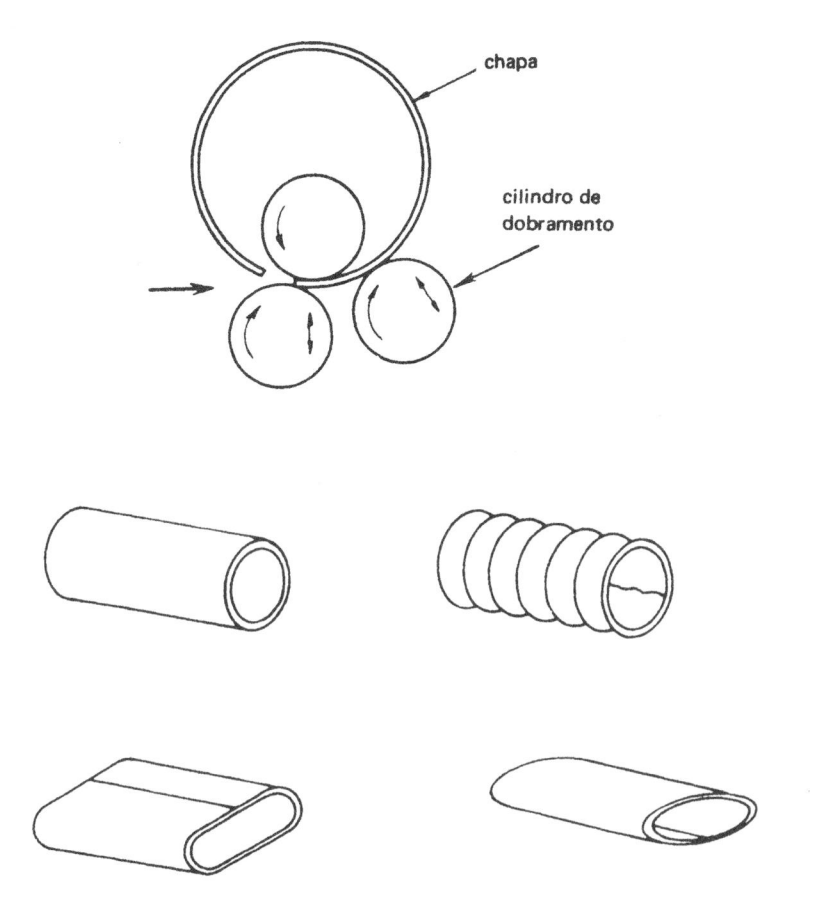

**Figura 84** *Processo de conformação com três cilindros e objetos típicos produzidos.*

Geralmente, a conformação é feita a frio e o processo se aplica principalmente a aços-carbono de baixo carbono e aços-liga de baixo teor em elementos de liga.

**4 Conformação com coxim de borracha** O processo é também conhecido pelo nome *Guérin* e consiste na conformação de um objeto a partir de uma placa apoiada numa matriz invertida, por intermédio da ação de um coxim de borracha, ligado ao êmbolo de uma prensa hidráulica.

O processo é demonstrado esquematicamente na Figura 85[34].

A borracha atua, de certo modo, como um fluido hidráulico no momento que exerce pressão praticamente uniforme ao longo de toda a superfície da peça metálica.

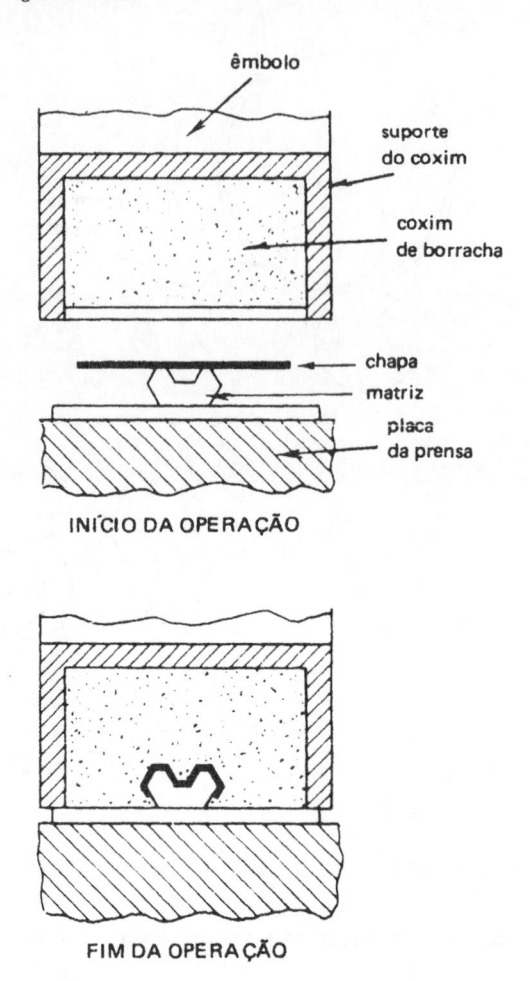

**Figura 85** *Representação esquemática do processo de "conformação com coxim de borracha".*

Os metais e ligas que podem ser conformados por esse processo compreendem, entre outros, ligas de alumínio, ligas de titânio e aços inoxidáveis austeníticos.

O processo, entretanto, é limitado a peças de forma simples, apresentando pequena profundidade da camada conformada.

**5 Extrusão** É o processo de conformação em que um bloco de metal é forçado a passar através do orifício de uma matriz sob alta pressão, de modo a ter sua secção transversal reduzida.

A extrusão produz, geralmente, barras cilíndricas ou tubos; porém, formas de secção transversal mais irregulares podem ser conseguidas em metais mais facilmente extrudáveis como o alumínio.

Normalmente a extrusão é realizada a quente, devido ao grande esforço necessário para a deformação; porém, como se verá mais adiante, processos de extrusão a frio estão sendo aplicados, em volume cada vez maior.

Há dois tipos básicos de extrusão, representados na Figura 86.

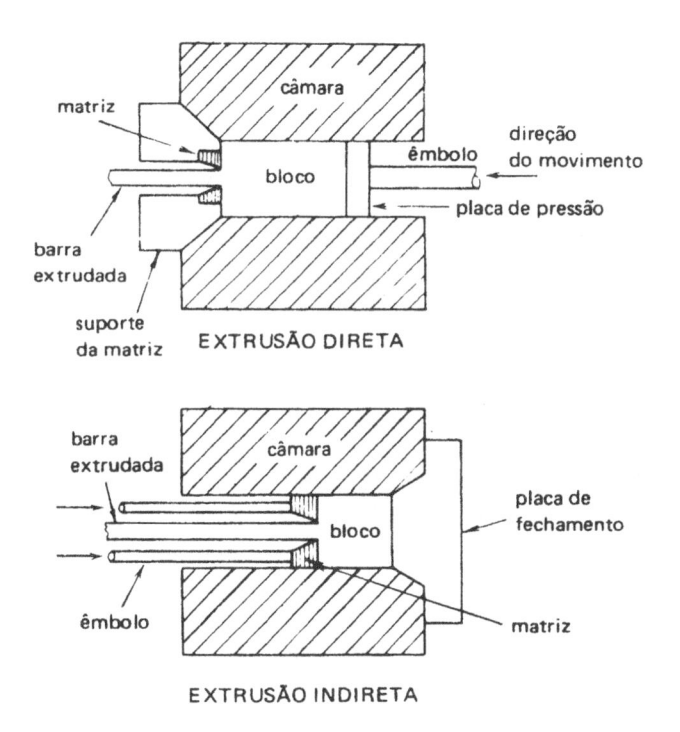

**Figura 86** *Processos fundamentais de extrusão.*

Na *extrusão direta*, o bloco metálico é colocado numa câmara e forçado através do orifício da matriz pelo êmbolo.

Na *extrusão indireta*, o êmbolo é oco e a ele está presa a matriz; a extremidade oposta da câmara é fechada com uma placa. O atrito, neste caso, é menor do que na extrusão direta, devido a não haver movimento relativo entre as paredes da câmara e o bloco metálico; em conseqüência, o esforço necessário à deformação é menor.

As dificuldades apresentadas por um êmbolo oco limitam a aplicação da extrusão indireta.

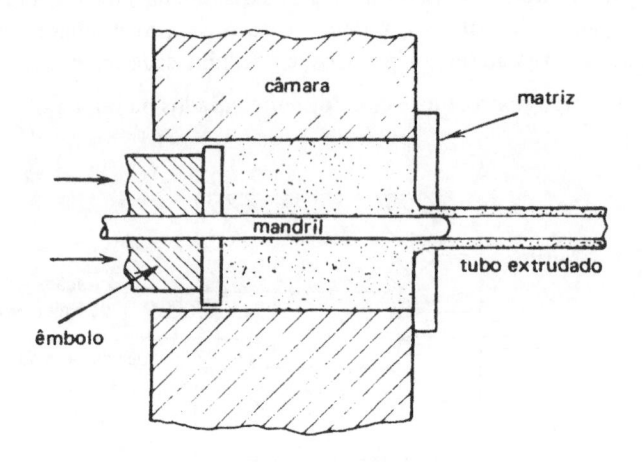

Figura 87  *Processo de extrusão de tubos.*

A Figura 87 representa o processo de extrusão de tubos. Neste caso, um mandril é preso à extremidade do êmbolo, de modo a conformar o diâmetro interno do tubo; as dimensões da parede do tubo são determinadas pela folga entre o mandril e o orifício da matriz.

O equipamento utilizado na extrusão consiste em prensas horizontais, com capacidades normais de 1.500 a 5.000 toneladas, embora prensas maiores sejam utilizadas.

Os metais e ligas extrudados compreendem aço, alumínio e suas ligas, cobre e suas ligas etc. Alumínio e latão podem ser extrudados de modo a produzir secções estruturais relativamente complexas.

5.1 **Extrusão a frio**  O processo de extrusão está esquematizado na Figura 88[35] [36]. Na *extrusão dianteira*, o metal se movimenta na mesma direção do punção; na *extrusão traseira*, o metal se movimenta em direção oposta à do punção. Há técnicas combinadas, como a do tipo *Hooker*, para a produção de objetos longos e ocos e o processo conhecido pelo nome de *ironing*, em que se procura, mediante pressão radial, dimensionar as peças dentro das tolerâncias exigidas. A técnica *ironing* é basicamente idêntica à empregada no estiramento de tubos com um mandril móvel.

EXTRUSÃO PARA TRÁS
MATRIZ ABERTA

EXTRUSÃO PARA TRÁS
MATRIZ FECHADA

EXTRUSÃO PARA FRENTE
MATRIZ ABERTA

EXTRUSÃO PARA FRENTE
MATRIZ FECHADA

EXTRUSÃO PARA FRENTE
TIPO "HOOKER"

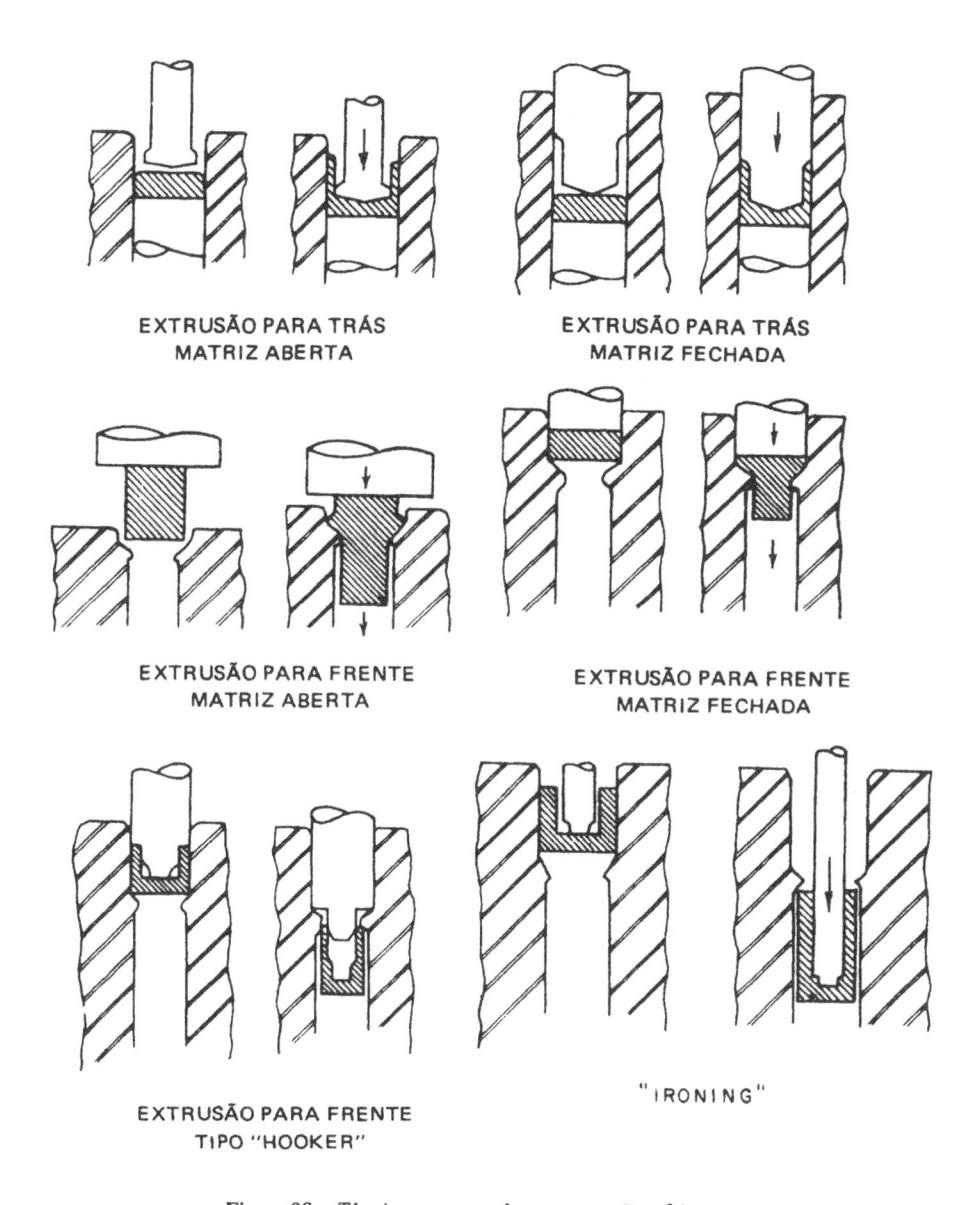

"IRONING"

**Figura 88** *Técnicas empregadas na extrusão a frio.*

Os aços-carbono, de carbono até aproximadamente 0,20%, são muito fáceis de extrudar a frio, e exemplos de peças obtidas incluem, entre outros: invólucro de velas de ignição, capas de mancal, capas de juntas esféricas, pinos de pistões, porcas de rodas, retentores de molas de válvula etc.

À medida que o teor de carbono cresce, a extrusão a frio torna-se mais difícil.

Os aços de carbono mais elevado exigem um tratamento térmico de esferoidização, para conferir ao metal estrutura mais adequada à extrusão.

Com esses aços de carbono mais elevado, produz-se, por extrusão a frio, apoios de suspensão dianteira, porcas, eixos de motores e geradores, forquilhas de junta universal etc.

Finalmente, os aços-liga, empregados quando se deseja tratar termicamente ou cementar, são ainda mais difíceis de extrudar a frio e a esferoidização prévia é quase sempre necessária. Com esses aços são produzidos buchas, pistões, eixos, parafusos, invólucros de esferas, roscas-sem-fim de mecanismos de direção, pinos, porcas, roletes etc.

A Figura 89 mostra a deformação progressiva de uma barra de aço AISI 8640, com cerca de 0,40% C, 0,80% Mn, 0,55% Ni, 050% Cr e 0,20% Mo, para a produção de uma esfera de articulação de direção.

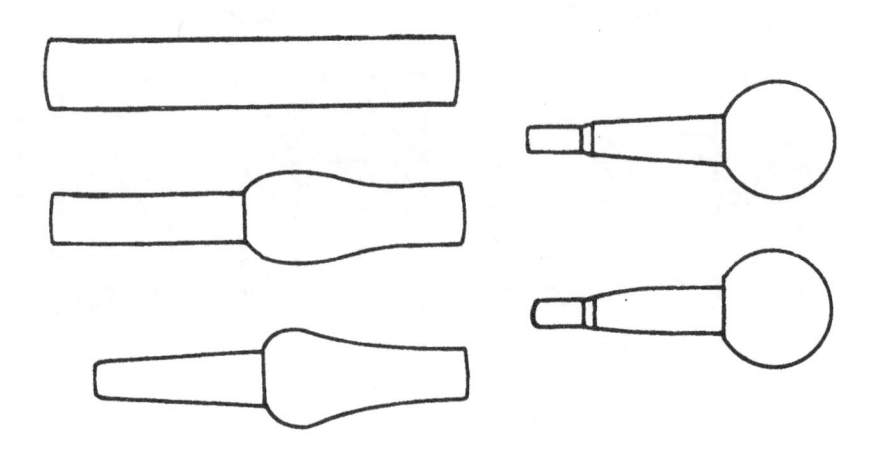

Figura 89  *Etapas na produção de peça por extrusão a frio.*

A técnica de extrusão a frio tem progredido continuamente. Além de peças de aço, inclusive inoxidável, são extrudadas a frio ligas de alumínio, cobre, chumbo e magnésio (extrusão a frio por impacto).

Vários princípios devem ser considerados ao planejar-se a utilização do processo. Como exemplos:

— o projeto das peças e das matrizes deve ser tal que o metal se deforme apenas por esforços de compressão, visto que tensões de tração ou combinadas podem levar à fratura;

— a deformação do metal deve ser processada de modo uniforme; por exemplo, a base de uma extrusão dianteira não deve ser mais fina que a espessura da parede.

Na extrusão a frio são usadas geralmente prensas verticais mecânicas; empregam-se, entretanto, prensas hidráulicas para peças maiores.

5.2 **Força de extrusão** Chamando *relação de extrusão* a relação entre a área de secção transversal inicial $A_0$ e a área de secção transversal final $A_f$, ou seja,

$$R = A_o/A_f$$

a pressão de extrusão é aproximadamente uma função linear do logaritmo natural de $R^{(37)}$. Assim, a força de extrusão P é expressa por

$$P = \sigma_c A_o \ln A_o/A_f$$

onde $\sigma_c$ é a tensão uniaxial de deformação nas condições de temperatura e velocidade de deformação usadas durante a extrusão.

6 **Mandrilagem** Os produtos tubulares são geralmente classificados em *com costura* e *sem costura*.

Os primeiros são produzidos a partir de tiras que são dobradas em forma circular e soldadas na junta.

Os segundos são produzidos por extrusão ou por processos mais econômicos como a mandrilagem, um exemplo do qual é o chamado *processo Mannesmann*.

Por esse processo, obtêm-se tubos de aço e cobre a partir de tarugos.

A Figura 90 indica esquematicamente a operação Mannesmann. Um tarugo aquecido é colocado entre cilindros, inclinados entre si no plano horizontal e com movimento de rotação no mesmo sentido. O tarugo adquire um movimento helicoidal que o movimenta para frente, de encontro ao mandril, que conforma o diâmetro interno do tubo.

(a)   (b)

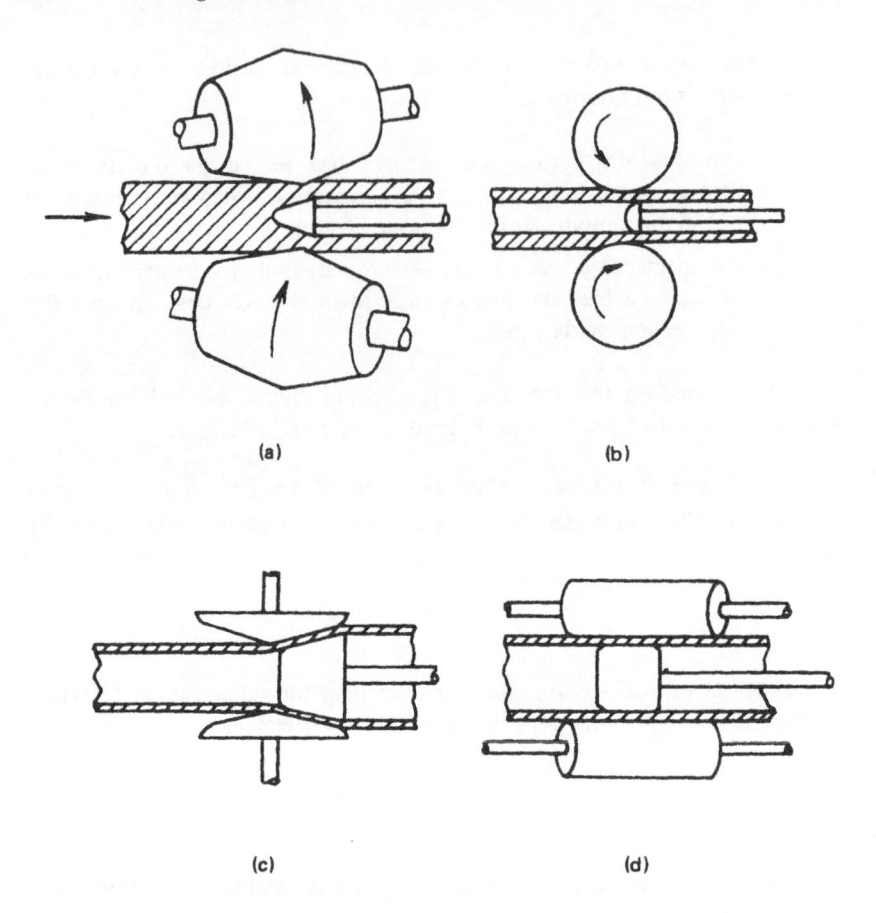

(c)   (d)

Figura 90   *Processo Mannesmann para produção de tubos sem costura.*

A Figura 90 indica outros métodos de fabricação de tubos sem costura (c) e (d).

O método (c) permite a obtenção de maiores diâmetros e o método (d) produz um polimento dos diâmetros interno e externo e elimina a forma ligeiramente oval obtida no processo anterior.

7   **Fabricação de tubos soldados**   Neste processo, parte-se de tiras de metal, cujas extremidades laterais são chanfradas, de modo a facilitar a soldagem de topo quando enroladas.

A Figura 91 mostra dois entre os vários processos de soldagem existentes.

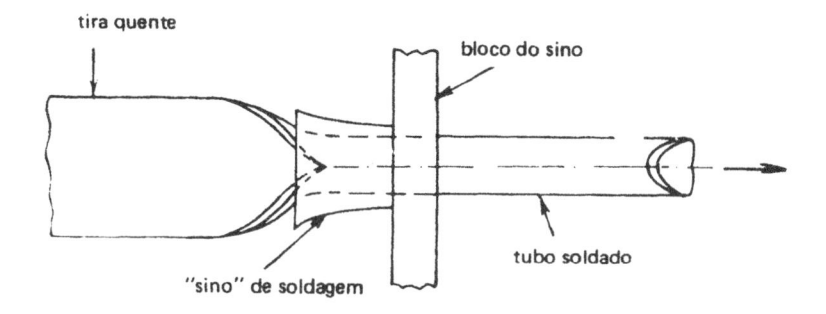

MÉTODO "ESTIRAMENTO EM SINO" PARA SOLDAGEM DE TUBO

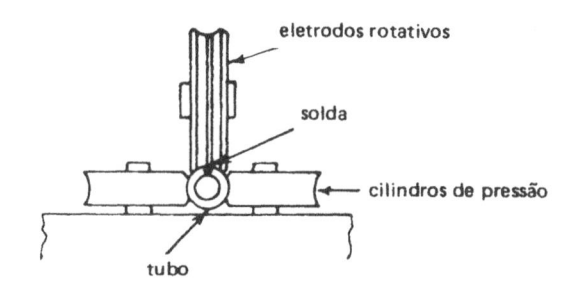

MÉTODO "DE SOLDAGEM CONTÍNUA DE TOPO" DE TUBOS

Figura 91  *Dois processos para produção de tubos com costura.*

No primeiro caso, *método de estiramento de sino*, a tira, depois de aquecida à temperatura de soldagem, é forçada a passar através de um *sino de soldagem* que a força a adquirir a forma circular. As extremidades se juntam, como se vê, e são soldadas.

No segundo caso, *método de soldagem contínua a resistência de topo*, a tira é primeiro enrolada na forma circular; em seguida, passa entre cilindros de pressão, que mantêm as extremidades juntas, e entre eletrodos em forma de cilindros, que fornecem a corrente elétrica para produzir o calor necessário para a soldagem.

Após a soldagem, os tubos *com costura* são normalmente passados entre cilindros de dimensionamento e acabamento que os tornam circulares e contribuem para eliminar a casca de óxido formada.

**8  Estiramento**  Aplica-se a operação em fios e arames, ou seja, em produtos de secção muito menor que o comprimento, e em tubos.

Para a produção de fios e arames, parte-se de um produto semi-acabado denominados *fio-máquina*, geralmente laminado, de secção circular e de diâmetro não superior, em princípio, a 6,35 mm (1/4").

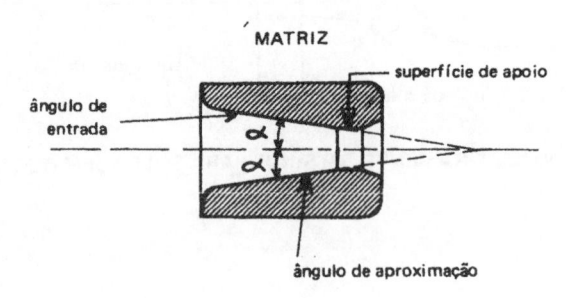

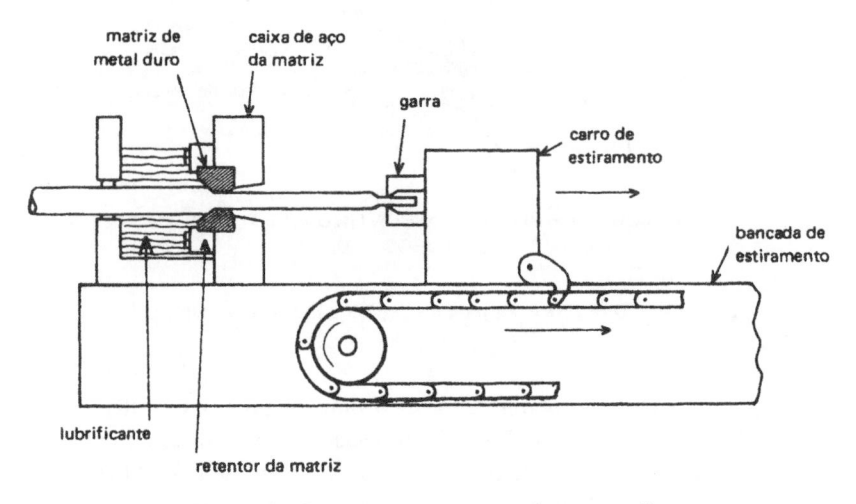

Figura 92  *Processo de estiramento de arames e fios.*

O equipamento empregado na operação de estiramento de fios e tubos consiste num *banco de estiramento* (Figura 92), onde um dos principais componentes é a *matriz*. O *fio-máquina* é tornado pontudo, por intermédio de uma operação de forjamento rotativo e inserido através da matriz; na outra extremidade, é agarrado nas mandíbulas do *banco* que é, então, acionado por um mecanismo hidráulico ou mecânico.

Existem bancos de estiramento com capacidade superior a 100 t de força de tração e velocidades de estiramento que variam de 9 a 1.500 m/min.

A Figura 92 mostra ainda a secção transversal de uma matriz de estiramento, devendo-se notar o *ângulo de entrada*, confeccionado com dimensões tais a permitir espaço para o lubrificante que adere às paredes da matriz. O *ângulo de aproximação* corresponde à secção da ferramena, onde se verifica a verdadeira redução de diâmetro; a *superfície de apoio* corresponde à secção que guia a barra ou fio, na sua saída da matriz. O ângulo α é muito importante.

A maioria das matrizes para estiramento é feita de *metal duro* (carboneto de tungstênio sinterizado aglomerado com cobalto).

O fio-máquina a ser estirado (ou trefilado) é inicialmente decapado.

Geralmente, na produção de fios de aço, o passo seguinte é revestir o fio-máquina ou barra de partida com cal, que atua como absorvente e portador do lubrificante no *estiramento a seco* e como neutralizador de qualquer ácido remanescente da operação de decapagem.

Neste processo de estiramento a seco, o lubrificante utilizado consiste em graxa ou pó de sabão.

No *estiramento úmido*, o fio é submerso num fluido lubrificante especial ou numa solução alcalina de sabão.

Para estiramento úmido de fio de aço, usa-se geralmente um revestimento fino superficial de cobre ou estanho.

Quando se estira cobre, não se usa revestimento superficial.

O fio-máquina de aço pode ser aquecido para a operação.

Os fios de aço de baixo carbono estirados são produzidos numa faixa de durezas que variam de muito mole a muito duro, dependendo das porcentagens de redução envolvidas.

Freqüentemente é necessário proceder-se a recozimentos intermediários para que a operação se processe em condições adequadas.

Um tratamento térmico especial, chamado *patenteamento*, é aplicado, antes do estiramento, em aços com teor de carbono superior a 0,25%. Em aços de alto carbono, o tratamento prévio de patenteamento produz resistências mecânicas muito elevadas.

A Figura 93 apresenta esquematicamente quatro métodos para estiramento de tubos. O estiramento, neste caso, faz-se a frio.

Os tubos, depois de produzidos por extrusão ou mandrilagem a quente, são estirados a frio com o objetivo de obter tolerâncias dimensionais mais estreitas, melhor acabamento superficial, melhores propriedades mecânicas

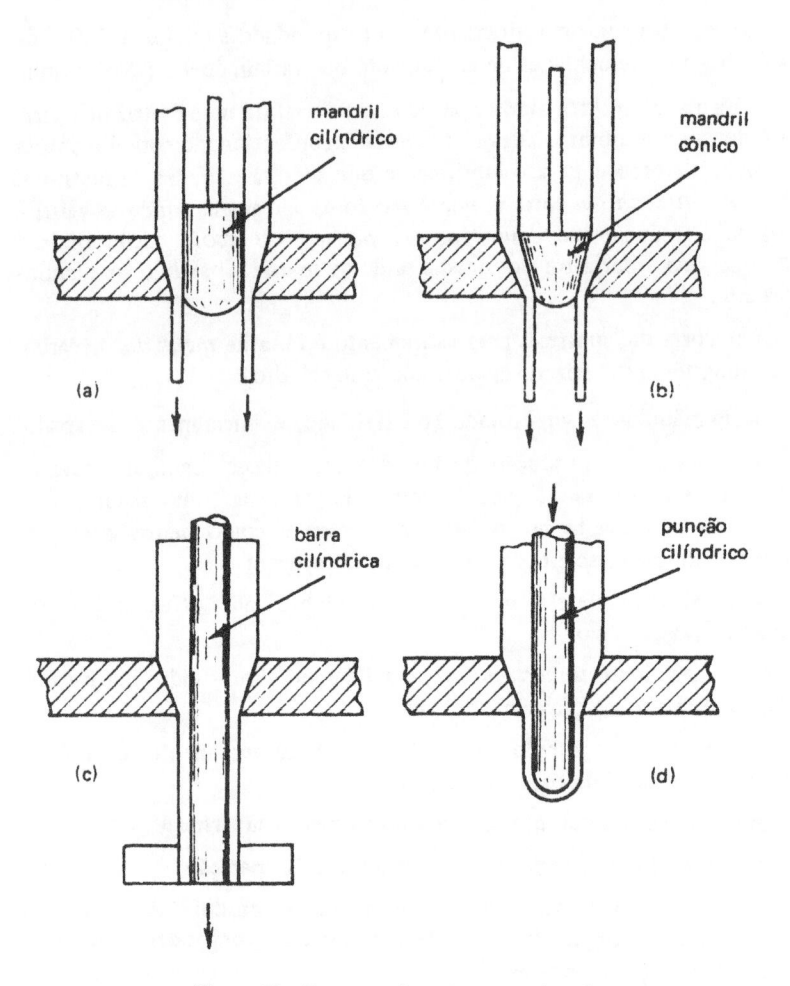

**Figura 93** *Processos de estiramento de tubos.*

(devido ao encruamento resultante), redução de suas paredes e, inclusive, obtenção de formas irregulares.

É necessária a utilização de uma peça suplementar, no ferramental empregado: trata-se do mandril, como as Figuras 93(a) e (b) mostram, o qual é inserido no interior do tubo.

A Figura (a) corresponde ao *método com mandril cilíndrico estacionário;* a Figura (b) ao *método com mandril cônico estacionário*; a Figura (c) ao *método com barra em movimento* e a Figura (d) ao *método com punção empurrado.*

**9 Conformação por explosão** O princípio do processo consiste na utilização da pressão elevada que se origina instantaneamente da detonação de um explosivo, para conformar um objeto a partir de um disco metálico.

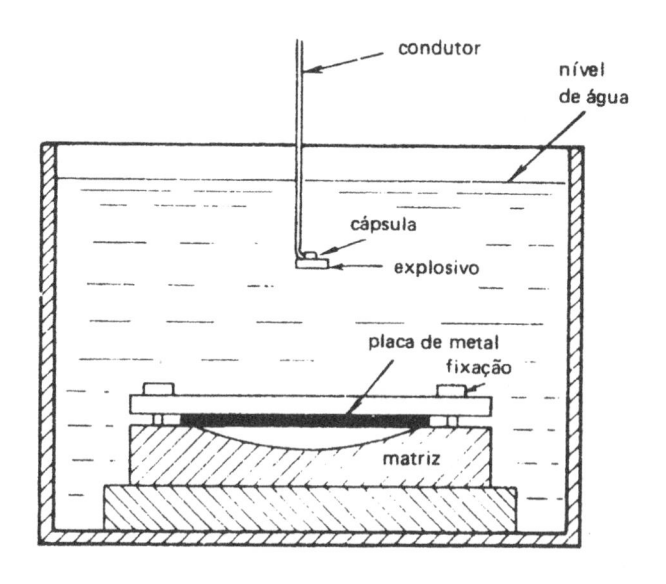

**Figura 94** *Representação esquemática de um método de conformação por explosão.*

Um dos métodos empregados está esquematizado na Figura 94[38], onde se notam os seguintes componentes do sistema: um tanque cheio de água onde fica suspensa a cápsula explosiva que se localiza a uma distância determinada, chamada *distância recuada*, da placa metálica, apoiada na matriz e aí fixada por um dispositivo de fixação.

Recomenda-se que a detonação de carga explosiva seja feita com a mesma imersa na água à maior profundidade possível.

Os explosivos empregados nessa operação são chamados *alta potência*, que detonam a velocidades muito altas (1.800 a 8.500 m/s) e desenvolvem pressões da ordem de 280.000 kgf/cm$^2$).

O processo possibilita a produção de cilindros de até 2,5 m de diâmetro, além de peças de menores dimensões e formas relativamente complexas, de modo que as suas perspectivas de desenvolvimento são bastante promissoras.

# CAPÍTULO VI

# METALURGIA DO PÓ

**1 Introdução** A metalurgia do pó é a técnica metalúrgica que consiste em transformar pós de metais, metalóides ou ligas metálicas e, às vezes, também substâncias não-metálicas, em peças resistentes, sem recorrer-se à fusão, mas apenas pelo emprego de pressão e calor.

A operação de aquecimento, realizada em condições controladas de temperatura, tempo e atmosfera, é chamada *sinterização*.

Baseada, por assim dizer, em processos milenários empregados na cerâmica, a técnica é igualmente conhecida com o nome de *cerâmica dos metais*.

O processo envolve, em princípio, as seguintes etapas fundamentais:

— mistura de pós;
— compressão da mistura resultante, com o emprego de matrizes; essa operação é chamada "compactação";
— aquecimento do compactado resultante, de modo a produzir-se uma ligação entre as partículas e conferir-se resistência mecânica ao compactado — é a sinterização.

Embora a metalurgia do pó seja uma técnica metalúrgica de uso industrial relativamente recente, pois sua verdadeira consolidação se deu a partir da Segunda Guerra Mundial, os metais na forma de pós já eram utilizados há vários séculos.

Uma das notícias importantes a respeito da técnica tem-se no início do século XIX, quando, em 1829, Wollaston[39] deu a público um processo de produzir platina compacta a partir de pó esponjoso de platina, obtido por transformação de um cloreto de amônio e platina. Esse trabalho de Wollaston é considerado o precursor da moderna metalurgia do pó.

Os mais importantes passos, entretanto, no desenvolvimento industrial da técnica, foram dados no início deste século, quando se estudou a possibilidade de fabricação, por sinterização, de molibdênio e tungstênio – ditos *metais refratários* –, cujos pontos de fusão extremamente elevados impossibilitavam sua obtenção pelos métodos metalúrgicos convencionais. C. Coolidge deu a mais importante contribuição nesse sentido ao desenvolver, em 1909, um processo de fabricação de fios de tungstênio dúcteis, para emprego em lâmpadas incandescentes, a partir de pó de tungstênio.

Os passos seguintes foram rápidos: produção de ligas duras sinterizadas, a partir de partículas de carboneto de tungstênio aglomeradas com um metal do grupo do ferro – o cobalto –, devida às pesquisas de Lohman, Voitglander, Liebmann, Laise, Schwarzhopf, Baumhauer, Schroter e outros; produção de misturas para materiais de contato elétrico, para mancais de lubrificação permanente, para escovas coletoras de corrente e outras, até a época atual, em que praticamente todos os metais e ligas podem ser produzidos pela metalurgia do pó.

Deve-se admitir que o rápido crescimento que a técnica vem experimentando nos últimos anos é atribuído ao fato de que o processo é econômico, rápido e permite produção em grande escala de peças exatamente iguais ou muito próximas das dimensões e forma definitivas, dentro de tolerâncias muito estreitas, sem praticamente necessidade de qualquer operação final de usinagem ou acabamento.

Os campos de aplicação da técnica estão distribuídos por todos os setores industriais, visto que os produtos da metalurgia do pó são indispensáveis em alguns casos e em outros apresentam nítidas vantagens de aplicação, sobretudo de ordem econômica, em relação aos outros processos de fabricação.

Entre os produtos que praticamente são exclusivos da metalurgia do pó incluem-se os seguintes:

— metais refratários, tais como o W, o Mo e o Ta, impossíveis de serem fabricados por outro processo;

— metal duro ou carbonetos de metais como W, Ta e Ti, aglomerados com cobalto;

— mancais porosos autolubrificantes, de bronze ou ferro, igualmente impossíveis de obter por outros processos;

— filtros metálicos de bronze a aço inoxidável;

– discos de fricção metálicos, à base de cobre ou ferro, misturados com substância de alto coeficiente de atrito;

– certos tipos de contatos elétricos, W-Ag, W-Cu, Mo-Ag e Mo-Cu;

– escovas coletoras de corrente de diversas composições.

Entre os produtos que são mais eficiente e economicamente fabricados por metalurgia do pó incluem-se os seguintes:

– peças de forma relativamente complexa e grande precisão dimensional, de ferro e aço, cobre e suas ligas, alumínio e suas ligas e outros metais e ligas, utilizadas em grande escala nos mais variados setores de máquinas, veículos e equipamentos;

– certos tipos de ímãs permanentes.

A simples enumeração dos produtos acima demonstra a importância adquirida pela técnica na indústria moderna e as vantagens que o processo apresenta em relação às técnicas metalúrgicas convencionais: produção de peças de metais refratários, obtenção de efeitos estruturais especiais (porosidade controlada em buchas autolubrificantes e filtros metálicos), combinação de substâncias metálicas com materiais não-metálicos (materiais de fricção e escovas coletoras), obtenção de materiais onde os constituintes metálicos ou não-metálicos continuam a conservar suas características físicas individuais (discos de fricção e contatos elétricos), produção mais econômica de peças de grande precisão de forma e de dimensões (peças de ferro, aço, alumínio etc.) etc.

Outras vantagens do processo residem nos seguintes pontos: controle rigoroso da composição do material e eliminação ou redução a um mínimo das impurezas introduzidas pelos processos metalúrgicos convencionais; operação em atmosferas rigorosamente controladas ou em vácuo; redução ou eliminação das perdas de material ou produção de sucata; maior rapidez e maior economia de fabricação.

Entretanto, a técnica apresenta ainda certas limitações, entre as quais podem ser enumeradas as seguintes: as prensas de compressão têm uma capacidade limitada; à medida que as dimensões das peças a serem produzidas aumentam, maiores prensas devem ser usadas, o que pode tornar o processo impraticável, técnica e economicamente, para grandes peças, embora peças de alguns quilos de peso já estejam sendo normalmente fabricadas; é necessário que os lotes de uma mesma peça sejam muito grandes, devido ao custo muito elevado das matrizes de compressão e recompressão; esta limitação, entretanto, somente é válida quando o processo compete com os metalúrgicos convencionais.

Uma das limitações que existiam era a dificuldade de obter-se densidades uniformes e próximas dos materiais idênticos fundidos ou conformados mecanicamente. A evolução tecnológica do processo, entretanto, praticamente suprimiu essa limitação, graças ao emprego de pós metálicos de qualidade melhor, à utilização de técnicas de impregnação, dupla compressão, dupla sinterização etc., o que tem permitido atingir-se densidades muito próximas das normais, com conseqüente reflexo nas propriedades mecânicas do material.

**2 Matérias-primas** As matérias-primas na metalurgia do pó são pós-metálicas e não-metálicas, cujos característicos tecnológicos influem não só no comportamento do pó durante o seu processamento, como também nas qualidades finais do produto sinterizado.

Esses característicos que devem ser conhecidos e controlados são os seguintes:

- *tamanho da partícula e distribuição de tamanho*: as dimensões das partículas variam entre cerca de 400 a 0,1 mícrons. Por outro lado, visto ser raro encontrar-se partículas de tamanho uniforme, é sempre necessário determinar-se a distribuição quantitativa de partículas entre as diversas dimensões, o que se faz geralmente pelo processo de peneiramento;
- *forma da partícula*: de acordo com os processos de fabricação dos pós, suas partículas exibem uma grande variedade de formas: esféricas uniformes (processo carbonila), esferóides ou em gotas (processo de atomização), esponjosa irregular (processo de redução), dendrítica (processo eletrolítico), angular (processo de moagem) e assim em seguida;
- *porosidade da partícula*: a porosidade interna das partículas afeta obviamente a porosidade do produto acabado, além de influenciar o comportamento do pó durante seu processamento;
- *estrutura da partícula*: aparentemente, as partículas consistindo em grande número de grãos muito finos tendem a promover compressibilidade do pó, ao passo que partículas de um só grão ou de poucos grãos apresentam maior resistência à compactação pela aplicação de pressão;
- *superfície específica*: o número de pontos de contato entre as partículas durante a sinterização depende dessa superfície, o que comprova a importância do conhecimento desse característico;
- *densidade aparente*: relação de gramas por $cm^3$, importante porque, na maioria das matrizes de compressão, o enchimento de suas cavida-

des é feito por volume. Além disso, o curso de compressão, nessa operação e, em conseqüência, a profundidade das matrizes dependem do volume ocupado pelo pó ao amontoar-se no seu interior. A densidade aparente constitui, assim, um fator quase decisivo na escolha do tipo de pó;

— *velocidade de escoamento*, ou seja, capacidade do pó escorrer, sob condições atmosféricas, sobre planos inclinados, no interior da cavidade da matriz, dentro de um determinado intervalo de tempo;

— *compressibilidade*, ou seja, "capacidade de um pó ser conformado em briquete de um volume predeterminado a uma dada pressão" ou "relação entre a densidade aparente do briquete simplesmente comprimida (chamada densidade verde) e a densidade aparente do pó";

— *composição química e pureza:* os pós metálicos podem ser produzidos com considerável pureza, acima de 99%.

**2.1 Métodos de fabricação de pós metálicos** Serão descritos, a seguir, de modo superficial apenas, os vários processos de fabricação de pós metálicos.

**2.1.1 Moagem** Empregado na produção de metais e ligas friáveis, tais como Cu-Al, Al-Mg, Ni-Fe e outras. Na realidade, a técnica de moagem se presta principalmente para reduzir determinados pós a partículas de menores dimensões, como é o caso de carbonetos duros sinterizados. O equipamento utilizado consta principalmente de moinhos de bola.

**2.1.2 Atomização** É este um dos processos mais importantes, porque por seu intermédio são produzidos os pós mais utilizados na metalurgia do pó, tais como ferro, aço, estanho, chumbo, cobre, bronze, latão e outros. Em princípio, o processo consiste em forçar o metal ou a liga, no estado líquido, a passar através de um pequeno orifício e desintegrar a corrente líquida formada, mediante um jato de ar comprimido, vapor ou gás inerte, o que promove a solidificação do metal em partículas finamente divididas, as quais são colhidas em coletores especiais por meio de um sistema de sucção.

**2.1.3 Condensação** O processo é, na realidade, a combinação de dois processos químicos: condensação e redução, pois a primeira etapa consiste na evaporação de um óxido do metal (geralmente óxido de zinco, visto ser este o principal metal a ser obtido na forma pulverulenta por este processo), seguindo-se uma redução a vapor de zinco por parte de CO; o vapor de zinco é em seguida condensado na forma de pó.

2.1.4 **Decomposição térmica** A aplicação mais importante é o *método carbonila*, empregado sobretudo na obtenção de pós de ferro e níquel. Os carbonilas desses metais apresentam fórmulas respectivamente de $Fe(CO)_5$ e $Ni(CO)_4$, os quais são preparados a partir dos metais na forma esponjosa, sobre os quais se faz passar uma corrente de CO a temperaturas e pressões determinadas. Tais carbonilas são, em seguida, decompostos quando a pressão é reduzida e a temperatura elevada. As partículas que se originam apresentam uma forma quase esférica de diâmetros entre 0,01 e 10 mícrons. Apresentam alta pureza e excelente compressibilidade, além de ótimas propriedades de sinterização. São aplicados em empregos especiais.

2.1.5 **Redução** Constitui este igualmente um dos processos mais empregados para a fabricação de pós metálicos, principalmente tungstênio, molibdênio, ferro, cobre, níquel e cobalto. A redução é feita a partir de óxidos, os quais são moídos até uma certa finura sob condições controladas de temperatura e pressão. A principal vantagem do processo é sua flexibilidade, pois variando-se o tamanho de partículas dos óxidos, a temperatura de redução, o tipo de agente redutor, é possível controlar dentro de largos limites o tamanho da partícula metálica resultante, a sua densidade aparente e outros característicos.

2.1.6 **Eletrólise** Processo igualmente muito empregado. Metais como cobre, ferro, níquel, estanho, prata e chumbo podem ser produzidos na forma pulverulenta por precipitação eletrolítica de soluções. O método permite também rigoroso controle das características dos pós, pela regulagem da intensidade de corrente, temperatura do banho, concentração e composição do eletrólito, tamanho e disposição dos eletrodos etc.

Existem algumas opções para os processos acima mencionados, os quais devem ser considerados como processos básicos. É o caso, por exemplo, de pó de ferro. Um dos processos alternativos consiste em obter-se inicialmente uma liga Fe-C de alto carbono; essa liga é desintegrada com jato de água a alta pressão, resultando partículas metálicas ricas em carbono e em óxido de ferro. Levadas a fornos especiais, com várias zonas de aquecimento, ocorre entre as temperaturas de 900° e 1.250°C uma reação entre o $Fe_3O_4$, o $Fe_3C$ e CO; os teores de carbono do ferro (assim como de oxigênio) são reduzidos a valores relativamente baixos, obtendo-se pós de características muito boas para a produção de peças sinterizadas de ferro, aço comum e alguns aços especiais de baixo teor em liga.

3 **Mistura dos pós** A partir das matérias-primas em pó, é esta a primeira operação ou primeira etapa do processo da metalurgia do pó. Os objetivos

da mistura são: misturar pós de natureza diferente, assegurar lotes de pós uniformes e produzir lotes com característicos específicos de distribuição e tamanho de partículas. O equipamento empregado consiste em moinhos de bola, misturadores de pás ou de rolos, homogeneizadores etc.

**4  Compactação dos pós**  É uma das operações básicas do processo. O pó é colocado em cavidades de matrizes montadas em prensas de compressão, especialmente fabricadas para a técnica da metalurgia do pó, onde é comprimido a pressões determinadas, de acordo com o tipo de pó usado e com as características finais desejadas nas peças sinterizadas (Figura 95).

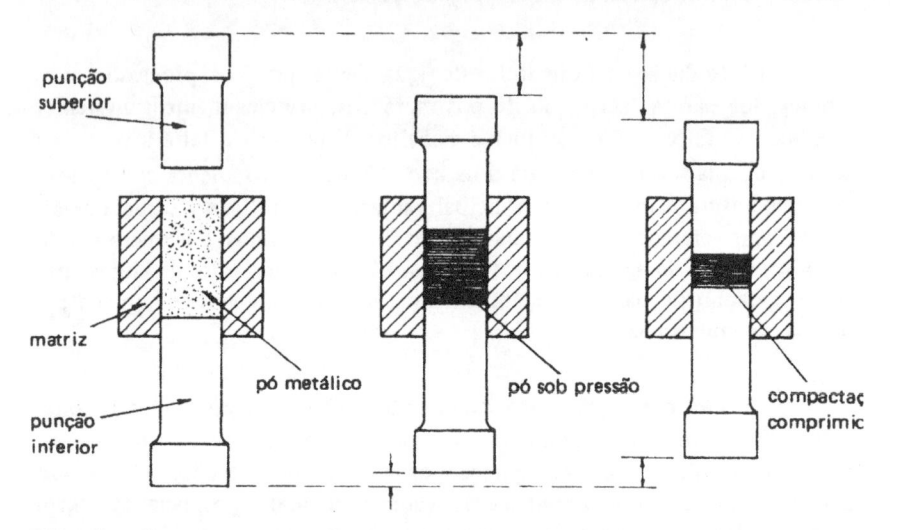

**Figura 95**  *Exemplos esquemáticos da operação de compactação de pós metálicos.*

As etapas de compactação, considerando um exemplo relativamente simples, como a Figura 96 mostra, são as seguintes:

— enchimento da cavidade da matriz com pó, por meio de um dispositivo de enchimento adaptado à prensa de compactação;

— abaixamento do punção superior da matriz até penetrar na cavidade da matriz e entrar em contato com o pó; esse abaixamento é feito automaticamente, por ação hidráulica ou, mais comumente, por ação mecânica;

— aplicação de pressão, pelo punção superior e parcialmente pelo punção inferior que, quando o superior desce para iniciar o contato com o pó, já está dentro da cavidade da matriz, para evitar que o pó fuja desta;

— subida e retirada do punção superior;

— subida do punção inferior para forçar o briquete comprimido a sair da cavidade da matriz pela sua extremidade superior.

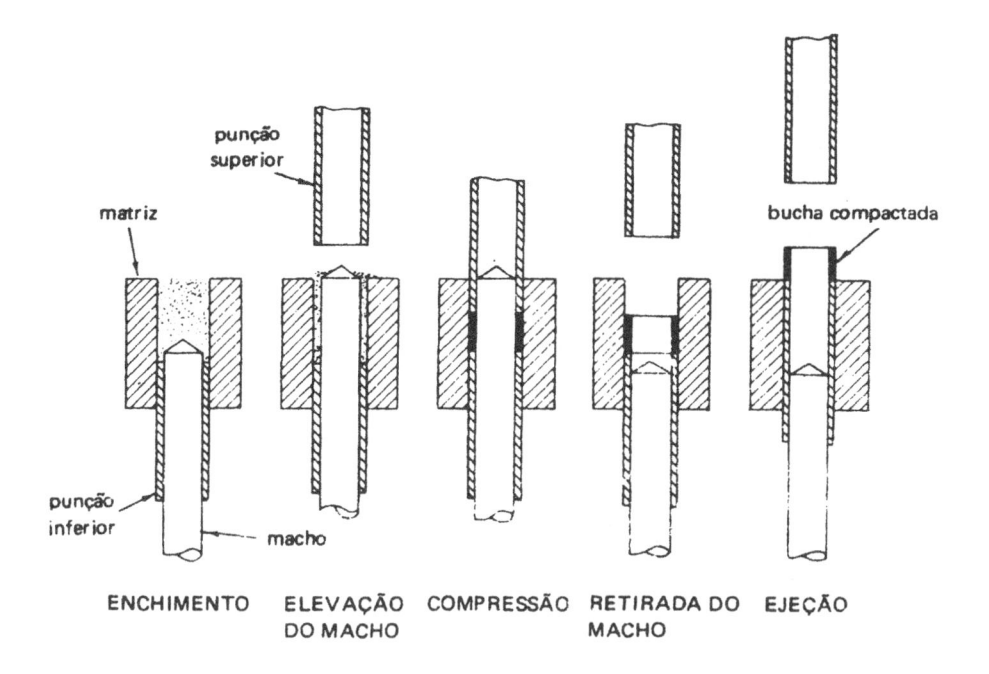

**Figura 96** *Representação esquemática das várias etapas de compactação de pó para obtenção de uma bucha.*

O ciclo acima repete-se tantas vezes por minuto quantas o permitirem as características operacionais das prensas de compactação.

As pressões de compactação exigidas na metalurgia do pó variam com os vários materiais a serem produzidos, com as características dos pós metálicos, com a quantidade e qualidade do lubrificante adicionado na mistura dos pós.

Em linhas gerais, as cifras indicativas das pressões de compactação aconselhadas são as seguintes:

para peças de latão: 4,0 a 7,0 t/cm$^2$
para buchas autolubrificantes de bronze: 2,0 a 3,0 t/cm$^2$
escovas coletoras Cu-grafita: 3,5 a 4,5 t/cm$^2$
metal duro: 1,0 a 5,0 t/cm$^2$
buchas porosas de ferro: 2,0 a 4,0 t/cm$^2$
peças de ferro e aço:
   de baixa densidade:   3,0 a  5,0 t/cm$^2$
   de média densidade:  5,0 a  6,0 t/cm$^2$
   de alta densidade:    5,0 a 10,0 t/cm$^2$

A relação de compressão, ou seja, "a relação entre a densidade verde (densidade aparente do compactado verde) para a densidade do pó" varia de 3,0 para 1, dependendo do tipo de liga.

As prensas utilizadas na metalurgia do pó operam com o princípio de enchimento da cavidade da matriz por volume, sobretudo se se tratar de prensas acionadas mecanicamente. Algumas prensas hidráulicas operam com o princípio de enchimento por peso, o que deve ser feito quase que manualmente, com prejuízo para a produção.

As prensas mecânicas são automáticas e nelas pode-se, em alguns casos, atingir uma produção de 100 peças por minuto.

Nessas prensas, o controle da pressão se faz pelo controle do avanço do punção.

Nas hidráulicas, o controle é feito pela medida da pressão, ou seja, a máxima pressão é fixada de início e ela determina o avanço do punção.

4.1 **Matrizes para compactação** A Figura 97 representa esquematicamente uma matriz simples de compactação. Ela é constituída essencialmente do *corpo*, do *punção superior*, do *punção inferior* e, no caso de peças com furos passantes, do *macho*.

Um dos problemas mais importantes a considerar na confecção das matrizes de metalurgia do pó está relacionado com as tolerâncias dimensionais. Tolerâncias estreitas podem ser conseguidas em formas relativamente simples; por exemplo, para peças até 5 cm de dimensão maior, conseguem-se tolerâncias de mais ou menos 0,025 mm na direção radial e mais ou menos 0,127 mm na direção da pressão. Em casos especiais, pode-se chegar a mais ou menos 0,0127 na direção radial.

Se possível, deve-se procurar tolerâncias dimensionais as mais amplas, o que nem sempre é viável, visto que justamente uma das vantagens do processo é obter peças de precisão praticamente acabadas.

Por outro lado, as folgas entre as paredes das matrizes e os punções devem ser tais que não dificultem o movimento relativo das partes componentes da matriz, permitam o escape de gases durante a aplicação de pressão, mas evitem que os finos dos pós penetrem nos espaços entre as paredes da matriz e os punções, o que pode dificultar o movimento destes e acelerar o desgaste da matriz.

As matrizes são confeccionadas com aço indeformável de alto carbono e alto cromo, temperado e revenido; freqüentemente, são revestidas de *cromo duro* ou são fabricadas com núcleo de metal duro.

Devido a seu elevado custo, a duração das matrizes e dos respectivos componentes deve corresponder a dezenas ou, se possível, a centenas de milhares de peças compactadas.

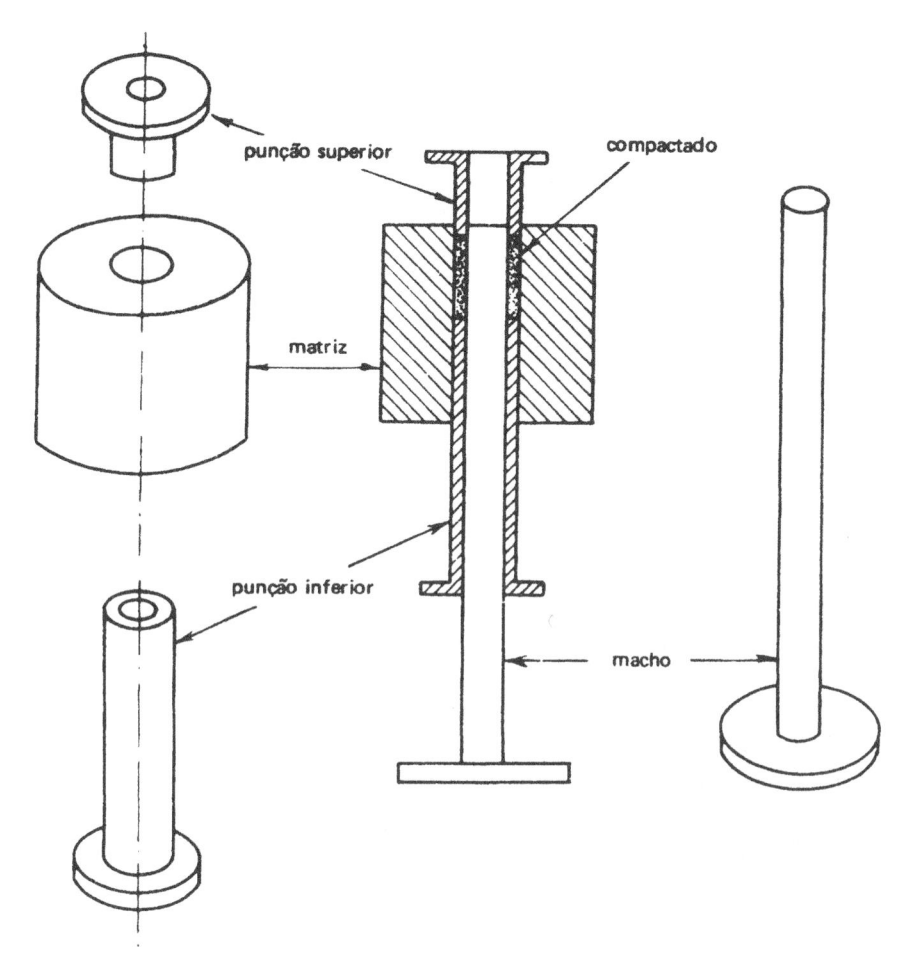

Figura 97 *Matriz simples de compactação de pós metálicos com seus diversos componentes.*

**5 Sinterização** Consiste no aquecimento das peças comprimidas a temperaturas específicas, sempre abaixo do ponto de fusão do metal-base da mistura, eventualmente acima do ponto de fusão do metal secundário da mistura, em condições controladas de velocidade de aquecimento, tempo à temperatura, velocidade de resfriamento e atmosfera do ambiente de aquecimento.

Em alguns casos – certas peças de metal duro, entre outros – procede-se a uma sinterização prévia, a uma temperatura mais baixa com o objetivo de conferir a briquetes compactados condições de serem usinados antes da sinterização final. Essa operação é denominada *pré-sinterização*.

Os fornos de sinterização são a gás ou elétricos por resistência ou por indução (fornos a vácuo geralmente). São normalmente do tipo contínuo, com esteira (Figura 98), com empurradores ou com vigas movediças.

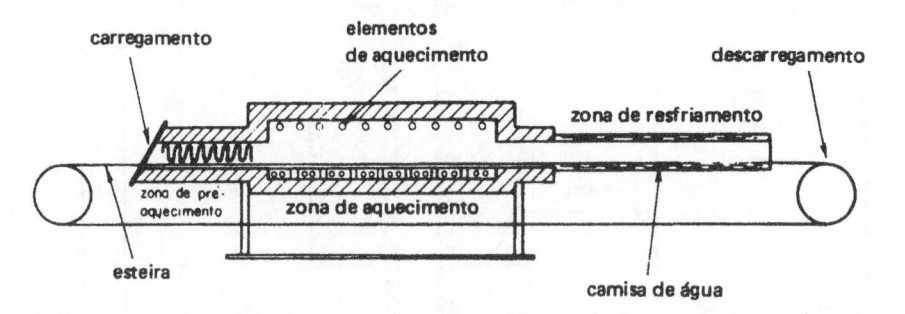

**Figura 98** *Tipo comum de forno de sinterização empregado em metalurgia de pó.*

Nos fornos a resistência, os elementos de aquecimento, em fios, fitas ou barras, são de Ni-Cr para temperaturas até 1.150°C, de carboneto de silício (Globar) até temperaturas da ordem de 1.400°C, de molibdênio ou tungstênio, até temperaturas da ordem de 1.550°C (neste caso, exigindo atmosfera protetora redutora de hidrogênio).

No caso de metais refratários (W, Mo e Ta), faz-se passar uma corrente através das peças desses metais, o que permite atingir temperaturas da ordem de 3.000°C.

Pode-se também sinterizar a alta freqüência, sob vácuo, atingindo-se assim temperaturas de aproximadamente 2.000°C.

As atmosferas protetoras empregadas na sinterização, além da sua completa ausência (sinterização sob vácuo), compreendem:

- *hidrogênio*, puro e seco, para metal duro, aço inoxidável, ímãs permanentes etc.;
- *amônia dissociada*, contendo 75% de hidrogênio e 25% de nitrogênio, para peças de ferro e aço;
- *gás endotérmico*, contendo de 35 a 40% de hidrogênio, em torno de 20% de CO, de 40 a 45% de nitrogênio e cerca de 1% de $CH_4$, para peças de Fe-C e Fe-C-Cu;
- *gás exotérmico*, contendo de 1 a 12% de hidrogênio, 70 a 86% de nitrogênio, 1 a 10% de CO e 5 a 10% de $CO_2$, para peças de Fe e Fe-Cu;
- *gás de gasogênio*, contendo de 60 a 65% de nitrogênio e 30 a 35% de CO, para peças de ferro e bronze (pouco usados).

O fenômeno de sinterização, face às inúmeras teorias existentes a respeito, pode ser explicado da seguinte maneira:

— adesão inicial das partículas metálicas, cujos pontos de contato aumentam com a temperatura sem que, nessa fase inicial, ocorra qualquer contração de volume e apenas com pequena influência na difusão superficial; à medida que aumenta a temperatura, ocorre um aumento de densidade, acompanhado de esferoidização e progressivo fechamento dos vazios; finalmente, mediante uma difusão nos contornos dos grãos, desaparecem os últimos vazios arredondados e isolados.

Na realidade, o processo de sinterização se baseia na ligação atômica entre superfícies de partículas vizinhas.

Como seria de prever, ocorrem também os fenômenos de recristalização e crescimento de grão, em função da temperatura e do tempo de sinterização.

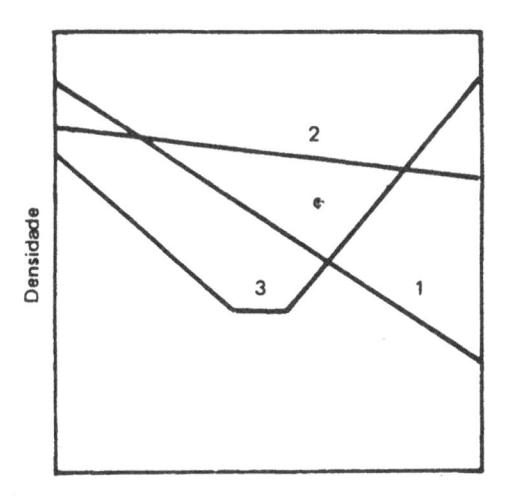

**Figura 99** *Distribuição da densidade em compactados comprimidos de modo diferente.*

A Figura 99 representa esquematicamente a distribuição da densidade em compactados comprimidos de três modos: curva 1, compressão numa extremidade apenas; curva 2, compressão numa extremidade apenas, porém, com adição de 4% de lubrificante (grafita); curva 3, compressão nas duas extremidades, superior e inferior.

*148   Tecnologia Mecânica*

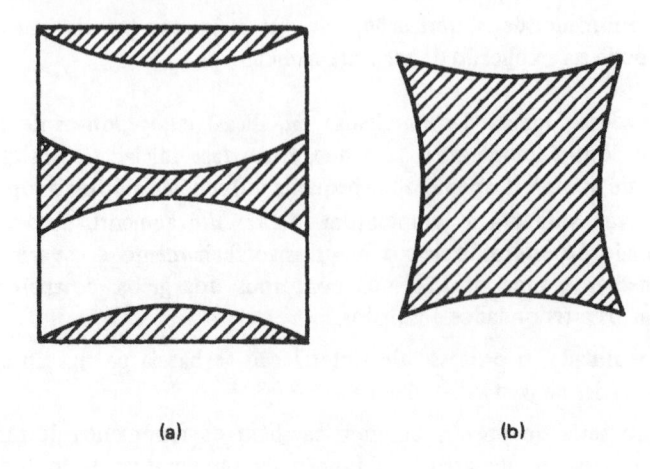

(a)   (b)

**Figura 100**   *Variação dimensional após a sinterização, resultante da diferença de densidade em secções do compactado.*

A Figura 100 representa a variação dimensional, após a sinterização resultante da diferença da densidade em secções do compactado.

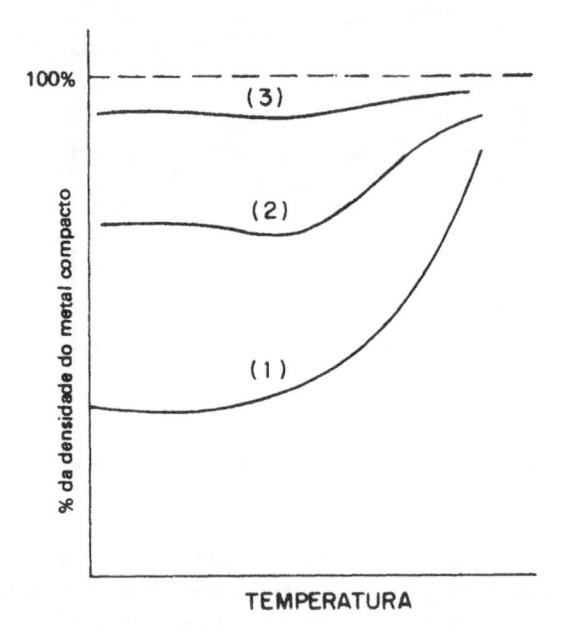

**Figura 101**   *Representação esquemática da variação de densidade em função da temperatura de sinterização.*

A Figura 101 representa a variação da densidade em função da temperatura de sinterização: curva 1, pó apenas amontoado; curva 2, pó comprimido à pressão média (da ordem de 4 t/cm$^2$); curva 3, pó comprimido à pressão elevada (da ordem de 30 t/cm$^2$).

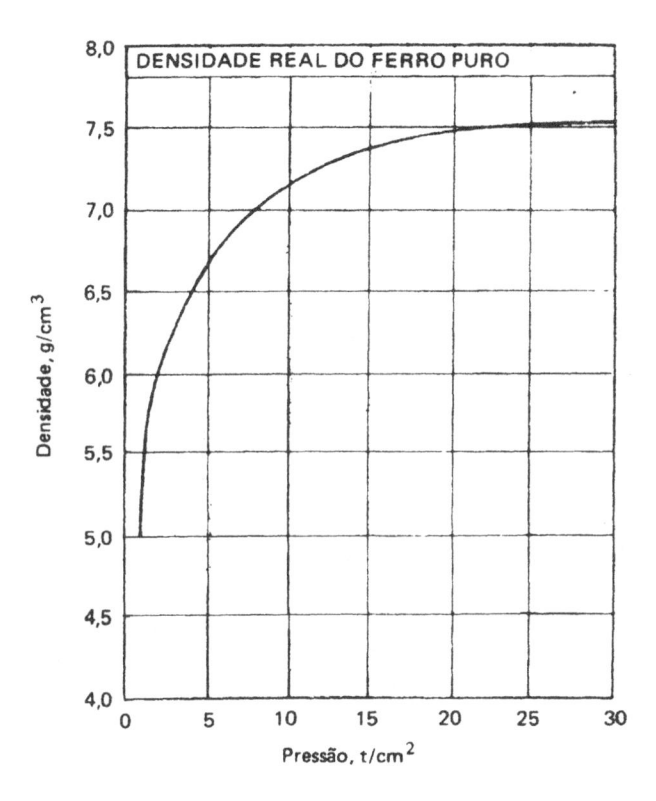

Figura 102  *Gráfico representativo da variação de densidade de compactado de ferro, em função da pressão de compactação.*

A Figura 102 mostra a variação da densidade de compactados de ferro, em função da pressão de compactação.

Evidentemente, as propriedades mecânicas, como resistência à tração e dureza, aumentam igualmente com a temperatura de sinterização ou com o tempo à temperatura, até determinados limites.

A Figura 103 mostra a variação de propriedades mecânicas em compactado de ferro, em função da temperatura de sinterização.

A Tabela 10[40] indica as temperaturas, tempos e atmosferas recomendados para vários materiais.

## TABELA 10

### TEMPERATURAS, TEMPOS E ATMOSFERAS DE SINTERIZAÇÃO TÍPICOS PARA VÁRIOS MATERIAIS

| Material | Temperatura °C | Tempo mín. | Atmosfera |
|---|---|---|---|
| Bronze | 760-870 | 10-20 | Hidrogênio, amônia dissociada, gás exotérmico |
| Cobre | 840-900 | 12-45 | Idem |
| Latão | 840-900 | 10-45 | Idem |
| Ferro e Fe-grafita-Cu | 1000-1150 | 8-45 | Idem |
| Níquel | 1000-1150 | 30-45 | Idem |
| Aço Inoxidável | 1090-1285 | 30-60 | Hidrogênio, amônia dissociada, vácuo |
| Ímãs Alnico | 1215-1300 | 120-150 | Hidrogênio |
| Metal Duro | 1425-1480 | 20-30 | Hidrogênio – vácuo |

5.1 **Sinterização em presença de fase líquida e infiltração metálica** A sinterização em presença de uma fase líquida ocorre quando é levada a efeito a uma temperatura superior ao ponto de fusão de um dos componentes da mistura, geralmente o componente de menor ponto de fusão e em menor quantidade. Esse processo faz-se presente, por exemplo, na produção de buchas autolubrificantes de bronze, onde os pós principais de cobre (cerca de 90%) e estanho (cerca de 10%) são previamente misturados. Na sinterização que é levada a efeito a aproximadamente 800°C, forma-se uma fase líquida, a qual facilita a formação de estrutura cristalina típica do bronze. De qualquer modo, a fase líquida presente não deve comparecer em quantidade tal que possa promover uma modificação sensível nas dimensões do compactado.

A presença de fase líquida ocorre também na técnica de *infiltração metálica*, que consiste em se colocar um compactado de metal sólido sobre ou debaixo de um compactado verde poroso. Durante a sinterização realizada à temperatura de fusão superior à do metal sólido, este funde e penetrará por ação capilar entre os poros interligados do compactado sob sinterização.

A Figura 104[41] mostra, no processo de impregnação metálica, o efeito do teor de cobre e da pressão inicial de compactação (ou densidade do "esqueleto") no limite de resistência à tração de ferro sinterizado.

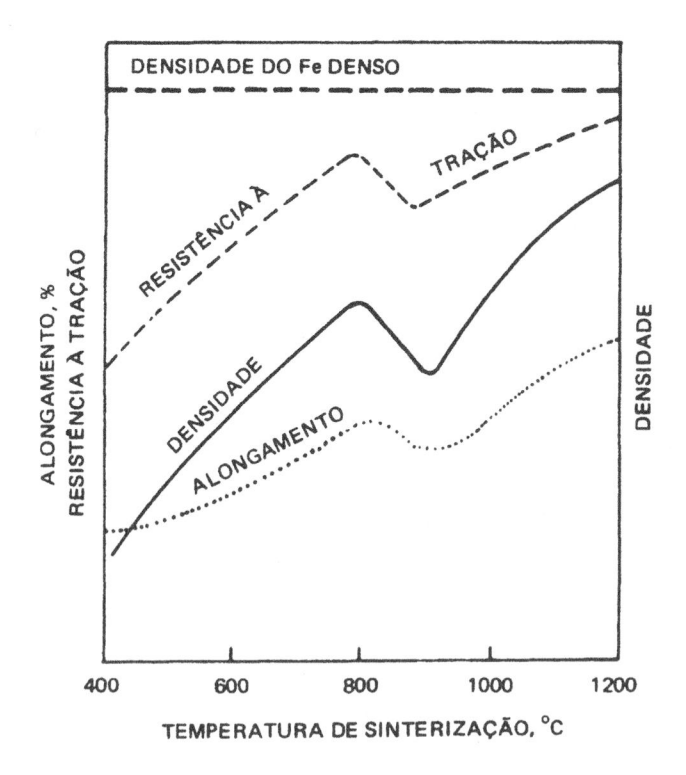

Figura 103  *Variação de propriedades mecânicas de compactados de ferro, em função da temperatura de sinterização.*

Outra técnica usada na infiltração é mergulhar um compactado sinterizado, porém poroso, no metal infiltrante liquefeito.

A infiltração metálica é feita, principalmente, para aumentar a densidade e, conseqüentemente, as propriedades mecânicas de peças sinterizadas, como mostra a Figura 104. Em peças de ferro, essa técnica pode produzir densidades até 7,8 g/cm$^3$ e propriedades mecânicas muito próximas, senão idênticas, às obtidas pelos processos metalúrgicos convencionais.

A técnica de infiltração é também empregada na produção de contatos elétricos de W-Cu, W-Ag ou Mo-Cu e Mo-Ag.

**6  Dupla compactação**  Consiste numa compactação inicial, seguida de uma pré-sinterização, uma nova compressão e, finalmente, a sinterização definitiva.

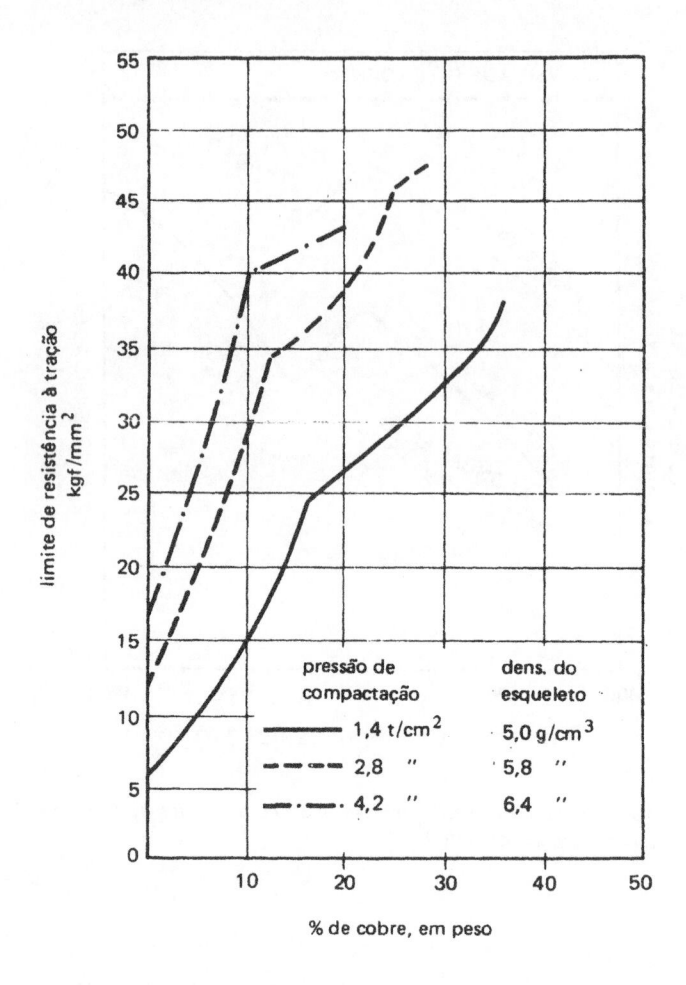

**Figura 104** *Limite de resistência à tração de compactados ("esqueletos") de pó de ferro, após impregnação com várias quantidades de cobre, a 1.100°C, durante 30 min.*

Na primeira compactação, produz-se um compactado com suas formas e dimensões próximas das finais; a pré-sinterização reduz o encruamento das partículas e inicia a consolidação do compactado. A segunda compactação confere às peças as dimensões e formas praticamente definitivas. Finalmente, a sinterização final produz as peças definitivas, com característicos e propriedades superiores aos obtidos pelo procedimento normal.

A técnica de dupla compactação é empregada principalmente na Europa.

A Tabela 11[42] mostra os resultados obtidos em três tipos de pó de ferro pelo processo convencional (compactação seguida de sinterização e pela "dupla compressão" ou "dupla compactação").

**7 Compactação a quente** Em casos especiais, como na fabricação de peças volumosas de metal duro, as operações de compactação e sinterização são realizadas simultaneamente. Essa operação é chamada "compactação a quente".

As vantagens do processo, limitado contudo a poucos materiais, são: obtenção de densidade mais elevada e superiores valores de dureza e resistência mecânica, além de melhor condutibilidade elétrica.

A Tabela 12[43] mostra o efeito da temperatura e do tempo de compactação (a 1,4 tf/cm$^2$) sobre as propriedades de pó de ferro eletrolítico.

**8 Forjamento-sinterização** Nesta técnica, combina-se o processo de forjamento com a sinterização. As diferenças em relação à técnica convencional de metalurgia do pó são as seguintes:

— inicialmente, produz-se um compactado verde ou "pré-conformado", cuja forma será praticamente a definitiva;

— aquece-se o pré-conformado, num forno com atmosfera controlada;

— retira-se o pré-conformado do forno à máxima temperatura e comprime-se numa matriz aquecida, de modo a obter-se completa densificação;

— remove-se a peça comprimida a quente, ou seja, forjada, e procede-se à sua transferência para um ambiente protetor ou num meio de resfriamento adequado que impeça sua oxidação superficial;

— finalmente, procede-se à operação de usinagem, se necessária, e tratamento térmico.

Essas operações estão esquematicamente representadas na Figura 105[44].

A temperatura de aquecimento varia de 700° a 1.100°C, dependendo do material, da forma da peça e das propriedades finais desejadas[44].

As vantagens do processo são as seguintes:

— alta escala de produção

— eliminação prática de sucata

— eliminação ou redução ao mínimo da operação de usinagem

— bom acabamento superficial

154  Tecnologia Mecânica

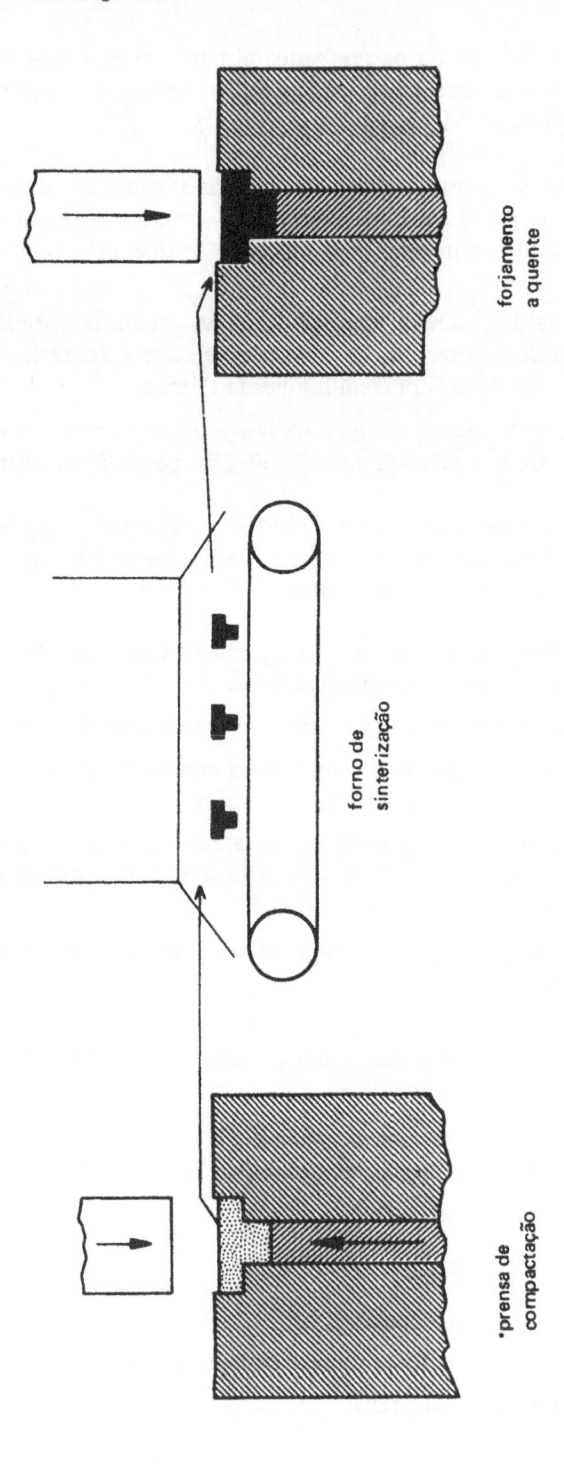

**Figura 105**  *Representação esquemática do processo "forjamento-sinterização".*

## TABELA 11

RESULTADOS, EM DIVERSOS TIPOS DE FERRO, DE "DUPLA COMPRESSÃO" EM COMPARAÇÃO COM O MÉTODO CONVENCIONAL

| Tipo de pó | Compressão simples Sinterização – 1220°C – 2h ||||| Dupla compressão Pré-sinterização – 850°C – 1h Sinterização final – 1250°C – 2h, em hidrogênio ||||||
|---|---|---|---|---|---|---|---|---|---|---|---|
| | Pressão tf/cm² | Peça sinterizada ||||  Pressão tf/cm² || Peça sinterizada ||||
| | | Dens. g/cm³ | Dureza Brinell | Resist. tração kgf/mm² | Alon- gamento % | 1ª | 2ª | Dens. g/cm³ | Dureza Brinell | Resist. tração gkf/mm² | Alon- gamento % |
| Ferro eletrolítico fino | 6<br>6 | 6,49<br>6,97 | 50<br>70 | 15,1<br>21,9 | 6,7<br>12,3 | 4<br>6 | 4<br>6 | 6,93<br>7,33 | 66<br>78 | 20,8<br>24,1 | 13,4<br>23,0 |
| Ferro esponja Hoeganas | 4<br>6 | 6,23<br>6,69 | 47<br>61 | 14,0<br>16,8 | 4,9<br>8,0 | 4<br>6 | 4<br>6 | 6,65<br>7,05 | 64<br>80 | 16,6<br>22,6 | 5,0<br>9,7 |
| Ferro reduzido (de casca de laminação) | 6 | 6,90 | 89 | 29,1 | 12,4 | 6 | 6 | 7,31 | 94 | 34,2 | 14,9 |

## TABELA 12

### EFEITO DA TEMPERATURA E DO TEMPO DE COMPACTAÇÃO A QUENTE SOBRE AS PROPRIEDADES DE PÓ DE FERRO ELETROLÍTICO

| Compactação a quente a 1,4 tf/cm² | | Densidade g/cm³ | Dureza Brinell | Limite de resistência à tração kgf/mm² | Alongamento % |
|---|---|---|---|---|---|
| Temperatura °C | Tempo min. | | | | |
| 500 | 50 | 6,31 | 50 | 18,2 | 0 |
| | 150 | 6,38 | 51 | 18,2 | 0 |
| | 450 | 6,71 | 63 | 28,0 | 1 |
| 600 | 50 | 6,70 | 62 | 25,9 | 0,5 |
| | 150 | 6,89 | 77 | 28,7 | 1 |
| | 450 | 7,05 | 80 | 34,3 | 2 |
| 700 | 50 | 7,32 | 90 | 33,6 | 1 |
| | 150 | 7,52 | 95 | 39,9 | 12 |
| | 450 | 7,58 | 100 | 40,6 | 27 |
| 780 | 50 | 7,59 | 101 | 37,8 | 22 |
| | 150 | 7,71 | 93 | 36,4 | 32 |
| | 450 | 7,76 | 96 | 37,1 | 37 |

- excelentes propriedades mecânicas
- microestrutura final muito uniforme
- carga de forjamento e custo correspondente inferior ao forjamento convencional.

O principal campo de aplicação de peças forjadas-sinterizadas situa-se na indústria automobilística.

## 9 Tratamentos posteriores à sinterização   Entre eles, incluem-se:

**9.1 Recompressão ou calibragem**   Esta operação é geralmente realizada em outras prensas e outras matrizes que não as usadas na compactação. Tem por objetivo eliminar as distorções e empenamentos verificados durante a sinterização, resultando, pois, num acerto definitivo da forma e das dimensões das peças sinterizadas. A operação é necessária sempre que as tolerâncias dimensionais sejam muito estreitas, difíceis de serem controladas durante a sinterização. As pressões de recompressão são normalmente inferiores às da compactação.

**9.2 Tratamentos térmicos e termoquímicos**   São aplicados geralmente em peças sinterizadas de ferro e aço e têm por objetivo melhorar suas propriedades mecânicas. Consistem em têmpera e revenido, ou carbonitretação, este último para aumentar a dureza superficial das peças. Devido à porosidade ainda eventualmente presente nos compactados sinterizados, essas operações são realizadas geralmente na presença de atmosfera gasosa e não em banho líquido.

Outro tratamento a que determinadas peças de ferro são submetidas consiste na *oxidação* ou *tratamento a vapor*, com a finalidade de prevenir a corrosão. O tratamento consiste em aquecer-se as peças sinterizadas de ferro a temperaturas da ordem de 580-600ºC, numa câmara onde penetra uma corrente regular de vapor de água. Como resultado do tratamento, as paredes de cada poro e a superfície das peças ficam revestidas de uma camada fina de óxido de ferro, que adere fortemente às partículas de ferro.

**9.3 Tratamentos superficiais**   Tratamentos de revestimento superficial de zinco, níquel, cromo e fosfatização podem ser aplicados em peças sinterizadas de ferro, desde que elas sejam suficientemente densas, com o objetivo de melhorar a resistência à corrosão. As peças de ferro infiltradas de cobre são as que melhor se prestam aos referidos tratamentos.

## 10   Considerações sobre o projeto de peças sinterizadas   Como os outros processos de fabricação de peças, a técnica da metalurgia do pó baseia-se

num conjunto de regras relacionadas com o projeto das peças, que devem ser levadas em conta, de modo a resultarem produtos de qualidade e economicamente competitivos.

Em qualquer processo de fabricação, as peças devem ser projetadas de acordo com o processo que vai ser utilizado. O mesmo se aplica à metalurgia do pó. Assim sendo, é necessário o conhecimento das vantagens e limitações que o processo apresenta.

Uma cooperação muito estreita deve existir entre o produtor e o usuário, porque, freqüentemente, pequenas modificações introduzidas no desenho de uma peça original ou ligeiras mudanças no conjunto onde será instalada permitem a fabricação de peças sinterizadas de melhor qualidade e a um custo mais baixo.

As considerações a serem feitas, nesse sentido, abrangem os seguintes pontos:

— *Dimensões das peças* — a capacidade das prensas disponíveis e as características físicas dos pós metálicos representam uma limitação para as dimensões de peças sinterizadas. A técnica atual permite a produção de peças que variam, em área projetada, de cerca de 10 mm$^2$ para cerca de 0,015 m$^2$ e em comprimento de 1 a 150 mm;

— *Forma das peças* — uma grande variedade de secções e perfis pode ser produzida por metalurgia do pó. Para melhor rendimento, deve-se procurar evitar um número exagerado de desníveis, de modo a ter-se uma compactação uniforme em toda a secção. O perfil da peça, que pode ser de forma muito complicada, deve, entretanto, permitir ejeção relativamente fácil da matriz, pelo movimento para cima do punção inferior. Esferas perfeitas não podem ser produzidas por metalurgia do pó, de modo que peças esféricas devem prever uma superfície plana lateral.

Em relação à forma das peças, pode-se resumir os cuidados a tomar, levando em conta as seguintes regras:

— *regra nº 1* — evitar furos laterais, ângulos reentrantes, roscas e outras particularidades que impeçam a retirada das peças da cavidade da matriz. Tais particularidades só podem ser conseguidas por usinagem suplementar;

— *regra nº 2* — evitar paredes finas, cantos vivos e particularidades semelhantes que, dificultando o escoamento do pó na matriz, criam problemas de produção e originam material com característicos físicos precários. A prática mostra que a espessura das paredes laterais não pode ser menor do que 0,7 a 0,8 mm. Devem-se evitar igualmente abruptas alterações da espessura das paredes, pois durante a sinterização, as modificações dimensionais, que ocorrem em proporções diferentes quando as espessuras variam muito, podem provocar empenamento e, portanto, inutilização das peças;

- *regra nº 3* – evitar projetar peças com comprimento muito superior às dimensões da secção transversal; em outras palavras, o comprimento deve ser proporcional à área da secção transversal, admitindo-se para limite máximo a relação 3:1 (preferivelmente 2,5:1). Se essa regra não for seguida, poderão resultar peças com densidades muito inferiores no centro, em relação às partes superior e inferior;

- *regra nº 4* – evitar, tanto quanto possível, um número muito grande de desníveis, assim como mudanças pronunciadas e bruscas de secção transversal. Tanto mais difícil será obter-se densidade uniforme, quanto maior for o número de degraus;

- *regra nº 5* – a peça deve ser projetada de modo a permitir o uso de uma matriz robusta. A modificação da forma de uma peça pode resultar em considerável economia de ferramental, com duração da matriz mais longa, devido a sua construção mais simples e operação mais eficiente;

- *regra nº 6* – tirar o máximo proveito do fato de que certas formas que podem ser facilmente produzidas por metalurgia do pó são impossíveis, impraticáveis ou antieconômicas de obtenção pelos outros processos metalúrgicos.

**11 Conclusões** A constante evolução tecnológica da metalurgia do pó abre campos praticamente ilimitados para o emprego dessa técnica. Um dos seus mais recentes desenvolvimentos, relacionado principalmente com a produção de peças de aço para o setor automobilístico, é o *forjado sinterizado*.

O forjado sinterizado resulta de pré-moldados caracterizados por apresentarem uma certa porosidade, de peso determinado e forma correspondente à da matriz de forjamento. A porosidade facilita a operação de forjamento à qual o pré-moldado é submetido em matriz fechada. A peça resultante exige apenas um ligeiro acabamento por usinagem. As propriedades mecânicas do material assim produzido são comparáveis às dos aços produzidos convencionalmente.

O processo, além das vantagens inerentes à própria técnica de metalurgia do pó, proporciona um bom acabamento superficial, possibilidade de obter-se componentes complexos com uma única operação de conformação, carga de forjamento e custos de forjamento menores que no forjamento convencional, obtenção de estrutura fina, orientada a esmo etc.

A Figura 106 apresenta, esquematicamente, as várias fases do processo de metalurgia do pó.

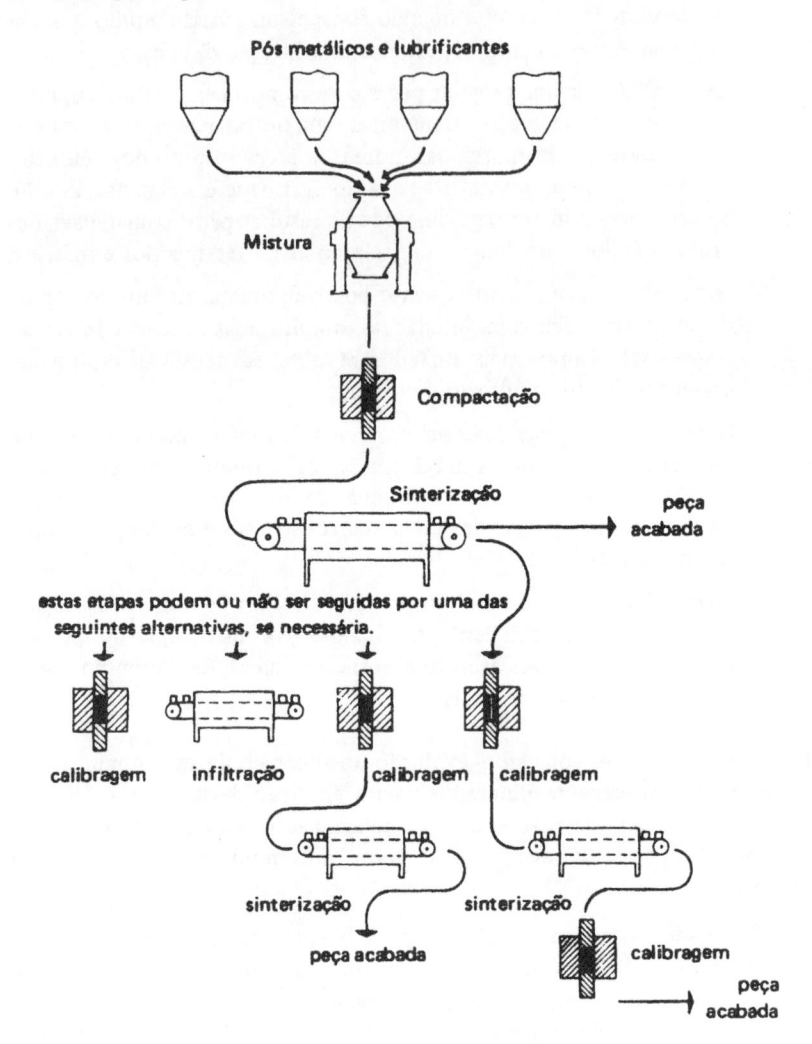

**Figura 106** *Esquema geral do processo de metalurgia do pó.*

## CAPÍTULO VII

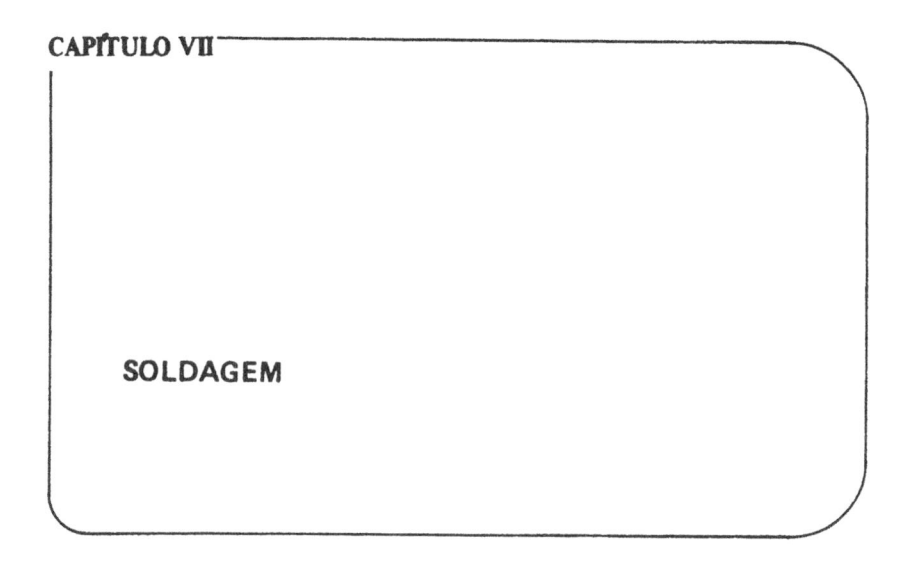

## SOLDAGEM

**1 Introdução** *Soldagem* é o processo de juntar peças metálicas, colocando-as em contato íntimo, e aquecer as superfícies de contato de modo a levá-las a um estado de fusão ou de plasticidade.

A expressão *solda* é usada para designar o resultado da operação.

A ação de aproximação e aquecimento, plasticidade ou fusão parcial, leva a um fenômeno de difusão na zona soldada, dando como resultado, a junta (solda), que se caracteriza por sua resistência e que se torna perfeitamente coesa depois que o metal resfria.

A soldagem encontra aplicação extensa em quase todos os ramos da indústria e da construção mecânica e naval, além da engenharia civil.

Os processos de soldagem podem ser classificados de acordo com a fonte de energia empregada para aquecer os metais e a condição do metal nas superfícies em contato.

A Figura 107 indica esquematicamente os diversos processos de soldagem. Dois grandes grupos podem ser considerados de início: *processos por fusão*, em que a área da solda é aquecida por uma fonte concentrada de calor que leva à fusão incipiente do metal, devendo-se adicionar metal de enchimento na junta; *processo de pressão*, em que as peças são aquecidas somente até um estado plástico adiantado, ao mesmo tempo que elas são forçadas uma contra a outra pela aplicação de pressão extensa. Estes processos por pressão exigem metais de boa condutibilidade térmica, pois eles dissipam o calor mais rapidamente na zona soldada e impedem que uma temperatura excessivamente elevada se concentre numa área relativamente pequena, o que poderia ocasionar tensões internas consideráveis.

*162    Tecnologia Mecânica*

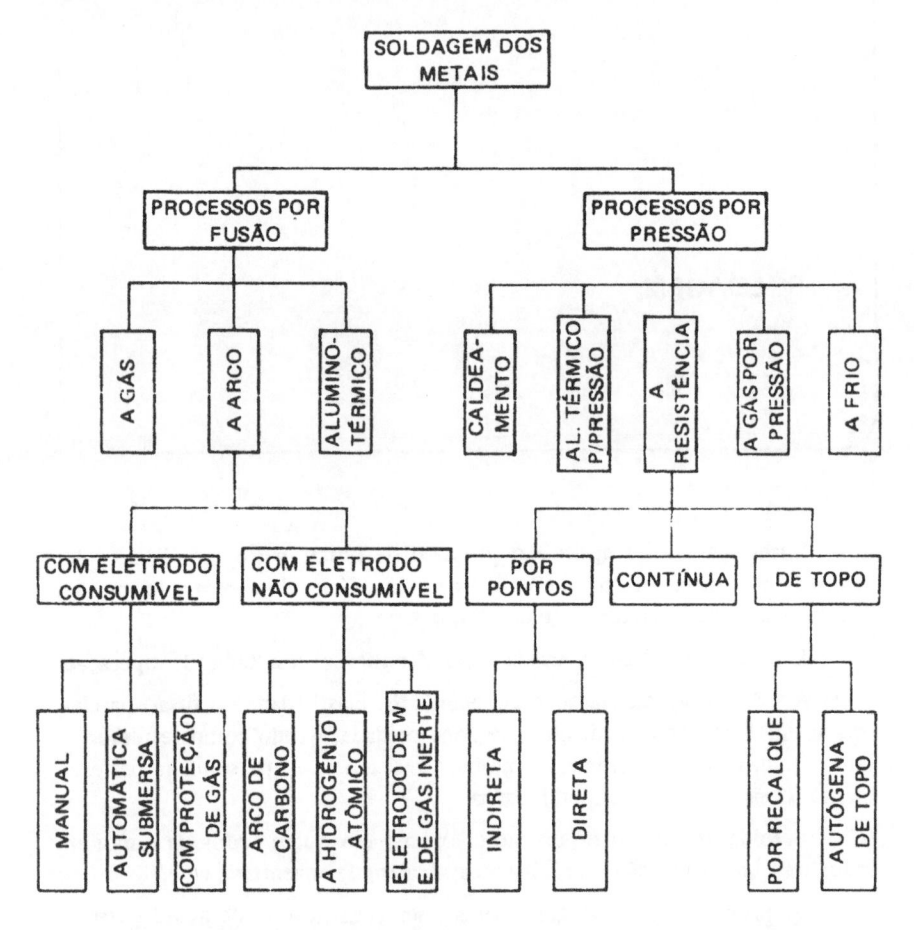

Figura 107    *Indicação esquemática dos vários processos convencionais de soldagem.*

**2    Tipos de juntas soldadas**    A Figura 108 mostra os tipos principais de juntas soldadas.

As *juntas de topo* são formadas pela soldagem das superfícies externas ou cantos dos membros. A figura mostra diversas maneiras de preparar-se as extremidades para a soldagem: em (a) utilizou-se um tipo de flange, para metais até 3 mm de espessura, sendo que a altura da flange deverá ser o dobro da espessura do metal. A junta (b) é chamada reta e não foi submetida a qualquer preparo especial das extremidades; juntas desse tipo são convenientes para espessuras de 3 a 8 mm. A forma simples em V – junta (c) – se aplica para espessuras de 14 a 16 mm. Para espessuras superiores a 16 mm recomenda-se uma junta em V duplo (d). Finalmente, juntas em U (e) e (f) são recomendadas para espessuras superiores a 20 mm.

(a) junta de topo com flange
(b) junta de topo reta
(c) junta de topo em V
(d) junta de topo em duplo V
(e) junta de topo em U
(f) junta de topo em duplo U
(g) junta sobreposta
(h) junta de canto
(i) junta de canto
(j) junta em T
(k) junta em T
(l) junta em T

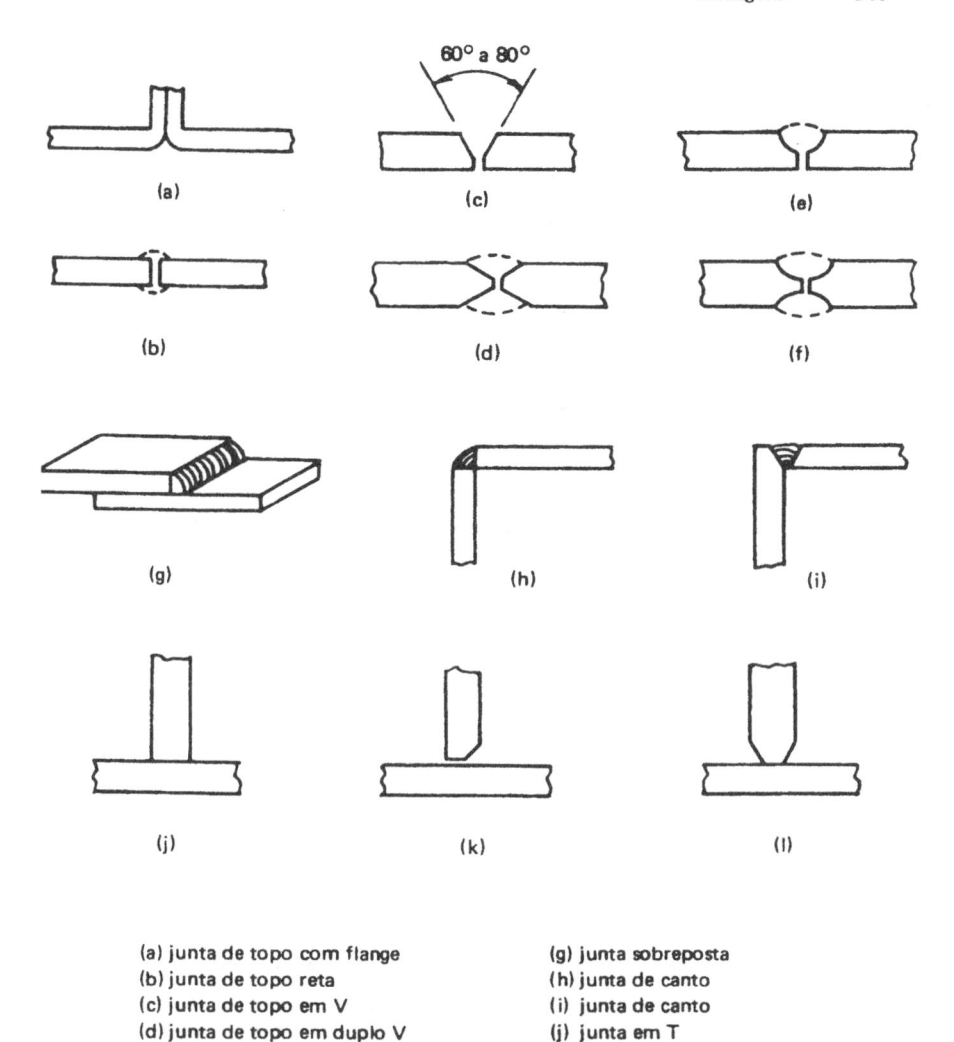

**Figura 108** *Tipos de juntas soldadas.*

As *juntas sobrepostas* correspondem à soldagem em ângulo; os dois membros sendo soldados (g) se sobrepõem de uma quantidade equivalente de 3 a 5 vezes sua espessura.

Em (h) e (i) são indicadas as *juntas de canto*, com ou sem preparo das extremidades.

Finalmente, as juntas em T são produzidas pela soldagem de um elemento no outro a um ângulo de 90° e estão representadas na Figura 108 por (j), (k) e (l). Somente estruturas sujeitas a cargas estáticas baixas podem ser soldadas sem chanfrar as extremidades. As juntas chanfradas simples são empregadas para elementos estruturais críticos, em que os membros apresentam uma espessura de 10 a 20 mm; as chanfradas duplas são utilizadas para espessuras maiores.

**3  Metalurgia da solda**  A soldabilidade mútua dos metais varia de um elemento metálico para outro, de modo que as juntas soldadas nem sempre apresentam a segurança e inseparabilidade ou coesão que seriam necessárias, para melhores resistências mecânicas.

O mais alto grau de soldabilidade por fusão é apresentado pelos metais que são capazes de formar uma série contínua de soluções sólidas um com o outro. A solubilidade sólida limitada resulta em menor soldabilidade, assim como a solubilidade sólida nula praticamente impossibilita a soldagem por fusão. Neste caso, os metais são soldados por pressão, ou se introduz um metal intermediário, resultando num outro tipo de soldagem, denominado brasagem, a ser estudado mais adiante.

As Figuras 109 e 110 representam esquematicamente os fenômenos metalúrgicos que ocorrem durante o processo de soldagem de um aço, desde o estado líquido do metal da solda até o seu resfriamento.

As figuras referem-se a uma solda em V. Na Figura 109, a zona indicada por (2) corresponde à camada depositada, obtida pela fusão do metal de enchimento e sua mistura com metal original (1), na faixa estreita de fusão indicada por (3).

De um modo geral, pode-se dizer que o metal depositado apresenta estrutura metalográfica colunar (dendrítica), característica de metal fundido. Se o metal depositado ou a zona adjacente do metal original forem superaquecidas em alto grau, no resfriamento os grãos do metal original adquirem uma forma acicular, formando uma estrutura conhecida pelo nome de Widmanstätten. O metal superaquecido apresenta uma resistência mais baixa e a junta soldada é relativamente frágil.

Uma zona afetada pelo calor está indicada pelo número (4). Aí a estrutura do metal é modificada pelo rápido aquecimento e resfriamento durante o processo de soldagem. A composição química fica, entretanto, inalterada.

A dimensão da zona afetada pelo calor é função do processo de soldagem empregado e da natureza dos metais sendo soldados. Na soldagem manual de arco, por exemplo, com eletrodos de revestimento fino, a zona afetada pelo calor é menor – de 2 a 2,5 mm. Já na soldagem com eletrodos recobertos essa zona se estende por 4 a 10 mm e na soldagem a gás pode atingir 20 a 25 mm.

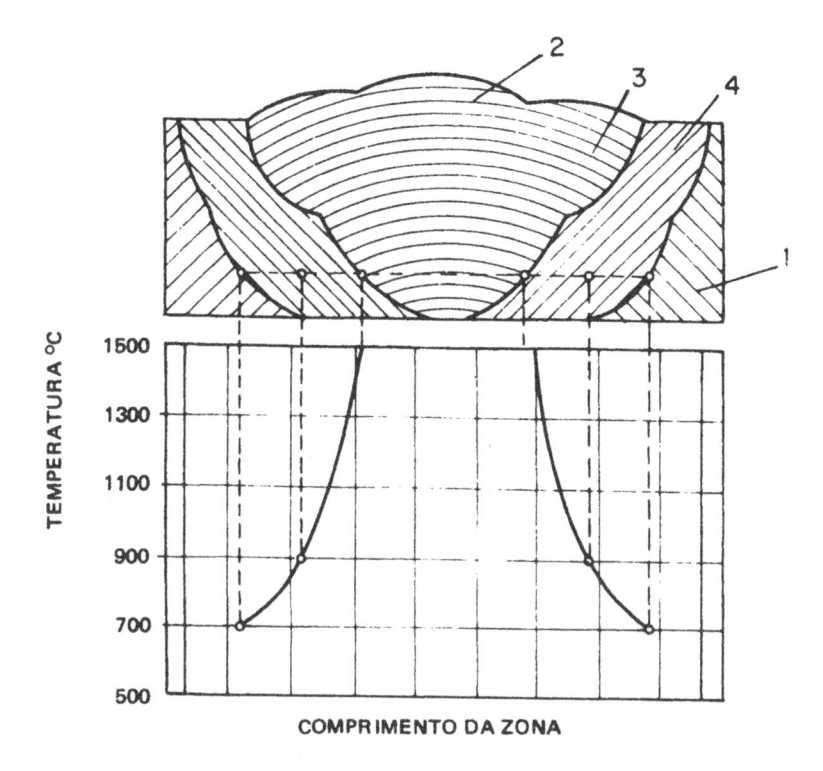

**Figura 109** *Representação esquemática das zonas afetadas na soldagem do aço.*

A estrutura da solda, nessas circunstâncias, é alterada.

Podem-se resumir os vários fenômenos da soldagem, em função do que está representado nas Figuras 109 e 110, da seguinte maneira.

- próximo do depósito do metal — pequena faixa entre (3) e (4) — situa-se a zona de fusão, em que uma transição de uma estrutura do metal depositado ao metal original é observada. Nessa faixa ocorreu fusão parcial e, durante um certo tempo, verificou-se uma mistura das fases sólida e líquida;

- próximo a essa faixa, o metal foi superaquecido de modo que houve um aumento do tamanho de grão e formação de uma estrutura acicular já mencionada (Widmanstätten). Essa faixa é a mais frágil da junta;

- logo a seguir, na faixa mais afastada da zona de depósito, observa-se uma normalização do aço, ou seja, a formação de uma estrutura fina; as propriedades mecânicas resultantes são boas;

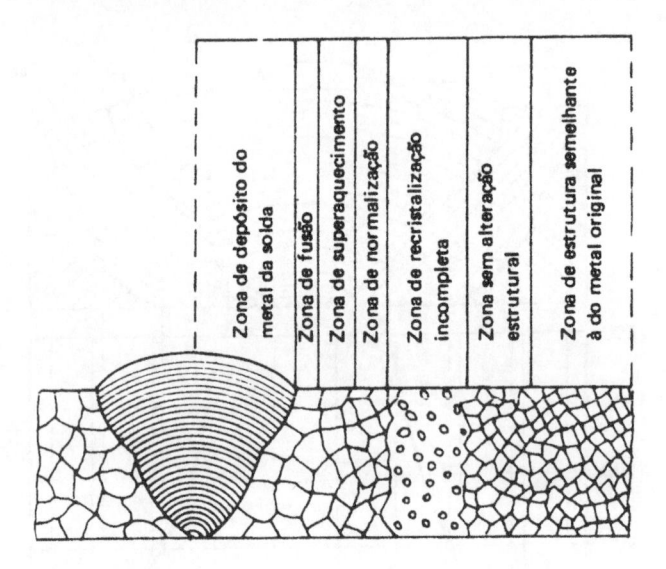

**Figura 110** *Representação esquemática dos fenômenos metalúrgicos que ocorrem na soldagem do aço.*

— à medida que a distância da zona do metal depositado vai aumentando, verifica-se menor influência na estrutura do material, pelas menores temperaturas que ocorreram, a não ser que o metal tenha sido deformado plasticamente antes da operação de soldagem; nesse caso, pode-se verificar uma certa recristalização.

Para melhores resultados, deve-se procurar evitar a introdução de impurezas e substâncias estranhas (óxidos, inclusões de escória etc.) juntamente com o metal depositado, pois tais substâncias podem-se localizar nos contornos dos grãos, o que diminui a resistência e a ductilidade do metal depositado

**4 Processos de soldagem** Serão descritos a seguir os processos de soldagem de maior importância na indústria.

**4.1 Soldagem a arco** Este é o processo mais extensamente usado. É do tipo chamado *soldagem autógena*, ou seja, no processo o material-base participa por fusão na constituição da solda. Nele a fonte de calor é um arco elétrico.

A Figura 111 mostra o processo de soldagem por arco elétrico: o arco de soldagem é formado ao passar uma corrente entre uma barra de metal, que constitui o eletrodo e corresponde ao pólo negativo ou catodo e o metal original, que corresponde ao pólo positivo ou anodo. A chama do arco tem

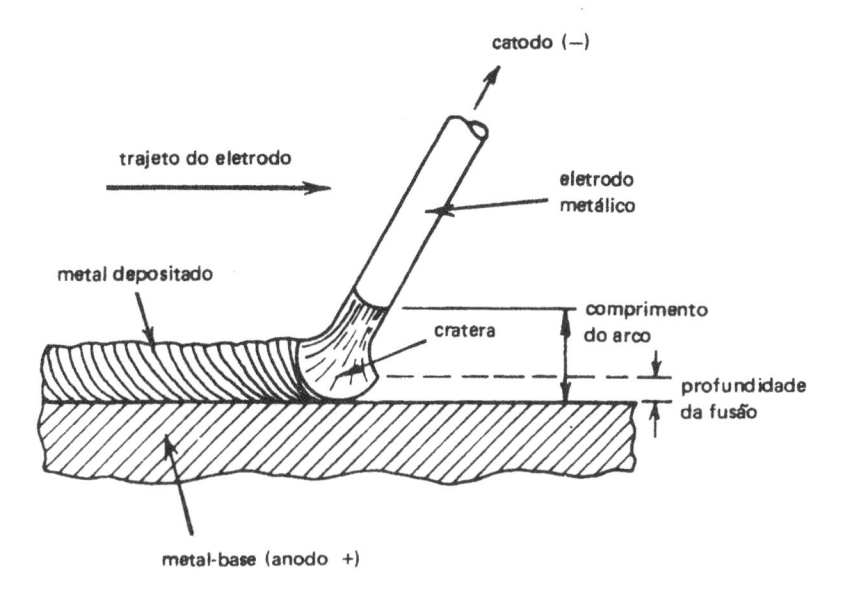

**Figura 111**  *Soldagem a "arco elétrico"*.

a forma de uma coluna que se alarga em direção à superfície da peça. No pé da coluna forma-se a cratera do arco ou a bacia da solda. Para dar origem ao arco é necessário que o eletrodo seja abaixado até a peça, de modo que a corrente comece a fluir.

O intervalo entre a extremidade fundida da barra ou eletrodo e a superfície da bacia formada são ocupados por um meio incandescente que é uma mistura de ar parcialmente ionizado e as substâncias gasosas que aparecem a temperaturas elevadas, devido à interação entre o material de eletrodo e seu revestimento químico e ar.

Comumente, até 90% do metal total de um eletrodo consumível (como o representado na Figura 111) fluem como gotas do eletrodo à bacia da solda. Os outros 10% não atingem a bacia devido a esborrifamento, vaporização e oxidação.

A Figura 112 mostra esquematicamente a formação de uma gota de metal líquido a partir do eletrodo. As gotas são transportadas do eletrodo à bacia por forças de gravidade, tensão superficial, pressão dos gases evoluídos do metal e por forças eletromagnéticas que promovem o efeito de estrangulamento. A forma esférica das gotas é conferida pela tensão superficial.

Para formar o arco basta uma diferença de potencial relativamente baixa entre os eletrodos: para corrente contínua, de 40 a 50 volts, e para corrente alternada, de 50 a 60 volts. Depois que o arco estiver estabelecido,

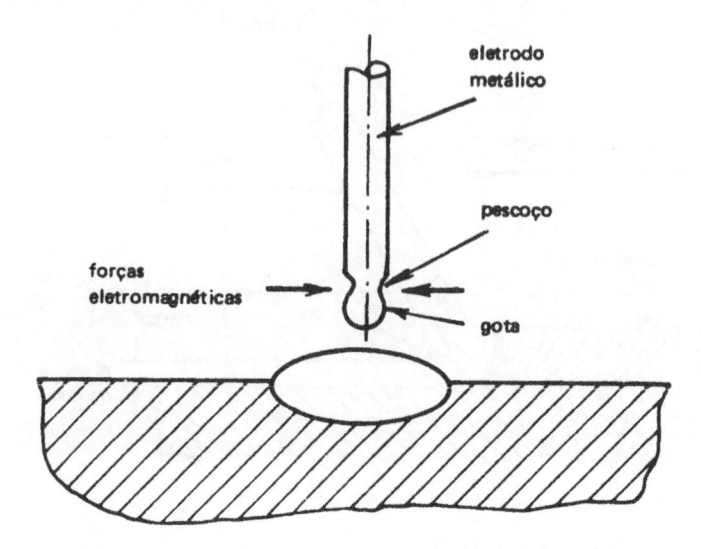

**Figura 112** *Formação de "gota" de metal líquido a partir do eletrodo.*

a voltagem cai. Assim sendo, um arco estável pode ser mantido entre um eletrodo metálico e a peça com uma voltagem entre 15 e 30 volts, ao passo que são necessários de 30 a 35 volts para manter o arco entre um eletrodo de carbono ou grafita e o metal.

Corrente contínua promove maior estabilidade do arco do que corrente alternada.

**4.1.1 Tipos básicos de soldagem a arco**  Os processos de soldagem a arco podem ser classificados em função do tipo de eletrodo empregado. Com esse critério, têm-se *processos com eletrodo consumível* e *processos com eletrodo não-consumível.*

No primeiro caso, os eletrodos são geralmente de carbono ou tungstênio e no segundo caso o material dos eletrodos corresponde ao metal que vai ser depositado.

A soldagem a arco com eletrodo não-consumível está representada na Figura 113(a). Emprega-se corrente contínua e o eletrodo é ligado ao pólo negativo (catodo) e a peça ao pólo positivo (anodo) do gerador de corrente contínua.

A Figura 113(b) mostra a soldagem a arco com eletrodo consumível.

O meio circundante tem um efeito nocivo na qualidade da solda. Por isso, vários métodos têm sido desenvolvidos para proteção da solda.

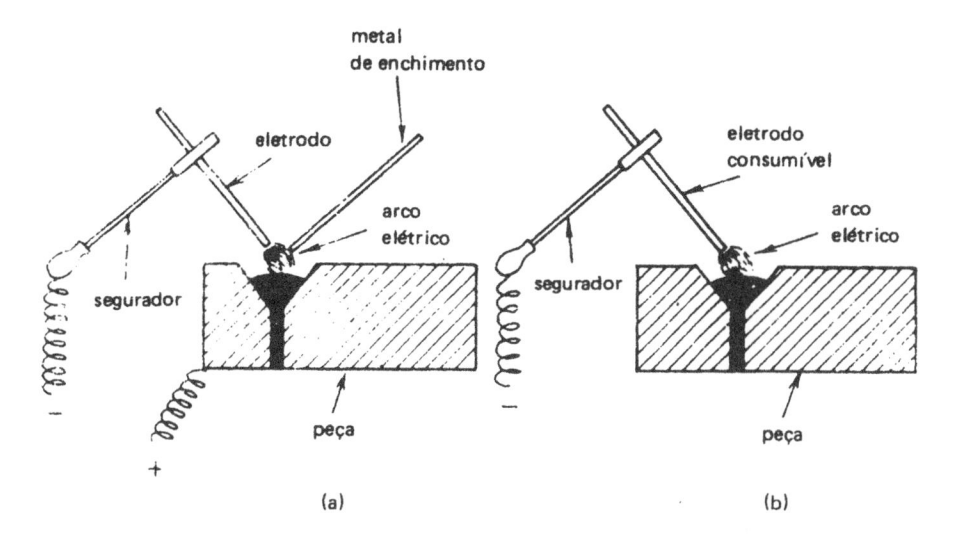

**Figura 113** (a) *Representação da soldagem a arco com "eletrodo não-consumível"; e* (b) *com "eletrodo consumível".*

Um deles corresponde à *soldagem a arco submerso*[46]. Neste processo, um eletrodo nu é continuamente alimentado até a zona da solda: a ponta do eletrodo em fusão, entretanto, não fica em contato com o metal-base, mas está sempre submersa em um fluxo granulado, condutor, de alta resistência elétrica.

O calor é fornecido pela passagem de uma corrente contínua ou alternada de alta amperagem do eletrodo para a peça. O fluxo no qual a ponta do eletrodo está submersa atua como fundente e como isolante térmico, de modo que o intenso calor gerado fica concentrado fundindo o eletrodo e o metal-base, formando-se a chamada *bolha de fusão*. O fluxo fundido, que flutua sobre essa bolha, absorve impurezas e protege o metal do meio circundante.

Ao solidificar o metal, a parte fundida do fluxo também solidifica, adquirindo consistência vítrea e é facilmente destacável. A junta resultante ou o cordão de solda originado apresenta-se liso e brilhante e com boas propriedades mecânicas.

Outro método para proteger o metal do meio circundante corresponde à formação de uma camada de escória, a qual se forma em torno do arco pelo emprego de *eletrodos revestidos* (Figura 114).

A Figura (a) mostra o princípio de formação da escória pelo revestimento e (b) o princípio de o revestimento atuar como *guia do arco* pela formação de uma cratera na extremidade do eletrodo.

170     Tecnologia Mecânica

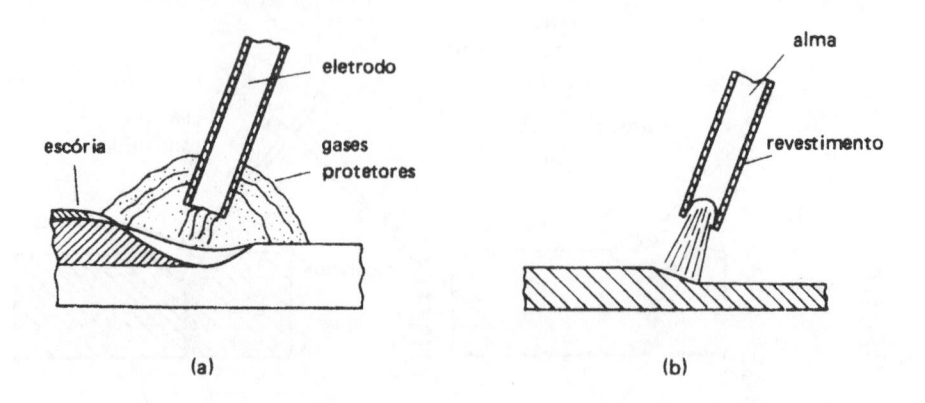

(a)                                        (b)

Figura 114   *Princípio de funcionamento do revestimento de eletrodos de soldagem.*

Os eletrodos revestidos são constituídos por uma "alma" metálica, envolta por um revestimento composto de matérias orgânicas e minerais. A composição inclui[47]: elementos de liga e desoxidantes (Fe-Cr, Fe-Mn etc.), estabilizadores de arco, formadores de escória e fundentes (asbestos, feldspato, ilmenita, óxido de ferro, mica, talco etc.) e materiais que formam uma atmosfera protetora (dolomita, carbonato de ferro etc.). Os materiais na forma de pó são aglomerados com silicato de sódio ou de potássio.

Finalmente, outro método de proteger a zona do arco elétrico é pelo emprego de uma *cobertura gasosa*.

O princípio do método consiste na introdução de um gás em volta do arco para protegê-lo, e ao metal, contra o contato com o ar do meio ambiente. Geralmente, empregam-se gases inertes, como argônio e hélio; outros, como hidrogênio e anidrido carbônico também são utilizados.

A Figura 115 mostra o *processo de soldagem a arco com proteção de gás argônio*. Esse processo é chamado também TIG[48] (sigla de tungstênio-inerte gás), porque normalmente emprega um eletrodo de tungstênio não-consumível. A vareta de enchimento é alimentada na zona do arco, o qual pode ser suprido seja por corrente contínua, seja alternada.

A corrente de gás inerte envolve o eletrodo, o arco, o banho fundido e a extremidade da vareta do metal de adição.

Como o tungstênio pode suportar grandes intensidades de corrente, os eletrodos usados são de pequeno diâmetro, o que permite obter uma fonte de calor grandemente concentrada.

Pelo processo, pode-se soldar a maior parte dos metais e ligas, tais como alumínio, magnésio e suas ligas, aços comuns, aços especiais (como os inoxidáveis), ligas de cobre, de níquel etc.

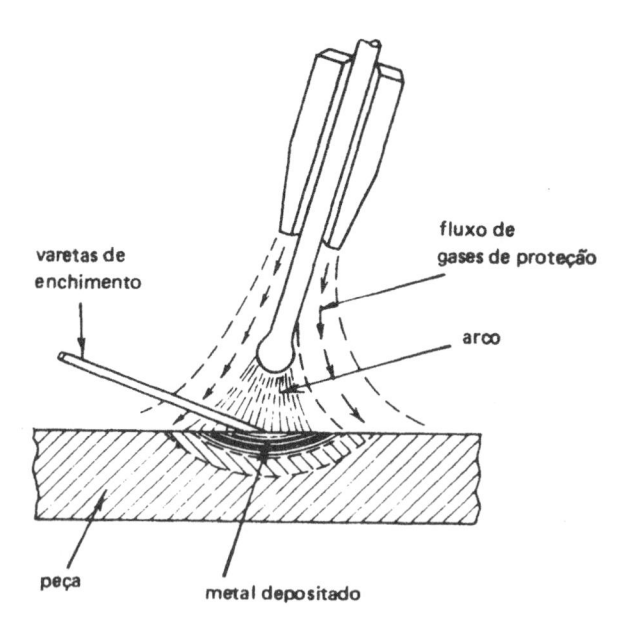

**Figura 115** *Processo de soldagem a arco com proteção de gás argônio.*

As juntas soldadas resultantes são de alta qualidade, apresentam-se lisas, porque o banho fundido que se origina é calmo devido a ser o arco em atmosfera de argônio muito suave.

O consumo de eletrodo é pequeno, o que permite automatizar o processo.

Outros métodos com proteção de gás incluem os chamados MIG (sigla de metal-inerte gás) e MAG (sigla de metal-gás ativo)[48].

Os gases empregados incluem gás carbônico $CO_2$, argônio com 25% de $CO_2$ ou argônio mais 2 a 5% de oxigênio.

Os metais soldáveis por esses processos incluem aços de baixo e médio carbono e aços-liga de baixo teor em liga, geralmente.

Finalmente, cumpre mencionar o *processo de hidrogênio atômico*[49]. Nele, um arco de corrente alternada é formado entre dois eletrodos de tungstênio, numa atmosfera de hidrogênio; no arco, cada molécula de hidrogênio é dividida em dois átomos separados. Durante a transformação da forma molecular à forma atômica, o hidrogênio absorve grande quantidade de calor do arco. Ao deixar o arco, após golpear as superfícies mais frias do metal, o hidrogênio atômico é novamente convertido em hidrogênio molecular, libertando o calor que havia previamente absorvido; o hidrogênio molecular combina-se parcialmente com o oxigênio do ar.

Consegue-se assim temperaturas extremamente elevadas nas vizinhanças do metal a ser soldado.

O processo é empregado na soldagem geral de aço e ligas de ferro e para algumas ligas não-ferrosas; devido a seu custo elevado não é muito utilizado, a não ser na soldagem de determinadas ligas que devem ser fundidas intensamente e que são difíceis de soldar pelos outros processos, tais como os de blocos de matrizes.

**4.1.2 Eletrodos para soldagem a arco** Os *eletrodos não-consumíveis* podem ser de carbono e grafita, empregados somente em soldagem a arco com corrente contínua, de tungstênio, empregados tanto para soldagem com corrente contínua como alternada, para soldagem a arco com proteção de gás e no processo de hidrogênio atômico.

Os *eletrodos consumíveis* apresentam composições as mais diversas — aço, cobre, latão, bronze, alumínio etc. —, dependendo do seu objetivo e da composição química dos metais a soldar. Podem ser nus ou revestidos. Os nus, como regra, são usados em processos de soldagem automática.

Os eletrodos revestidos podem, por sua vez, apresentar apenas um tênue revestimento (de décimos de milímetros) ou revestimento mais espesso (1 a 3 mm). No primeiro caso, o objetivo do revestimento é principalmente aumentar a estabilidade do arco.

Os segundos, além de melhorar a estabilidade dos arcos, produzem uma camada protetora de gases e escória em volta do arco e das gotas de metal fundido, de modo a prevenir oxidação e contaminação por nitrogênio. Retardam igualmente o resfriamento da bacia de metal líquido.

**4.1.3 Equipamento para soldagem a arco** Compreende duas grandes categorias de aparelhos[47]:

— máquinas de corrente contínua, incluindo grupos rotativos, grupos eletrógenos e retificadores;

— máquinas de corrente alternada, incluindo transformadores e conversores de freqüência.

Pode-se considerar, ainda, uma categoria que compreende máquinas mistas; transformadores-retificadores. Essas máquinas, cuja descrição escapa ao objetivo da presente obra, devem caracterizar-se por serem capazes de produzir uma corrente estável e de fundir qualquer tipo de eletrodo, nos limites de sua potência.

4.2 **Soldagem a gás** A soldagem a gás é realizada pela queima de um gás combustível com ar ou oxigênio, de forma a produzir uma chama concentrada de alta temperatura.

O objetivo da chama produzida é fundir o metal-base localizadamente e a vareta de metal que irá servir de enchimento.

A soldagem a gás é largamente utilizada em serviço de reparo. Pode soldar a maioria dos metais. O equipamento é de baixo custo e versátil.

Os gases que podem ser empregados no processo incluem o acetileno, o hidrogênio, a propana, a butana, gás natural e gás de rua. O mais comumente usado é o acetileno — $C_2H_2$ — que, em combustão com o oxigênio, apresenta as seguintes características[50]:

- poder calorífico superior        14.000 Kcal/m³
- poder calorífico inferior         11.000 Kcal/m³
- oxigênio teoricamente necessário  2,5 m³/m³
- temperatura máxima                3.100°C

A queima do acetileno, em combustão com o oxigênio, compreende três estágios:

— decomposição do acetileno

$$C_2H_2 = 2C + H_2$$

— primeiro estágio de combustão

$$2C + O_2 = 2CO$$

— segundo estágio de combustão

$$2CO + H_2 + 1,5O_2 = 2CO_2 + H_2O \text{ vapor}$$

A Figura 116 mostra a forma da chama de oxiacetileno normal. Como se vê, ela consiste em três zonas: cone interno luminoso, zona redutora e zona oxidante.

A primeira zona — na forma de cone truncado com extremidade arredondada — consiste em produtos de acetileno parcialmente decompostos com partículas sólidas de carbono separadas. Estas partículas são incandescentes e responsáveis pelo brilho intenso da chama.

Na zona redutora desenvolve-se calor devido sobretudo à oxidação das partículas incandescentes de carbono em monóxido de carbono. Os

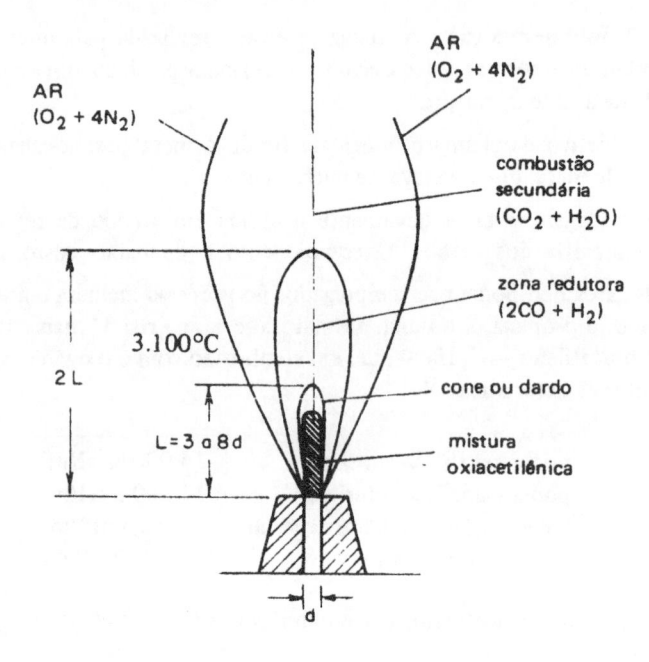

**Figura 116**  *Chama oxiacetilênica normal.*

produtos da combustão do acetileno — CO e $H_2$ — na zona redutora podem reduzir óxidos, incluindo os óxidos de ferro formados na soldagem.

Na zona oxidante, ocorre queima posterior de CO a $CO_2$ e de $H_2$, a vapor de água, pela presença do oxigênio do ar.

Dependendo da relação oxigênio para acetileno nas misturas iniciais, podem ser obtidos os seguintes tipos de chamas:

- *chama neutra*, quando a relação acima é igual a 1 ou 1,2;
- *chama redutora ou carbonetante*, quando a relação acima é inferior a 1, ou, em outras palavras, quando há um excesso de acetileno. Neste caso, o cone mais interno torna-se mais longo do que no caso da chama neutra e a própria chama perde seu contorno nítido. Essas chamas são empregadas na soldagem de ferro fundido e na aplicação de revestimentos duros de aço rápido e metal duro;
- *chama oxidante*, quando a relação do oxigênio para o acetileno é maior que 1,3, ou seja, quando o oxigênio está em excesso. A chama adquire uma tonalidade azul-claro e o cone interno apresenta-se mais curto que na chama neutra.

O principal item do equipamento empregado na soldagem a oxiacetileno é o *maçarico de soldagem* (Figura 117). Nele, os gases são misturados e entregues ao bico onde a mistura é queimada.

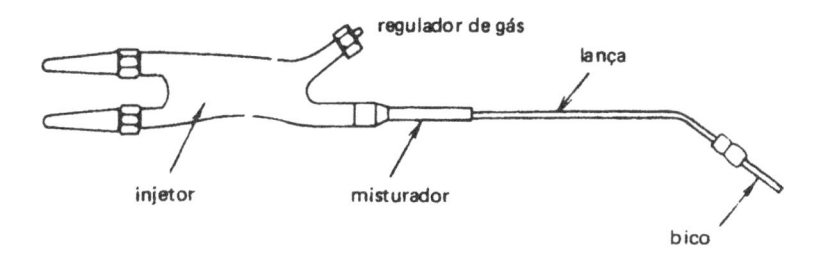

**Figura 117** *Maçarico de soldagem.*

Basicamente, os maçaricos compõem-se de:

— *injetor* (ou corpo), onde se situam as entradas de gases e os reguladores da passagem desses gases;

— *misturador*, onde os gases são misturados;

— *lança*, onde a mistura de gases caminha para a combustão no

— *bico*, que é um orifício calibrado de saída da mistura.

Os gases para a soldagem a oxiacetileno são geralmente fornecidos comprimidos em cilindros de aço.

A chama oxiacetilênica pode ser aplicada ainda em processos de solda-brasagem, oxicorte, têmpera superficial, aquecimento localizado, metalização etc., o que demonstra a sua importância na indústria em geral.

**4.3 Soldagem alumino-térmica** Este processo utiliza o calor gerado pela reação que envolve a combustão em que uma mistura de alumínio em pó (20 a 22%) e óxido de ferro, na forma de casca de laminação (80 a 78%) queima:

$$Fe_2O_3 + 2Al = Al_2O_3 + 2Fe + 185.000 \text{ calorias per mol.}$$

A combustão da mistura alumino-térmica pode desenvolver temperaturas da ordem de 2.500° a 2.750°C.

No processo de soldagem alumino-térmica, um molde refratário é colocado sobre a junta, cujas superfícies sobrepostas foram preliminarmente limpas. Num cadinho especial, faz-se ~~ocorrer~~ a reação química: o ferro líquido produzido é deixado vazar no molde, fundindo quantidade apreciável do metal-base e produzindo a solda.

O processo é empregado na união de trilhos, tubos e no reparo de peças pesadas.

**4.4 Soldagem por resistência** O processo é levado a efeito pela passagem de corrente através de dois elementos a serem unidos, pressionados um contra o outro por meio de eletrodos.

A quantidade de calor desenvolvida na área de contato dos elementos é determinada pela lei de Joule:

$$Q = K.I^2.R.t$$

onde

- $I$ = corrente, em ampères
- $R$ = resistência do circuito na área de contato, em ohm
- $t$ = tempo durante o qual a corrente flui, em segundos
- $K$ = constante, em função das perdas de calor e que varia com as diferentes condições de soldagem e de acordo com metais diversos

A Figura 118[51] mostra os tipos mais usuais de soldagem por resistência.

As duas primeiras figuras (a) e (b) referem-se à "soldagem por pontos" — simples (a) e múltiplos (b) — em que dois ou mais eletrodos cilíndricos, com pontas de formatos variáveis, são empregados para comprimir uma peça contra a outra e conduzir a corrente necessária. A solda obtida tem a forma lenticular.

Essas figuras representam, dentro do processo de soldagem por resistência, a técnica mais freqüentemente usada, pois é adotada principalmente nas indústrias automobilística e de aparelhos eletrodomésticos.

A soldagem ocorre pela aplicação simultânea de pressão e calor: a alta densidade de corrente vence a resistência na superfície de contato das peças, gerando uma temperatura logo abaixo do ponto de fusão dos metais.

As etapas da soldagem por ponto são as seguintes:

— pressão é aplicada nas peças (90 a 1.450 kgf);

— corrente elétrica é ligada, utilizando-se voltagem de 1 a 10 volts e amperagem de 1.000 a 50.000 ampères. O tempo de passagem da corrente varia de meio a quatro segundos, o mais comum sendo menos do que um segundo. A solda está feita;

— a corrente elétrica é desligada, mantendo-se, porém, a pressão por algum tempo, de modo a resfriar a solda;

— os eletrodos são afastados e a peça é removida.

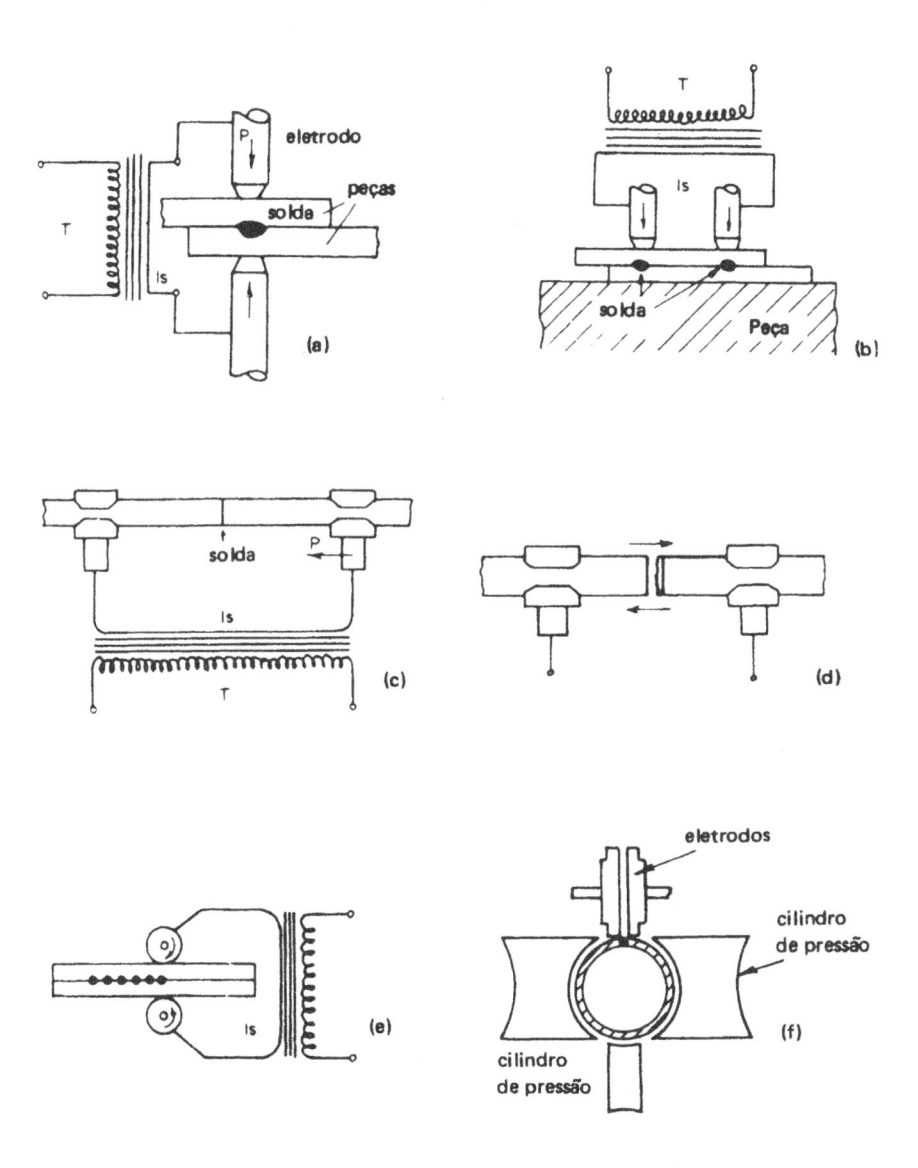

**Figura 118** *Principais tipos de soldagem por resistência.*

A respeito desse processo, pode-se fazer as seguintes considerações[52]:

— os eletrodos são feitos de ligas de cobre que possuam alta condutibilidade elétrica e resistência mecânica suficiente para suportar as pressões aplicadas;

— os eletrodos podem ser tubulares para permitir que, no seu interior, corra água de resfriamento;

— as peças a serem soldadas devem estar limpas, pois óleo e sujeira em geral podem causar defeitos na solda resultante;

— ligas de alta resistência, como aço de alto carbono e aços inoxidáveis aquecem-se mais rapidamente e, portanto, exigem correntes menores;

— a profundidade da solda deve ser no mínimo 25% da espessura das peças e no máximo 80%;

— o alumínio pode ser soldado por essa técnica, mas exige corrente elevada por um período de tempo muito curto e para pressões menores que as utilizadas no aço;

— o aço galvanizado é mais difícil de ser soldado, porque o zinco tende a ligar-se com o metal dos eletrodos;

— do mesmo modo, o cobre é difícil de ser soldado por essa técnica, devido a sua elevada condutibilidade; contudo, muitas ligas de cobre podem ser soldadas entre si e com outros metais.

A primeira figura — (a) — refere-se à *soldagem por resistências simples:* dois eletrodos cilíndricos, com pontas de formatos variáveis, são empregados para comprimir uma peça contra a outra e conduzir a corrente necessária. A solda obtida tem a forma lenticular.

Tem-se a seguir a *soldagem por pontos múltiplos* — (b) — em que são obtidas simultaneamente várias soldas de forma lenticular.

A terceira figura — (c) — refere-se à *soldagem topo a topo* em que as peças são agarradas de modo a se alinharem perfeitamente e forçadas uma de encontro à outra, por intermédio de uma pressão aplicada axialmente.

Uma modalidade de soldagem de topo está representada na figura seguinte — (d). Trata-se da *soldagem de topo por fagulhamento.* Nela, as peças são soldadas mediante atos de sucessivos afastamentos e aproximações, de modo a produzir contato.

A Figura (e) corresponde à *soldagem por costura,* na qual se forma um cordão de solda, pela execução repetida de pontos de solda.

Finalmente, a última figura (f) refere-se à *soldagem de tubos por costura*, já estudada; no processo, os tubos são enrolados por cilindro em rotação; suas extremidades são colocadas em contato e, com auxílio de pressão, dois eletrodos circulares executam a solda.

Cumpre mencionar ainda a *soldagem por projeção*, em que as peças a serem soldadas (uma pelo menos) possuem forma conveniente, com protuberâncias, de modo a ocorrer soldagem pelo efeito da pressão nos pontos protuberantes.

Nos métodos de soldagem por resistência por pontos, o equipamento básico é constituído de eletrodos que colocam em contato as peças, um transformador para fornecer corrente elevada aos eletrodos, meios de controlar a quantidade e a duração de aplicação da corrente e dispositivos que permitam aplicar pressão aos eletrodos.

Os materiais dos eletrodos devem caracterizar-se por condutibilidades térmica e elétrica elevadas e baixa resistência de contato, de modo a prevenir a queima das superfícies em contato e por resistência mecânica adequada para resistir à deformação que poderá ocorrer a alta pressão e temperatura da operação.

Esses eletrodos são à base de ligas de cobre, de metais refratários (composições Cu-W) e outras ligas especiais[53].

Na soldagem por costura, também chamada soldagem contínua, os eletrodos são circulares, em forma de discos, que são girados a uma determinada velocidade de modo a se formarem pontos de solda tão próximos uns dos outros que eles praticamente se sobrepõem, de modo a produzir uma solda contínua. As dimensões dos discos de eletrodos variam de aproximadamente 5 a 60 cm.

4.5 **Soldagem por "laser"** O *laser* é um dispositivo que pode gerar um feixe muito intenso de irradiação óptica. A palavra *laser* é a acrossemia, ou seja, a junção das primeiras letras das palavras que compõem a frase *light amplification by the stimulated emission of radiation* (amplificação da luz pela emissão estimulada de irradiação).

O princípio de operação do *laser* consiste na oscilação de elétrons de certos átomos, quando ocorre um suprimento adequado de energia.

A Figura 119[54] mostra a constituição básica de um circuito *laser:*

— um par de espelhos, planos ou ligeiramente côncavos; às vezes, utilizam-se prismas. Os espelhos são colocados um em frente ao outro, com o tubo *laser* ou "amplificador óptico" entre eles; um dos espelhos é um refletor quase que perfeito e o outro é apenas parcialmente refletor, isto é, alguma luz passa através dele;

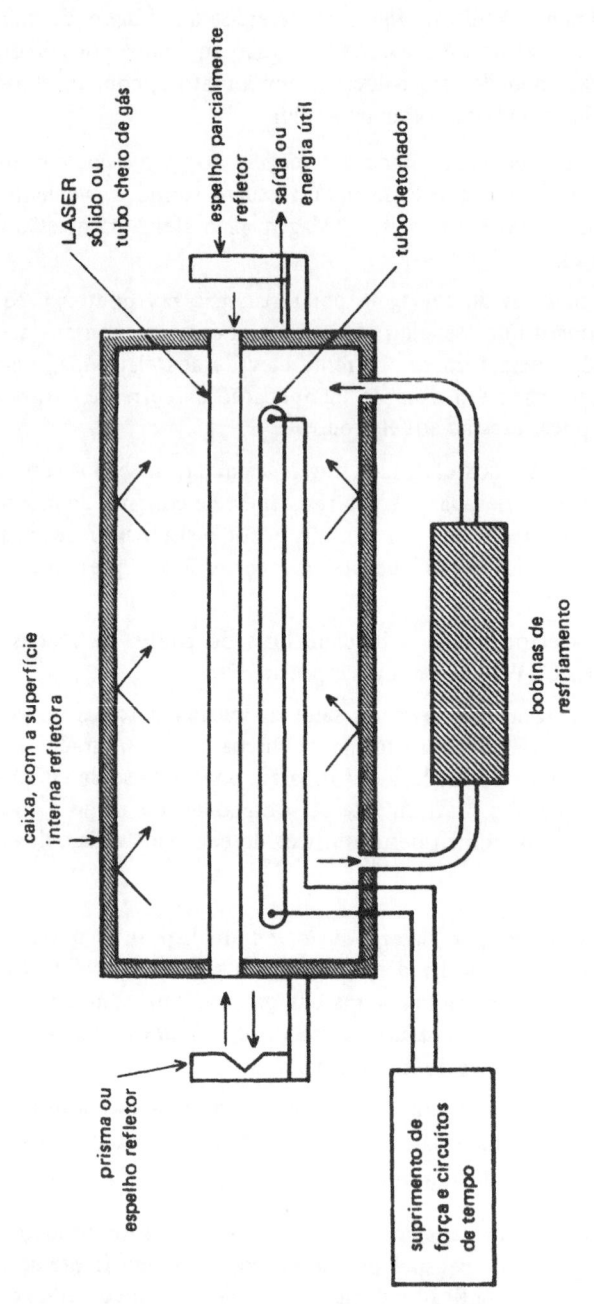

**Figura 119** *Representação esquemática simplificada de um sistema laser de vareta sólida. Os sistemas a tubo de gás são semelhantes, porém não possuem o "flash-tube".*

— a fonte de energia, para alguns sistemas *laser*, é derivada da luz, representada por uma lâmpada cheia de gás xenônio, argônio ou creptônio. Essa lâmpada é colocada perto do tubo amplificador ou *laser*, no interior de um cilindro altamente refletivo, de modo que, tanto quanto possível, toda a energia seja absorvida pelo material *laser*;

— o amplificador ou *laser* propriamente dito é constituído de um material sólido ou gasoso ou líquido, contendo pequenas quantidades de um átomo ou uma molécula especial. Esse amplificador pode ser representado por uma vareta menor que um dedo ou por um tubo cheio de gás de vários metros de comprimento.

Quando se produz energia no amplificador, a luz começa a ricochetear entre os dois espelhos. Ocorre, então, uma ampliação da cor ou do comprimento de onda da luz, toda a vez que esta oscila, tornando-se, essa luz, muito intensa. Num determinado momento, a luz passa através do espelho refletor parcial, produzindo energia útil.

A velocidade do fenômeno é notável: 0,001 a 0,000001 segundos, cada vez que ocorre o bombeamento de energia[54].

Esse feixe de raios luminosos é focalizado num diâmetro pequeno, por intermédio de lentes, e refletido em redor dos cantos por espelhos.

Há necessidade de dispor-se de um sistema de resfriamento para o *laser* e para a lâmpada.

Os *lasers* são de pequena eficiência, pois freqüentemente menos que 1% da energia bombeada é transformada em energia útil. As eficiências variam de 0,02 a 20%, de modo que apenas 99,98% a 80% da energia bombeada são convertidas em calor.

Os principais tipos de *laser* são os seguintes[54]:

— à base de rubi — que é constituído por uma vareta de rubi sintético ($Al_2O_3$), contendo cromo que produz cor vermelha;

— à base de neodímio — também na forma de vareta. Este tipo está se tornando o mais comum.

As varetas de ambos os tipos acima devem ser polidas nas duas extremidades:

— à base de neodímio e vidro — constituído de vidro ao qual se adiciona pequena quantidade de neodímio;

— à base de cristais de ítrio-alumínio e granada aos quais se adiciona neodímio, também na forma de varetas.

Os *lasers* descritos acima são sólidos e operam com pulsações.

Os *lasers* gasosos compreendem os seguintes tipos:

— à base de $CO_2$ — constituídos de um tubo de vidro cheio de $CO_2$; o comprimento dos tubos varia de 250 mm a 30,5 m. São "bombeados" por descarga elétrica de corrente contínua, como a usada em tubos de letreiros de neônio. Esse tipo de *laser* opera continuamente, mas, como os tipos sólidos, podem operar por pulsações;

— à base de hélio e neônio — de pequenas dimensões e muito utilizados na prática.

A operação de "soldagem por *laser*" está esquematizada na Figura 120[55].

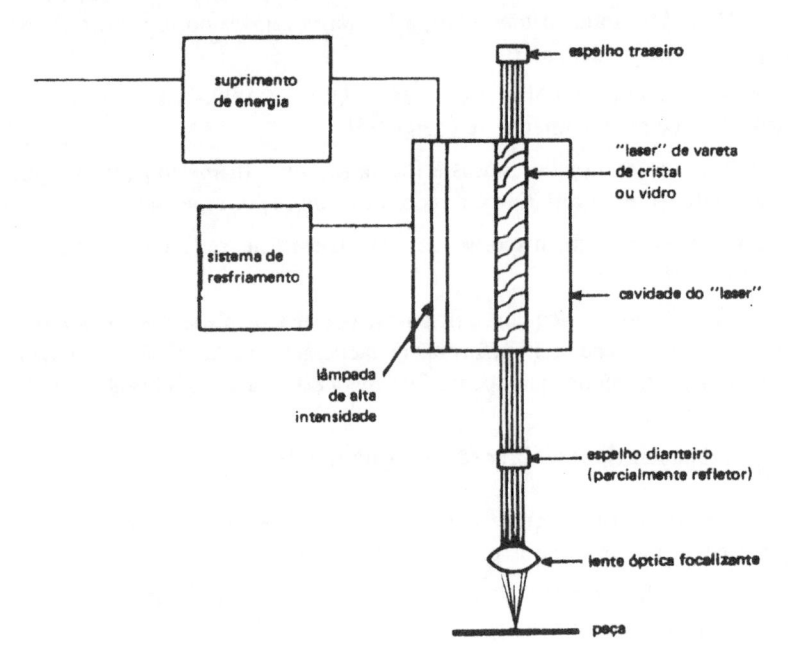

Figura 120  *Representação esquemática de um sistema* laser *com pulsação para soldagem.*

Todos os sistemas *laser* sólidos com pulsação são adequados para soldagem. Eles fornecem "rajadas" de energia a velocidades de até 200 por segundo.

A Tabela 13[55] mostra os tipos de sistemas *laser* que podem ser utilizados em soldagem.

Na soldagem por *laser*, as juntas utilizadas nos processos convencionais de soldagem por fusão são igualmente adequadas.

Aços, ligas resistentes ao calor, titânio e alumínio podem ser soldados pelo sistema *laser*, de modo que a técnica é hoje empregada em grande número de aplicações.

4.6 **Soldagem por feixe eletrônico** A Figura 121[56] mostra o princípio básico da soldagem por feixe eletrônico: o feixe é emitido por um filamento, geralmente de tungstênio ou tântalo, e acelerado, por intermédio de um anodo, a uma velocidade equivalente à metade ou dois terços da velocidade da luz.

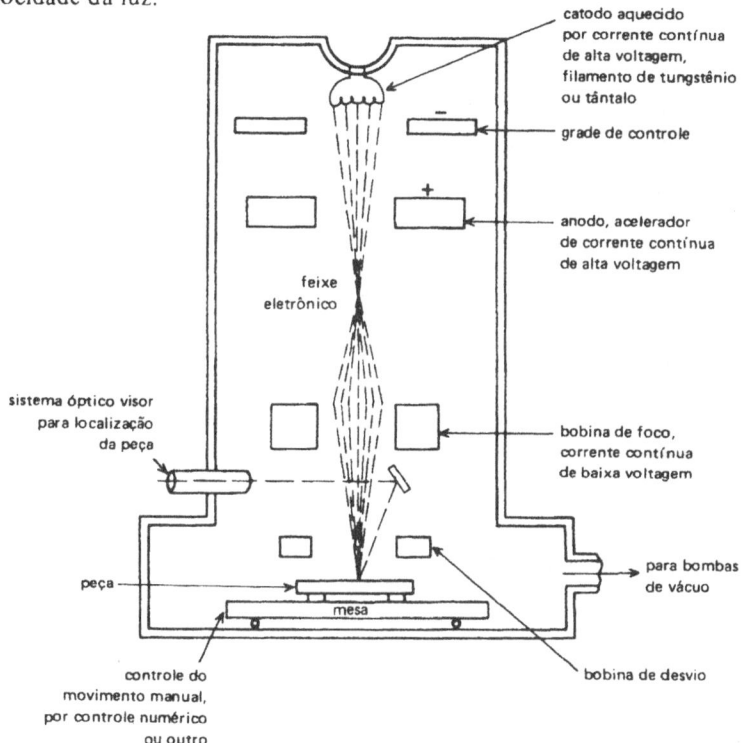

Figura 121 *Representação esquemática de soldagem eletrônica a alto vácuo.*

Uma bobina eletromagnética, de corrente contínua e baixa voltagem, focaliza o feixe eletrônico, produzindo um feixe concentrado que é dirigido à peça, de modo que a sua energia cinética é transformada em energia térmica, resultando uma temperatura suficiente para vaporizar a maioria dos materiais.

O filamento está envolto por alto vácuo, de modo a não se deteriorar. O processo é, portanto, operado em câmara de vácuo.

## TABELA 13
### SISTEMAS *LASERS* PARA SOLDAGEM

| Laser | Operação | Comprimento da pulsação m | Energia da pulsação J | Potência W | Espessura máxima da solda mm | Velocidade de soldagem mm/s |
|---|---|---|---|---|---|---|
| Rubi     | c/pulsação | 3-10  | 20 - 50   | 1- 5k  | 0,13 a 0,50 | 1,2  |
| Nd/vidro | c/pulsação | 3-10  | 20 - 50   | 1- 5k  | 0,13 a 0,50 | 0,63 |
| Nd/yag   | c/pulsação | 3-10  | 10 -100   | 1-10k  | 0,13 a 0,60 | 2,1  |
| $CO_2$   | c/pulsação | 5-20  | 0,1- 10   | 1- 5k  | 0,13        | 1,2  |
| Nd/yag   | contínua   | –     | –         | 1000   | 3,81        | 12,7 |
| $CO_2$   | contínua   | –     | –         | 100    | 0,60        | 12,7 |

Nd = niodímio
Yag = itrio/alumínio/granada

Sua principal desvantagem é o custo elevado; sua principal vantagem é produzir soldas limpas, sem porosidade.

A técnica é aplicada em veículos, equipamento agrícola e outros tipos de máquinas e peças, incluindo mancais de esfera de dimensões superiores a 100 mm.

O processo foi inicialmente empregado em materiais refratários, do tipo de molibdênio, tântalo e tungstênio ou em berílio, nióbio e zircônio.

Atualmente, outros materiais são soldados pelo processo de feixe eletrônico, tais como, aços de praticamente todos os tipos, ligas resistentes ao calor etc.

**4.7 Soldagem por ultra-som**   Neste processo emprega-se a vibração ultra-sônica. Nele, as peças a serem soldadas são grampeadas juntas, com aplicação de pequeno esforço estático, entre um apoio ou bigorna e a extremidade de um eletrodo.

Um conversor de freqüência produz energia elétrica de alta freqüência, a qual, por intermédio de um sistema especial transmissor de energia, é convertida em energia elástica vibratória que é transmitida à zona de soldagem[57].

O atrito entre as superfícies metálicas rompe quaisquer óxidos ou outro tipo de impureza, deixando as superfícies limpas e a uma distância atômica uma da outra.

Ocorre, então, uma espécie de ligação metálica e a solda resultante depende mais da limpeza das superfícies do que da fusão do material, mesmo porque o processo é caracterizado por desenvolver temperaturas inferiores às de fusão dos metais.

É, em outras palavras, um processo em que há uma combinação de ligação atômica e de difusão, com os materiais no estado sólido ou semi-sólido.

Praticamente todos os metais e ligas podem ser soldados por essa técnica, sobretudo quando as formas das peças são tais que tornam difícil ou impossível a soldagem por outros processos e nos casos em que se deve evitar os efeitos colaterais que surgem quando os outros processos são empregados.

**4.8 Soldagem por fricção**   Neste processo, pelo menos uma das peças a serem soldadas deve ser cilíndrica[58]. O processo emprega um volante unido a um eixo giratório, de modo a armazenar energia na forma cinética, antes que a soldagem seja iniciada.

A peça é presa a esse volante que é feito girar até que uma certa velocidade constante seja atingida.

A outra peça, não dotada de movimento giratório, é pressionada, a pressão moderada, contra a peça em movimento giratório e então se inicia o processo de soldagem, pois o atrito provoca elevação da temperatura até atingir-se uma temperatura que torna os metais plásticos.

O movimento giratório é interrompido e a pressão é rapidamente aumentada, ocorrendo a formação da solda.

Essa técnica permite a soldagem de metais e ligas de natureza diferente. Por outro lado, o calor que se origina é muito localizado e rapidamente dissipado. Não há necessidade de fundentes, material de enchimento, o que representa outra vantagem do processo.

5 **Brasagem** Consiste na soldagem de metais e ligas metálicas de natureza diferente pela adição de um metal ou liga de enchimento entre os mesmos, sem que ocorra fusão dos metais-base, mas somente do metal de enchimento. Este último possui, sempre, um ponto de fusão inferior aos dos metais a serem juntados.

A brasagem, também chamada "soldagem forte", é, geralmente, realizada a temperaturas superiores a 427°C.

As juntas a serem soldadas devem estar bem limpas.

Em grandes lotes, o metal ou liga de enchimento, na forma de uma pequena tira, é colocada entre as juntas a serem soldadas e coberto de um "fundentes" para dissolver os óxidos porventura presentes ou evitar a formação de óxidos durante o aquecimento.

Aplica-se calor nas regiões das peças a serem unidas. Essas regiões devem ser totalmente aquecidas à temperatura de fusão do material de enchimento.

Em lotes pequenos, utiliza-se o metal de enchimento na forma de varetas finas, colocando-o em contato com as juntas, recobertas de fundente.

O metal fundido da vareta flui e a ação de capilaridade promove o enchimento da junta.

Note-se, contudo, que a ação da capilaridade somente é efetiva quando o vão entre as áreas a serem unidas é muito pequeno, ou seja, a folga deve variar entre 0,013 mm a 0,075 mm[59].

Entre as ligas empregadas como metal de adição contam-se:

— ligas de cobre como latão;
— ligas de prata como prata-cobre, prata-cobre-zinco, prata-cobre-zinco-cádmio;

— ligas de alumínio-silício;
— ligas ao fósforo, com ou sem prata.

A escolha é baseada no seu ponto de fusão e nas propriedades de resistência mecânica, resistência à corrosão e custo.

Os latões são empregados para a brasagem de aços e, eventualmente, cobre e ligas cujo ponto de fusão não seja inferior a 1.050°C. Emprega-se também cobre puro e cobre com fósforo. Estas últimas ligas são contra-indicadas para metais contendo ferro e níquel, que podem formar fosfetos frágeis.

As ligas de alumínio-silício são indicadas para a brasagem de metais e ligas leves, devido a seu baixo ponto de fusão.

A ligação ou formação da solda deve-se a certa difusão entre o metal de enchimento e o metal-base e uma parcial formação de liga entre eles.

Entre os fundentes recomendados incluem-se: bórax, fluoretos, fluoboratos e outros, na forma de pós, pastas ou líquidos.

Alguns exemplos de emprego de juntas obtidas por brasagem estão indicados na Figura 122.

L = comprimento da sobreposição = 3T
T = espessura do membro mais fino

pastilha de "metal duro"

cabo de aço

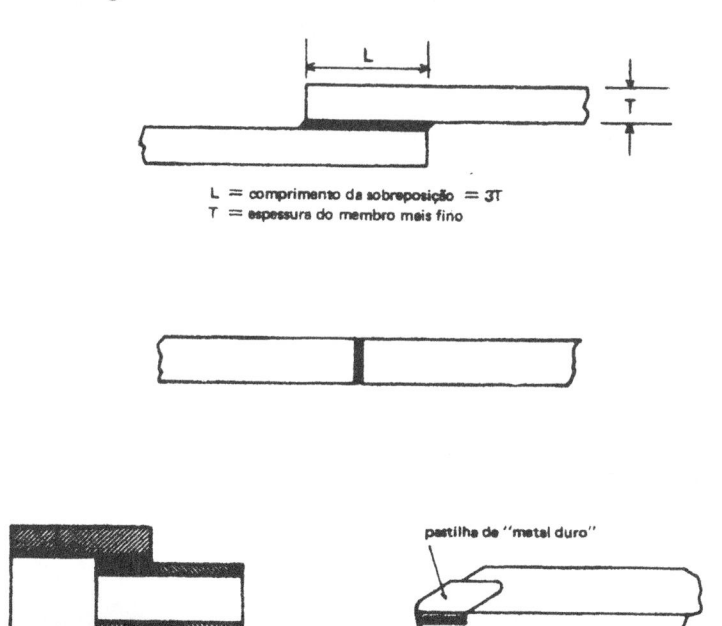

**Figura 122** *Alguns exemplos de juntas obtidas por brasagem.*

### 5.1 Métodos de brasagem

Um dos métodos mais comuns corresponde ao do *maçarico* ou *tocha oxiacetilênica*. Depois de limpas e preparadas as juntas, são as mesmas recobertas com o fluxo, aplicando-se a seguir a chama. Esta deve ser mais fraca que na soldagem comum oxiacetilênica. Deve ser também de natureza neutra, a não ser nos casos em que os metais a serem unidos contenham muito zinco, quando então se procura uma chama oxidante para impedir a volatização do zinco, na brasagem com latão.

O metal de adição, se já não tiver sido colocado entre as superfícies a serem soldadas, é adicionado paulatinamente na forma de fio, depois que o metal-base estiver convenientemente aquecido.

A *brasagem em forno* é empregada em grandes séries e para peças de dimensões médias. O metal de adição é colocado antes. Os fornos utilizados são muito semelhantes aos usados na operação de sinterização, em metalurgia do pó, podendo ou não possuir esteira rolante, com aquecimento a gás ou por eletricidade. Geralmente prevêem uma atmosfera protetora, do tipo exotérmico, rico, por ser a de menor custo e convenientemente redutora.

Emprega-se igualmente na brasagem *aquecimento por indução*, fazendo-se passar uma corrente elétrica de alta freqüência através de uma bobina; as peças a serem soldadas são colocadas no interior da bobina ou próximas a ela e serão aquecidas à temperatura necessária para ocorrer a brasagem. As bobinas de indução são concebidas especialmente para cada tipo de montagem.

Finalmente, pode-se realizar as operações de brasagem *por resistência elétrica*, mediante a passagem de uma corrente elétrica através das peças, empregando-se eletrodos de ligas de cobre ou de carbono, e por *banhos de sal*, em que as peças são mergulhadas no banho mantido à temperatura apropriada para aquecer as juntas e fundir o metal de adição.

### 5.2 Soldabrasagem

Neste processo, as ligas de adição caracterizam-se por possuírem alto teor de cobre e fundirem entre 650° e 920°C. Geralmente, o aquecimento é feito pelo emprego de maçarico oxiacetilênico.

A liga mais empregada para o metal de adição é um latão especial, contendo cerca de 59% de cobre, 39% de zinco e pequenos teores de estanho, silício e manganês. O níquel, até 2%, pode estar presente. Essa liga funde em torno de 890°C, temperatura próxima à da ebulição do zinco. A evaporação deste metal é, entretanto, evitada pela presença de Mn e Si na liga.

Os fundentes utilizados são à base de ácido bórico.

As juntas resultantes apresentam grande resistência mecânica, são de aspecto liso e muito pouco deformadas.

Ferros fundidos, aços, metais e ligas de não-ferrosos, como, por exemplo, de cobre e alumínio, são freqüentemente soldados por esse processo.

**5.3 Soldagem fraca** O processo é realizado a temperaturas inferiores a 450°C. O ponto de fusão da liga de adição raramente ultrapassa 300°C. Como na soldagem forte, o metal-base permanece no estado sólido e a união é conseguida pela formação localizada de uma liga entre o metal-base e a liga de adição.

As ligas de adição são principalmente à base de estanho e chumbo. Em geral, teores mais elevados de estanho promovem melhor "umedecimento" das superfícies a soldar e facilitam a ligação do metal de adição ao metal-base. Pequenas adições de antimônio aumentam a resistência das ligas chumbo-estanho.

A liga mais comum, para serviços gerais de soldagem fraca, apresenta 50% de chumbo e 50% de estanho. Recomenda-se o emprego de fundentes; um dos mais usados é o cloreto de zinco, preparado pela dissolução de cloreto de zinco comercial em água.

Um dos métodos mais comuns de aquecimento, na soldagem fraca, é a utilização do chamado *ferro de soldagem*, o qual, entretanto, é freqüentemente de cobre, devido a sua excelente condutibilidade. Essa ferramenta é aquecida eletricamente, ou por outro meio qualquer, a uma temperatura muito acima da temperatura de soldagem fraca e em seguida mantida de encontro à peça para aquecer a junta por condução. A liga de adição é então aplicada nas superfícies a soldar e, em alguns casos, no próprio ferro de soldar, de modo que o metal de adição flua nas juntas.

**6 Propriedades mecânicas e ensaios das soldas** Durante o processo de soldagem, pode ocorrer o aparecimento de consideráveis tensões de origem térmica, pelo aquecimento e resfriamento subseqüente, como resultado de aquecimento e resfriamento não-uniformes, contração do metal depositado na sua transição do estado líquido para o sólido, provocando tensões de tração que podem empenar a peça ou formar fissuras nas peças de ligas frágeis, transformações estruturais no metal depositado e na zona do metal-base afetada pelo calor.

As tensões de soldagem podem ser reduzidas ou aliviadas por:

— preaquecimento adequado da peça antes da soldagem, com o que se reduz o gradiente de temperatura e se retarda o resfriamento;
— recozimento das soldas de aço a 550-650°C;
— ligeiro martelamento de soldas de camadas múltiplas, de modo a eliminar fissuras finas.

Por outro lado, algumas medidas podem ser tomadas previamente para reduzir o empenamento que se verifica na soldagem:

- deformar a peça na mesma quantidade e na direção oposta à causada pela soldagem; este procedimento é geralmente aplicado para peças com soldas localizadas assimetricamente;
- selecionar uma seqüência de soldagem em que cada solda sucessiva produza um empenamento oposto ao que é causado pela solda precedente;
- prender rigidamente, em dispositivos especiais, os elementos a serem soldados; este método, embora reduzindo o empenamento, produz tensões internas, as quais, entretanto, são aliviadas por recozimento subseqüente;
- no caso de cordões de solda longos, dividi-los em secções de 150 a 200 mm a serem soldados separadamente, na direção oposta à da soldagem da junta; com isso se evita a concentração localizada de calor e se reduz a área aquecida da peça.

Os principais defeitos das juntas soldadas são os seguintes:

- falta de aglutinação entre o metal depositado e o metal-base ou incompleta penetração do metal depositado no metal-base, devido à má técnica de soldagem;
- queima ou oxidação do metal na soldagem e no metal-base adjacente; a queima é causada por um meio oxidante, um arco de comprimento excessivo, movimento muito lento do dispositivo de soldagem ou corrente de soldagem muito elevada;
- porosidade, devido à formação de bolhas, bolsas de água ou rugosidade na superfície da solda. Este defeito pode ser devido à presença de gases no metal, umidade no fluxo ou revestimento etc.;
- inclusões de escória, devido à presença de substâncias não-metálicas no metal;
- fissuras, devido a contrações muito fortes e tensões estruturais no metal, travamento excessivamente rígido das peças, presença de impurezas em quantidades muito elevadas no metal, como S, P e C;
- rebaixos, ou seja, uma ranhura fundida no metal-base adjacente ao pé da solda, devido à alimentação não uniforme da vareta de adição, posição inadequada do eletrodo ou da ponta do maçarico ou aquecimento excessivo.

Por essas razões, é essencial que as juntas soldadas sejam submetidas a ensaios mecânicos, porque somente eles permitem uma verificação pormenorizada das estruturas e das propriedades obtidas.

Como nos casos normais, os ensaios mecânicos são realizados em corpos de prova. A verificação da estrutura é feita em casos críticos, permitindo a obtenção de informações sobre a profundidade da região afetada pela soldagem.

Para a junta soldada, emprega-se três tipos de ensaios mecânicos: tração, dobramento e fadiga[60].

No ensaio de tração, utiliza-se corpo de prova com cordão de solda transversal. Consegue-se uma boa medida da resistência da junta, mas não da sua ductilidade.

O ensaio de dobramento pode ser realizado tanto na face da junta como na raiz da solda e ainda lateralmente.

O ensaio de fadiga aplica-se em chapa soldada e apresenta a vantagem de detectar certos defeitos que não foram apurados no ensaio de tração.

A qualidade da solda é também verificada pelo emprego de ensaios não-destrutivos, assim entendidos os ensaios que correspondam à aplicação de uma carga ou pressão igual ou inferior à de serviço sem, todavia, danificar o produto, ou os ensaios não-destrutivos propriamente ditos (inspeção magnética, inspeção ultra-sônica etc.).

De qualquer modo, os melhores métodos não-destrutivos para detectar falhas e defeitos das juntas soldadas são os seguintes:

- inspeção visual de solda e determinação das suas dimensões. Essa inspeção revela defeitos como rebaixos, bolsas de gás, fissuras, porosidade, crateras, soldas não uniformes e erros dimensionais;
- pressão hidráulica em equipamento que deva operar sob pressão;
- pressão de ar, para conferir a estanquidade da junta soldada;
- inspeção radiográfica da solda, a qual é baseada na absorção diferente de raios X, passando através da peça. Este método revela porosidade, bolhas, fissuras, má fusão e inclusões de escória;
- inspeção ultra-sônica, baseada na capacidade de meios diferentes refletirem ondas ultra-sônicas de modo diferente. Inclusões não-metálicas, por exemplo, podem ser detectadas, em peças de grande espessura;
- inspeção magnética, que utiliza a dispersão de fundentes magnéticos nos defeitos das peças. Este método revela fissuras finas e porosidade;

— penetração da amônia; consiste em encher-se um recipiente soldado com ar comprimido, ao qual se adicionou 1% de amônia, e cobrir as juntas soldadas com papel impregnado com uma solução a 5% de nitrato de mercúrio. Manchas escuras aparecem no papel no caso de vazamento;

— inspeção metalográfica, já mencionada.

# CAPÍTULO VIII

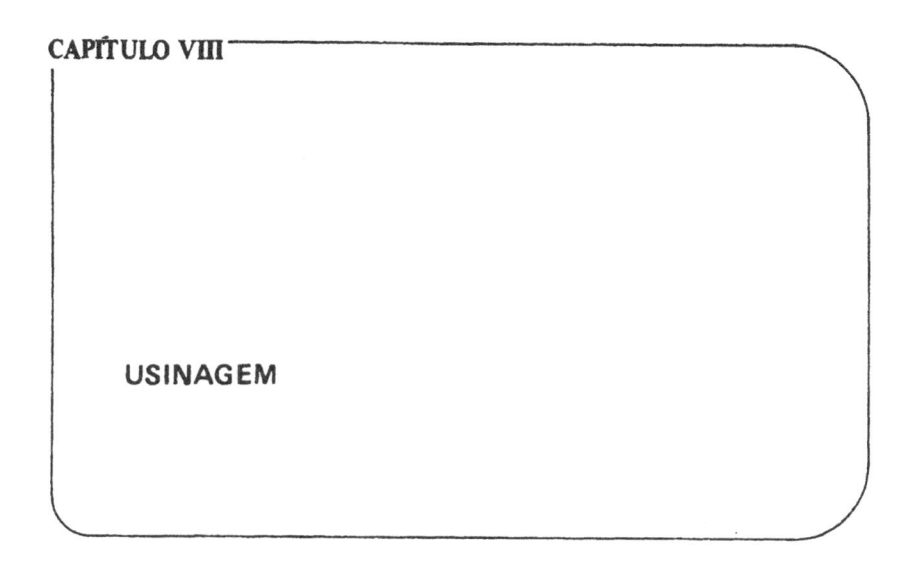

## USINAGEM

**1 Introdução** As peças metálicas fabricadas pelos processos metalúrgicos convencionais — como fundição, forjamento etc. — geralmente apresentam superfícies mais ou menos grosseiras e que, portanto, exigem um determinado acabamento.

Por outro lado, os processos citados nem sempre permitem obter certas peculiaridades, como determinados tipos de saliências ou reentrâncias, furos rosqueados, furos passantes etc.

Finalmente, para alguns tipos de peças, os processos de fabricação convencionais não apresentam as melhores condições de custo e produtividade.

O *processo de usinagem* possibilita atingir-se esses e outros objetivos, os quais, em conseqüência, podem ser assim resumidos:

— acabamento de superfícies de peças fundidas ou conformadas mecanicamente, de modo a obter-se melhor aspecto superficial e dimensões mais precisas, de acordo com as especificações de fabricação e de acordo com o emprego;

— obtenção de peculiaridades, impossíveis de conseguir pelos processos convencionais;

— fabricação seriada de peças, a um custo mais baixo;

— fabricação de uma ou poucas peças, praticamente de qualquer forma, a partir de um bloco de material metálico.

Nas operações de usinagem, uma porção do material das peças é retirada pela ação de uma ferramenta – chamada *ferramenta de corte* – produzindo o *cavaco*, caracterizado por forma geométrica irregular (Figura 123).

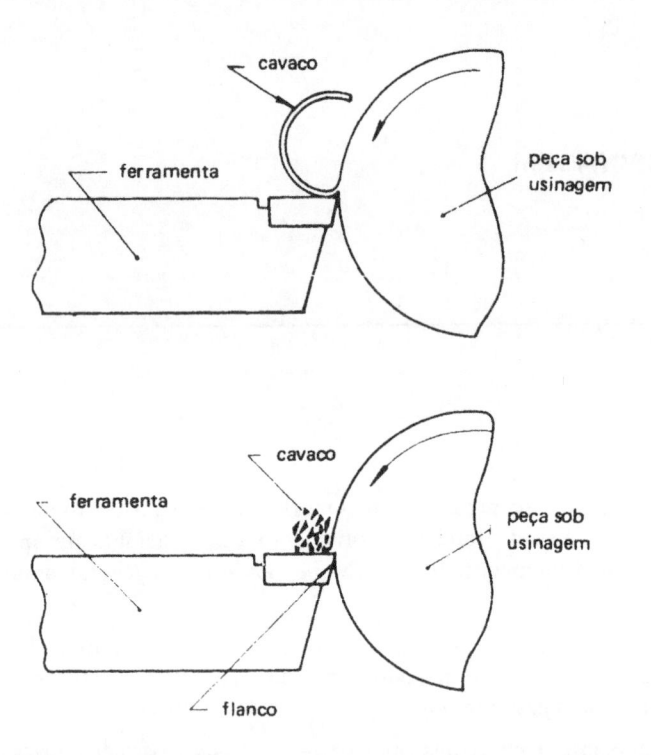

**Figura 123** *Exemplos de tipos de cavacos formados na usinagem dos metais.*

O número de operações de usinagem é muito grande, assim como é grande a variedade de *máquinas operatrizes* e *ferramentas de corte* disponíveis.

De um modo geral, as operações de usinagem podem ser assim classificadas[61]:

– *torneamento*, para obtenção de superfícies de revolução, para o que a peça gira em torno do eixo principal de rotação da máquina e a ferramenta se desloca simultaneamente segundo determinadas trajetórias; as várias modalidades de torneamento incluem: torneamento retilíneo, torneamento cilíndrico, torneamento cônico, torneamento radial, perfilamento etc.;

– *aplainamento*, destinado à obtenção de superfícies regradas, geradas por um movimento retilíneo alternativo da peça ou da ferramenta, no sentido horizontal ou vertical;

– *furação*, para obtenção de furos geralmente cilíndricos, para o que a peça ou a ferramenta giram e, ao mesmo tempo, a ferramenta ou a peça se deslocam segundo uma trajetória retilínea, coincidente ou paralela ao eixo principal da máquina. As várias modalidades de furação são: furação em cheio, escareamento, furação escalonada, furação de centros e trepanação;

– *mandrilamento*, destinado à obtenção de superfícies de revolução com o emprego de uma ou várias ferramentas de barra; o mandrilamento compreende as seguintes operações: mandrilamento cilíndrico, mandrilamento radial, mandrilamento cônico etc.;

– *fresamento*, destinado à obtenção de superfícies as mais variadas, mediante o emprego geralmente de ferramentas multicortantes (com várias superfícies de corte); há dois tipos básicos de fresamento: fresamento cilíndrico tangencial e fresamento frontal;

– *serramento*, em que se seccionam peças com o auxílio de ferramentas multicortantes de pequena espessura; a peça desloca-se ou fica parada, enquanto a ferramenta gira ou se desloca ou executa ambos os movimentos; o serramento pode ser retilíneo ou circular;

– *brochamento*, para obtenção de superfícies variadas, pelo emprego de ferramentas multicortantes; a ferramenta ou a peça se desloca sendo uma trajetória retilínea, coincidente ou paralela ao eixo da ferramenta; o brochamento pode ser interno ou externo;

– *roscamento*, para obtenção de filetes, por meio da abertura de um ou vários sulcos helicoidais de passo uniforme, em superfícies cilíndricas ou cônicas de revolução; a peça ou a ferramenta gira e uma delas se desloca ao mesmo tempo, de acordo com uma trajetória retilínea paralela ou inclinada em relação ao eixo de rotação; o roscamento pode ser interno ou externo;

– *retificação*, para obtenção de superfícies lisas; é um processo de usinagem por abrasão, em que uma ferramenta abrasiva de revolução – chamada geralmente rebolo, constituído de grãos abrasivos ligados por um aglutinante – gira e se desloca, juntamente com a peça, segundo uma trajetória determinada; a peça pode girar ou não; a retificação pode ser frontal ou tangencial; esta última compreende a retificação cilíndrica, a retificação cônica, a retificação de perfis, a retificação sem centros etc.;

Outros processos de usinagem compreendem: brunimento, lapidação, espelhamento, polimento, afiação, limagem, rosqueteamento etc.

**2 Variáveis atuantes nas operações de usinagem** Considerando-se inicialmente as *forças de corte*, as mesmas estão representadas na Figura 124.

$\phi$ = ângulo de cisalhamento

$\alpha$ = ângulo de inclinação da ferramenta

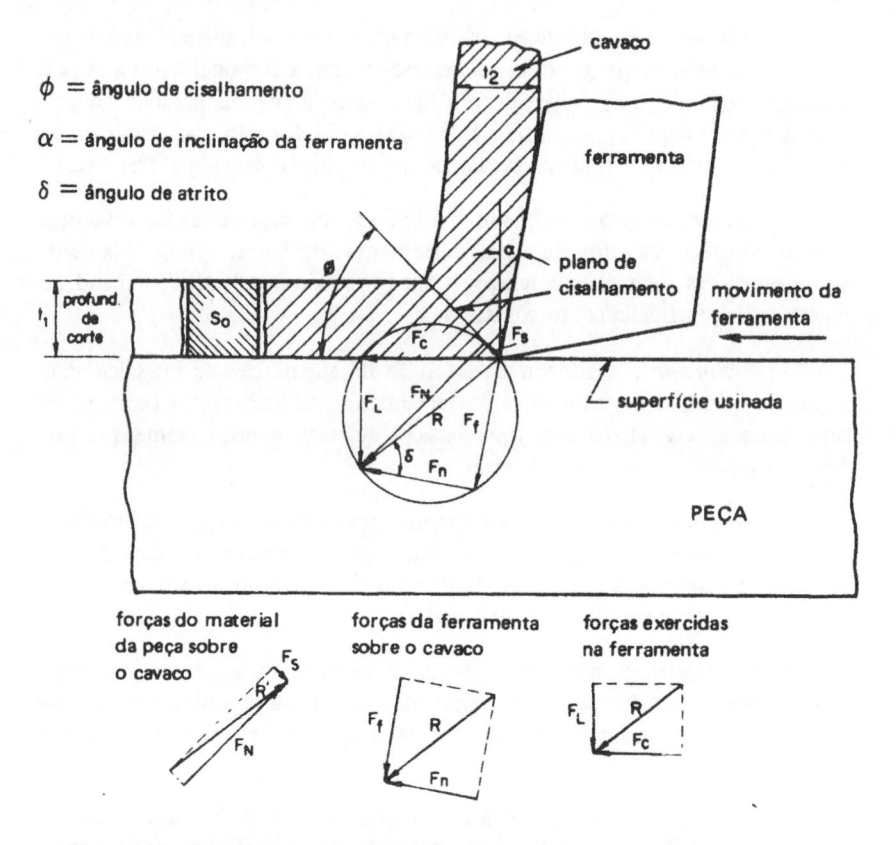

$\delta$ = ângulo de atrito

**Figura 124** *Representação das forças de corte que atuam numa ferramenta.*

Muitos estudos têm sido feitos em relação às várias forças atuantes na usinagem, em particular as forças exercidas pela ferramenta de corte, as forças exercidas na ferramenta e as forças do material da peça sobre o cavaco.

Estudos de Ernest e Merchant[62][63] permitiram estabelecer o diagrama esquemático da Figura 124, a partir de um ângulo $\phi$ relacionado à superfície. usinada, chamado *ângulo de cisalhamento*.

Admite-se a formação de um cavaco contínuo e o corte superficial paralelo à superfície original.

A ferramenta exerce uma força R sobre o cavaco, a qual pode ser decomposta em duas componentes:

$F_n$ = componente normal

$F_f$ = componente de atrito, que representa a resistência de atrito que o cavaco encontra ao deslizar sobre a face da ferramenta.

Para ter-se equilíbrio, o cavaco deve ficar sujeito a uma reação $R'$, igual e oposta, da peça no plano de cisalhamento com as componentes $F_n$, normal e $F_s$ de cisalhamento ao longo do plano de cisalhamento.

A força R aplicada na ferramenta pode ser decomposta nas componente $F_c$, na direção do movimento da ferramenta e $F_L$, normal.

Os diagramas localizados na parte inferior da Figura 124 representam todas as forças que se verificam pela ação da ferramenta de corte.

A espessura do cavaco $t_2$ pode ser medida. Conhecidos a profundidade de corte — $t_1$ — e o ângulo de inclinação da ferramenta — $\alpha$ — pode-se determinar o valor do ângulo de cisalhamento $\phi$.

Admite-se, com boa aproximação

$$t_1/t_2 = \text{sen } \phi$$

As forças componentes $F_c$ e $F_L$, aplicadas na ferramenta, podem ser medidas por meio de um dinamômetro.

A partir dessas forças e dos ângulos conhecidos $\alpha$ e $\phi$ todas as outras quantidades podem ser calculadas, por intermédio de simples relações trigonométricas.

Pode-se ainda determinar o coeficiente de atrito $\mu$ entre o cavaco e ferramenta, por intermédio da expressão

$$\mu = \frac{F_L + F_c \text{tg}\alpha}{F_c - F_L \text{tg}\alpha}$$

A força total de corte pode ser calculada pela expressão simples

$$W = F_c/S_o$$

onde $S_o$ = área da secção transversal do cavaco antes de sua remoção da peça.

2.1 **Condições usuais de corte** O movimento principal da máquina operatriz produz o *movimento de corte* na peça. O *avanço* é o movimento relativo da ferramenta sobre a peça para cada curso da máquina e é expresso em mm por curso (ou revolução).

A *velocidade de corte* é a velocidade periférica ou superficial da peça em relação à ferramenta e, no caso mais geral do torneamento é expressa, em metros por minuto, pela fórmula:

$$v = \frac{\pi.D.N}{1000}$$

onde

v = velocidade de corte, em m/min
D = diâmetro da peça, em mm
N = número de revoluções por minuto.

A *profundidade de corte* (p em mm) é a distância entre a superfície não cortada da peça e o fundo do corte, medida numa direção em ângulo reto à superfície de trabalho da peça.

Se $d_1$ é o diâmetro da peça a ser usinada e $d_2$ é o diâmetro da peça usinada, a profundidade de corte é dada por:

$$p = \frac{d_1 - d_2}{2}.$$

A força principal de corte pode também ser expressa pela relação[63]:

$$P = k_s.S$$

onde

S = área de secção do cavaco
$k_s$ = pressão específica de corte, ou seja, força de corte para uma secção de cavaco correspondente a 1mm².

Por seu turno, a pressão específica, $k_s$ é dada pela equação:

$$k_s = K.S^\alpha$$

onde K é uma constante que depende das condições de corte (geometria da ferramenta, ângulos de trabalho, propriedades mecânicas da peça sob usinagem, área da secção do cavaco etc.) e $\alpha$ é uma constante que depende do tipo de material sob usinagem (aço, ferro fundido etc.) e não de suas propriedades mecânicas.

A determinação dos valores das variáveis citadas depende de muitos fatores, entre os quais podem ser citados os seguintes:

— operação de corte: torneamento, fresamento etc.

— condições da máquina operatriz

— condições de ferramenta de corte, em função das suas características geométricas e da sua qualidade

- tipo de corte: contínuo ou interrompido
- material sob usinagem, no que diz respeito ao tipo de liga, condição (fundida, forjada, encruada etc.) e às condições de superfície de trabalho)
- condições de refrigeração.

**3  Torneamento, torno mecânico**   O torneamento é a operação por intermédio da qual um sólido indefinido é feito girar ao redor do eixo da máquina operatriz que executa o trabalho de usinagem – o *torno* – ao mesmo tempo que uma ferramenta de corte lhe retira material perifericamente, de modo a transformá-lo numa peça bem definida, tanto em relação à forma quanto às dimensões.

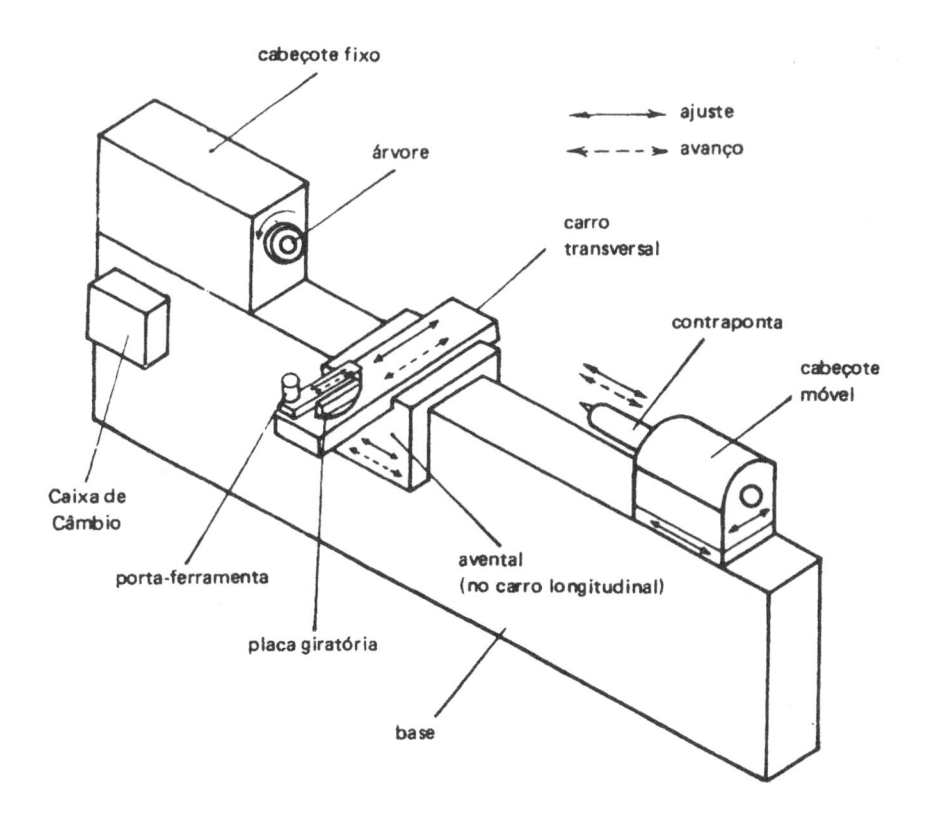

**Figura 125**   *Representação em forma de diagrama das principais partes componentes de um torno e seus movimentos.*

A Figura 125[64] representa um diagrama das principais partes componentes de um torno e seus movimentos. O torno representado é chamado *torno mecânico, torno paralelo* ou *torno universal.* É o tipo mais generalizado e presta-se a um grande número de operações de usinagem. Basicamente, o torno mecânico é constituído de uma *base* maciça e rígida, para resistir a deformações e apresentar suficiente capacidade de amortecimento das vibrações resultantes das operações de usinagem. A peça a ser usinada é fixada numa *placa de castanhas,* suportada pela *árvore principal* que faz parte do *cabeçote fixo.* A árvore principal é dotada de um movimento de rotação contínuo que se transfere à peça, que, por sua vez, é submetida à ação de uma ou várias ferramentas, de modo a ter material arrancado. A árvore deve ser capaz de girar com velocidades periféricas diferentes, as quais são estabelecidas em função do diâmetro das peças sob usinagem, do tipo de acabamento desejado, do tipo de operação planejada (desbaste, acabamento etc.) do tipo de material etc.

Uma *caixa de engrenagens* (ou de câmbio), convenientemente localizada, permite a mudança de velocidade da árvore.

Na parte central está situado o *carro porta-ferramentas,* montado sobre o *avental.* O conjunto — carro porta-ferramentas e avental — é projetado de modo a ser dotado de movimentos longitudinal e transversal; assim, a ferramenta pode deslizar, se necessário, segundo uma linha oblíqua, ou seja, uma linha resultante dos movimentos longitudinal e transversal. O *avanço* da ferramenta pode ser realizado manualmente ou automaticamente. No conjunto carro porta-ferramentas e avental, situa-se, ainda, uma placa giratória, que gira em torno de um eixo vertical, de modo a ser colocada em qualquer ângulo em relação ao eixo da peça sob usinagem.

Na outra extremidade do torno situa-se o *cabeçote móvel,* cujo objetivo é suportar as peças que giram. Compõe-se de um suporte fundido, de uma *contraponta* e de dispositivos diversos como *mangote, volante* e outros. O mangote não gira; porém pode deslocar-se alguns centímetros no sentido longitudinal e ser travado na posição desejada. O cabeçote móvel é oco e possui um cone interno onde podem ser fixadas diversas ferramentas, como brocas helicoidais, alargadores, machos de roscamento, além das contrapontas, os quais são avançados de encontro às peças.

Os tornos possuem uma série de acessórios — que contribuem para torná-los extremamente versáteis —, tais como placa universal, placa de castanhas independentes, luneta fixa e luneta acompanhadora, aparelho conificador, pinças etc.

A Figura 126[64] apresenta esquematicamente as principais operações de torneamento.

torneamento cônico · rosqueamento  faceamento  faceamento de ressaltos

torneamento de perfis  perfilamento  sangramento  recartilhamento

torneamento cilíndrico

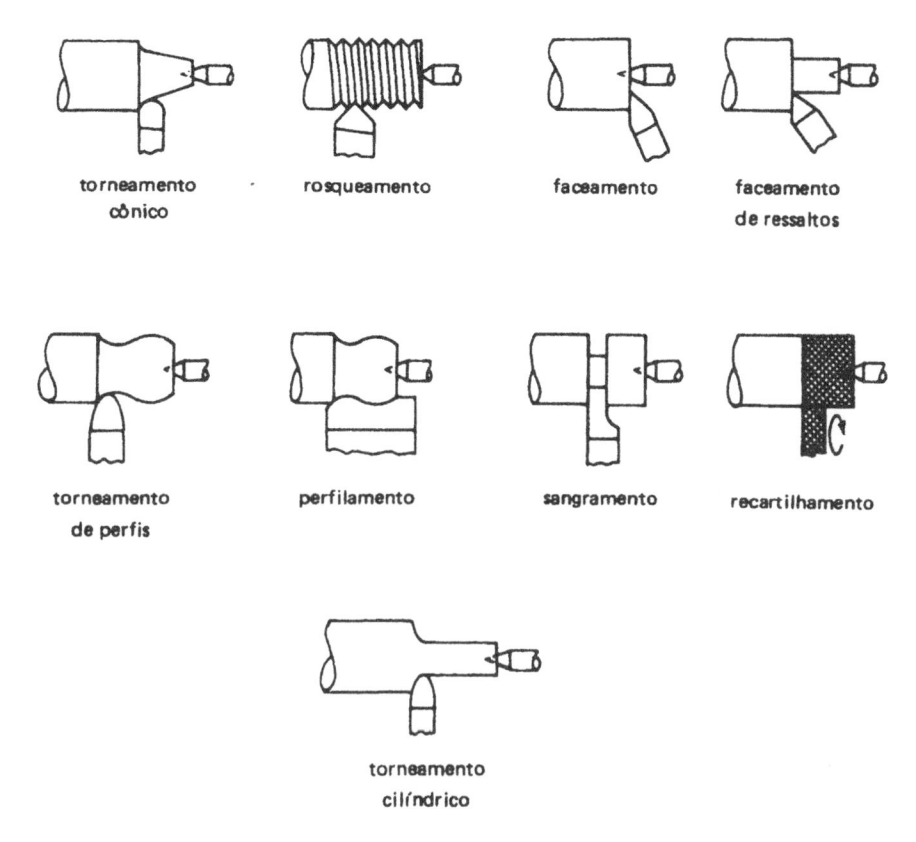

Figura 126  *Principais operações de torneamento.*

3.1 **Outros tipos de tornos**  A partir de tornos mecânicos, outros tipos de tornos foram desenvolvidos, mais complexos, de modo a permitir operação automática, mais rápida, de maior precisão, com ferramentas múltiplas, torneamento no sentido vertical etc.

Assim, tem-se os *tornos automáticos* e *semi-automáticos*, cuja característica básica consiste no fato de que as ferramentas, uma vez ajustadas, podem ser aplicadas na peça sob usinagem repetidamente, sem necessidade de novo reajuste para cada corte.

Os "tornos-revólver" possuem, além dos componentes básicos do torno comum, mais um carro, dotado de movimento longitudinal que leva uma torre giratória porta-ferramenta com várias posições (cinco ou seis). Para cada posição que a torre gira, apresenta-se uma nova ferramenta. Pode-se, assim, repetir-se um ciclo preestabelecido de operações de usinagem (Figura 127).

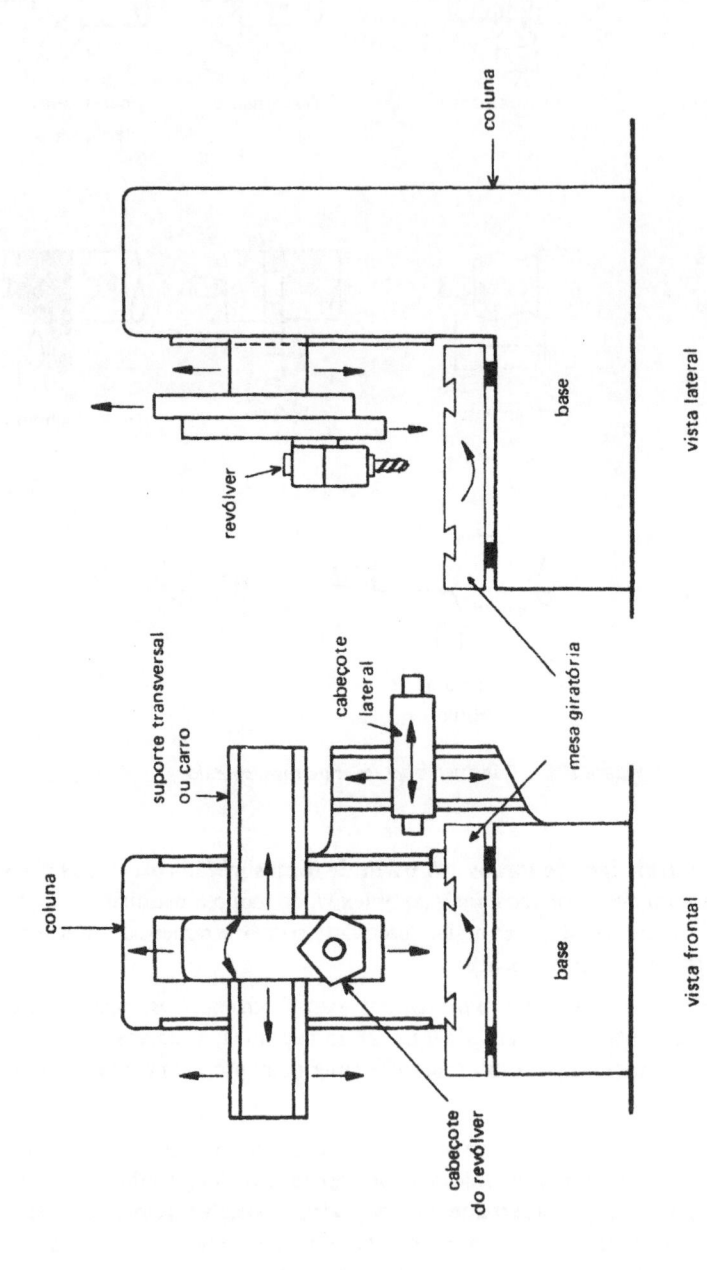

Figura 127 *Representação esquemática de um "torno-revólver" vertical.*

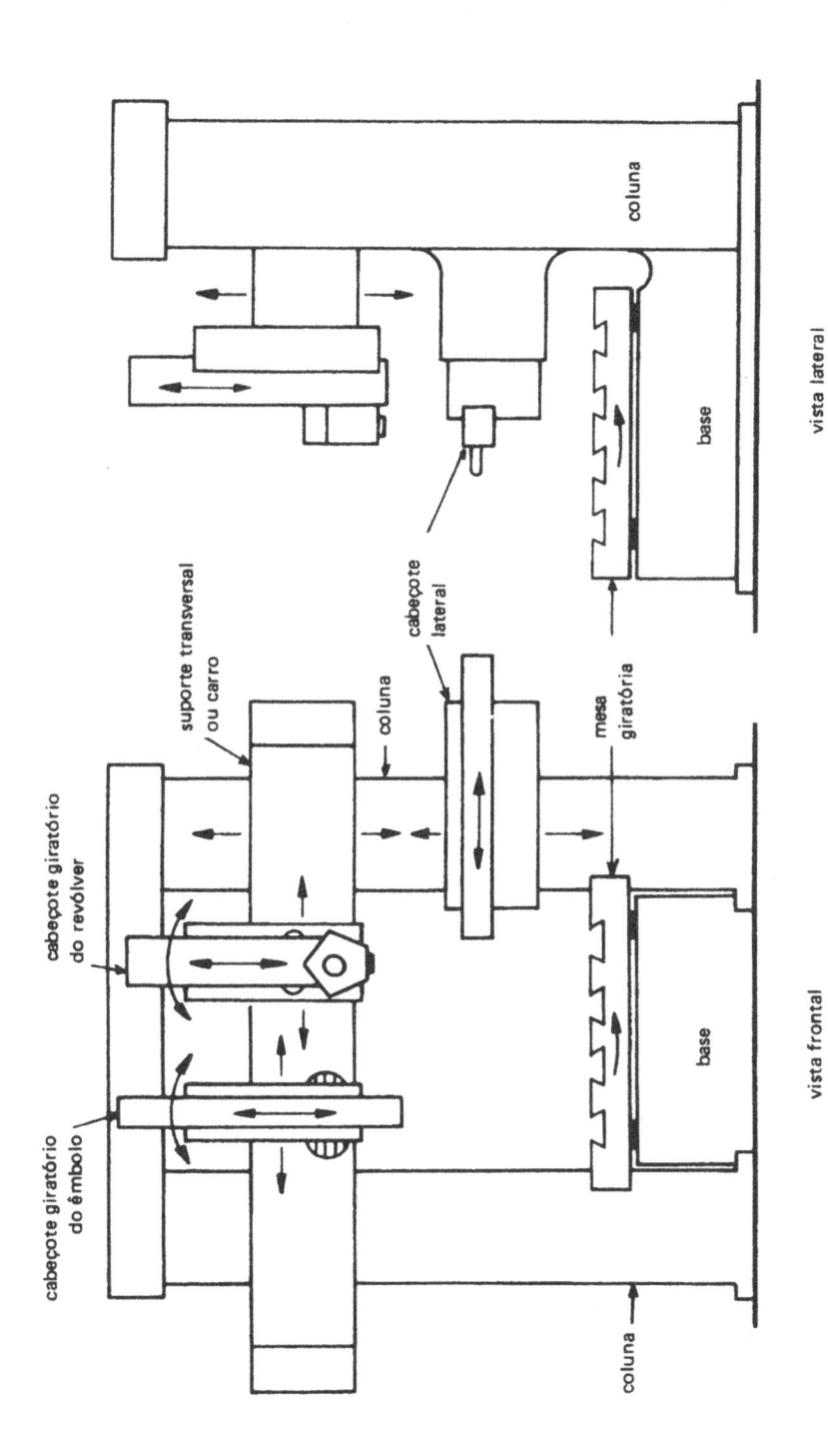

**Figura 128** *Representação esquemática de uma máquina vertical de perfuração de coluna dupla.*

Os "tornos copiadores" utilizam uma peça protótipo que impõe um determinado perfil na peça sob usinagem, por intermédio de uma ferramenta que se movimenta automaticamente.

Os "tornos verticais" são empregados na usinagem de peças de grandes dimensões, como grandes volantes, polias, rodas dentadas, as quais, devido as suas dimensões e peso, não podem ser facilmente montadas numa placa em posição vertical. Desse modo, para montagem desses tipos de peças, emprega-se uma plataforma redonda horizontal, que gira. A partir da base do torno, elevam-se dois montantes, unidos na parte superior por uma ponte. Sobre as guias dos dois montantes, desliza um cabeçote móvel, onde se situa uma torre porta-ferramenta giratória. As plataformas horizontais desses tornos podem atingir vários metros de diâmetro.

Um dos tipos de tornos verticais está indicado na Figura 128, correspondente a uma máquina que poderia ser chamada "máquina de torneamento e perfuração".

A máquina representada na figura é do tipo vertical de dupla coluna.

O cabeçote lateral pode ser movido para cima e para baixo. Nesse cabeçote estão montados os cabeçotes das ferramentas, os quais podem ser movimentados para a esquerda e para a direita e para cima e para baixo.

Esses cabeçotes podem ser do tipo reto ou de placa giratória e podem possuir um único suporte de ferramenta ou suportes múltiplos de quatro, cinco ou seis lados, para diversas ferramentas.

Normalmente, o percurso vertical dos cabeçotes varia de 300 mm a 1.200 mm e o seu movimento pode ser controlado independentemente, de modo que um cabeçote pode estar perfurando, torneando, faceando ou torneando conicamente, enquanto o outro está realizando uma operação de usinagem totalmente diferente.

Os cabeçotes laterais são igualmente movidos para cima e para baixo e as ferramentas correspondentes podem ser empregadas para operações de torneamento, faceamento ou abertura de ranhuras.

As ferramentas são basicamente as mesmas que as empregadas nos tornos verticais, porém de dimensões geralmente maiores.

Essas máquinas são utilizadas na usinagem de peças com dimensões até 600 × 3.000 mm ou com diâmetros até cerca de 12 metros.

Os "tornos-ferramenteiro" são tornos especiais, construídos com maior precisão, com um número maior de velocidades periféricas e avanços, além de dispor de uma quantidade maior de acessórios. São empregados na confecção de ferramentas e matrizes ou dispositivos especiais.

Há, finalmente, tornos que são construídos especialmente para trabalhos específicos de torneamento.

É comum, na atualidade, tornos dotados de "controle numérico", ou seja, de um sistema de controle remoto eletrônico. Todos os movimentos, durante a usinagem, das ferramentas, de avanço, de profundidade de corte etc., são programados previamente.

Esse assunto será abordado, com maiores detalhes, mais adiante.

**3.2 Ferramentas de torno** As ferramentas de torno apresentam geralmente uma única aresta de corte. Podem ser conformadas a partir de uma barra sólida de material para ferramenta (aço-carbono de alto teor de carbono ou aços especiais com elementos de liga em elevados teores, como os aços *rápidos*), ou são confeccionadas de um aço de menor custo, na forma de *cabos*, numa das extremidades dos quais são fixadas, por soldagem forte ou por *fixação mecânica*, pequenas placas – chamadas comumente *pastilhas de corte* – de um material especial, extremamente duro (carboneto de tungstênio sinterizado aglomerado com cobalto ou material cerâmico do tipo óxido de alumínio).

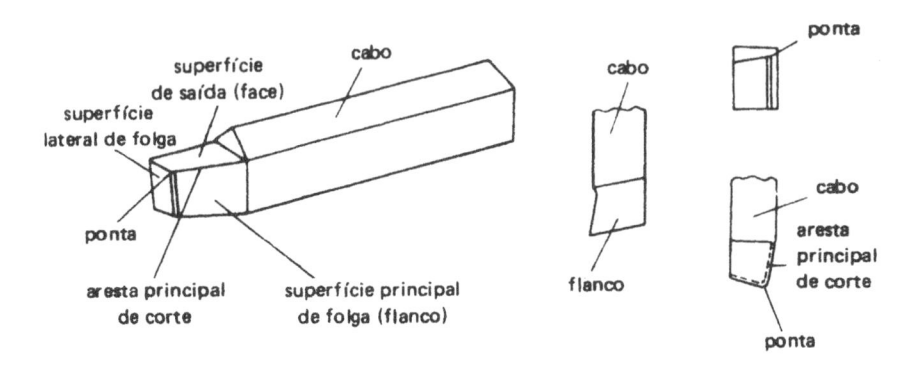

Figura 129 *Representação esquemática de uma ferramenta de corte de uma única aresta de corte, com a nomenclatura usual correspondente.*

As Figuras 129 e 130 representam, respectivamente, uma ferramenta de corte de uma única aresta de corte com a correspondente nomenclatura e a designação usual dos seus vários ângulos.

**4 Furação** A *furação* é a operação de usinagem que tem por objetivo abrir, alargar ou acabar furos de peças. Os furos podem ser produzidos em dimensões que variam desde poucos milímetros até vários centímetros de diâmetro.

$$\alpha + \beta + \delta = 90°$$

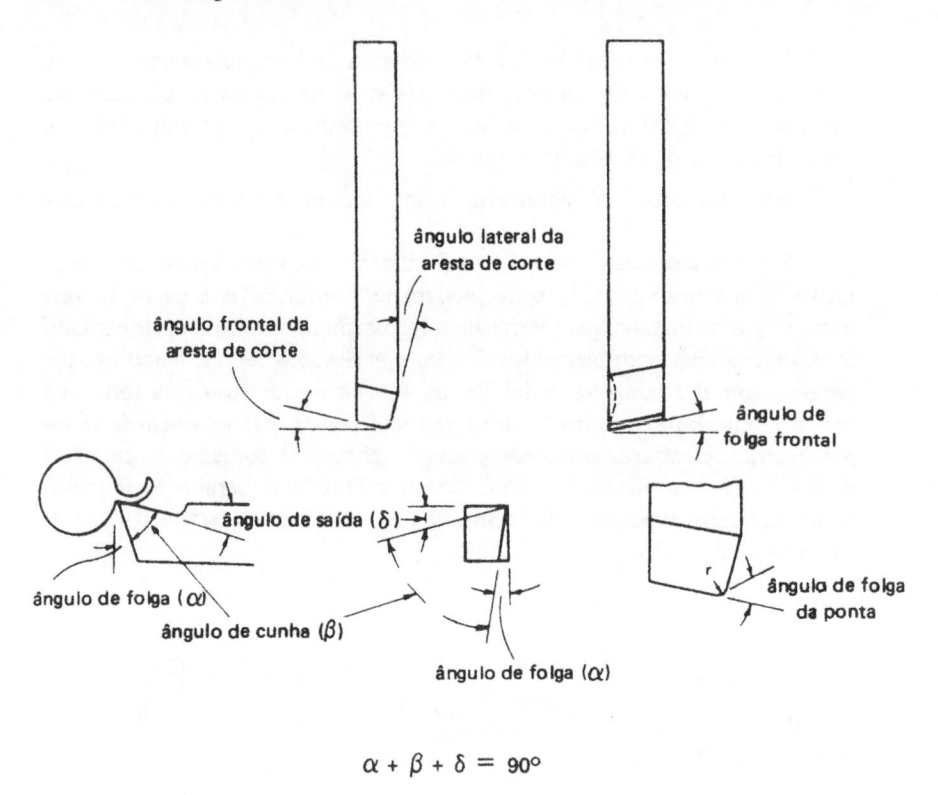

**Figura 130** *Nomenclatura usualmente utilizada para apresentar os vários ângulos de uma ferramenta de uma única aresta de corte.*

A Figura 131[64] representa, esquematicamente, as várias modalidades de furação.

A ferramenta utilizada no processo chama-se *broca*, representada esquematicamente na Figura 132 que mostra, igualmente, a nomenclatura usual para designar as partes e os ângulos dessa ferramenta.

A broca é dotada de um movimento giratório contínuo e de um movimento retilíneo de avanço segundo o eixo de perfuração. Os gumes cortantes da ferramenta arrancam material, e o cavaco resultante, à medida que é retirado, se enrola em forma de espiral cilíndrica, deslizando pelos dois canais helicoidais de descarga.

A ferramenta recebe os movimentos fundamentais de rotação e de avanço por intermédio de máquinas operatrizes, chamadas *furadeiras*.

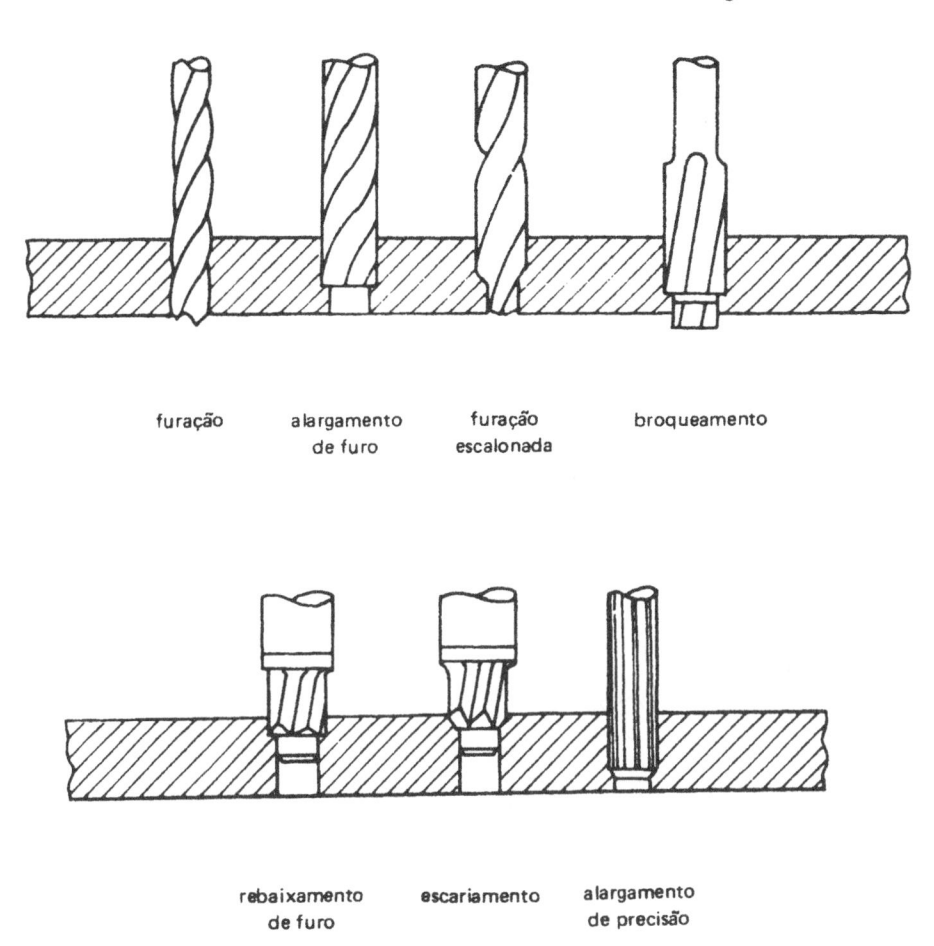

| furação | alargamento de furo | furação escalonada | broqueamento |

| rebaixamento de furo | escariamento | alargamento de precisão |

**Figura 131** *Representação das principais modalidades de furação.*

Existem numerosos tipos de furadeiras, construídas em função da forma e dimensões das peças a furar, do número de orifícios a serem produzidos, do seu diâmetro, da precisão exigida etc.

O tipo mais comumente utilizado é o *de coluna*, representado esquematicamente na Figura 133[64], a qual indica também os seus principais movimentos.

Uma furadeira de coluna consta essencialmente de *base* fixa, da *coluna*, que pode ser de forma cilíndrica ou paralelepipedal, esta última proporcionando construção mais robusta e sólida, de modo a evitar vibrações durante a operação de usinagem; de uma *mesa* inferior móvel, para apoio da peça a

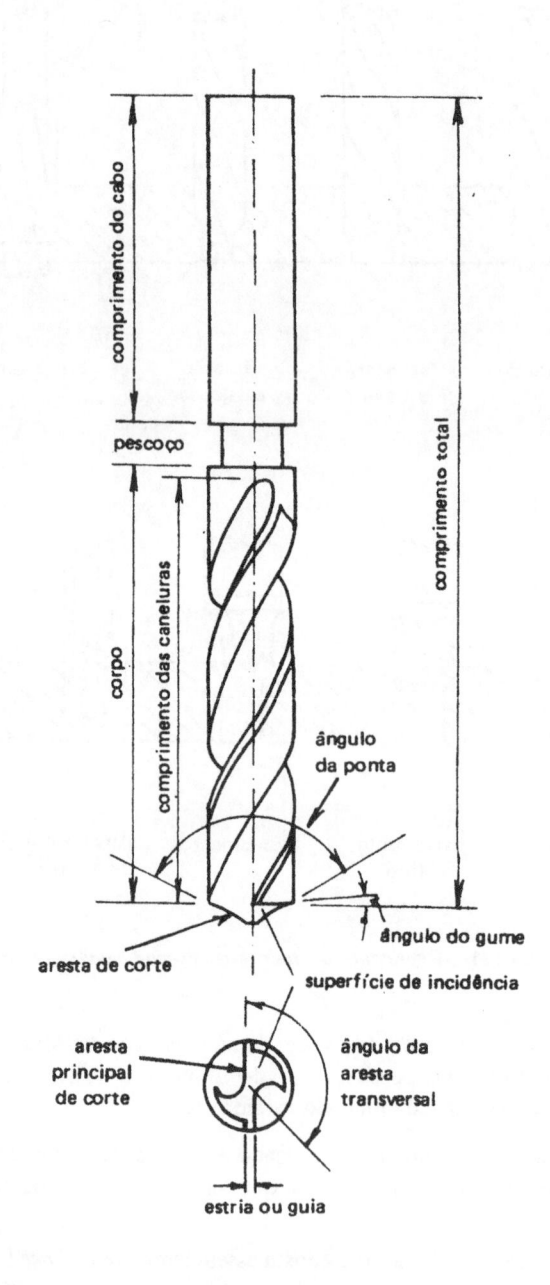

**Figura 132**  *Broca utilizada na operação de furação.*

perfurar, do *cabeçote* superior fixo geralmente, mas podendo girar num plano horizontal, o qual se liga, por intermédio do eixo (árvore) à *mesa ajustável* que contém o *porta-ferramenta*. A mesa ajustável é dotada de movimento vertical e o porta-ferramenta de movimentos vertical de avanço e giratório de velocidade.

Esse tipo de furadeira é muito versátil, realizando operações de furação comuns ou trabalhos em série mediante o emprego de gabaritos.

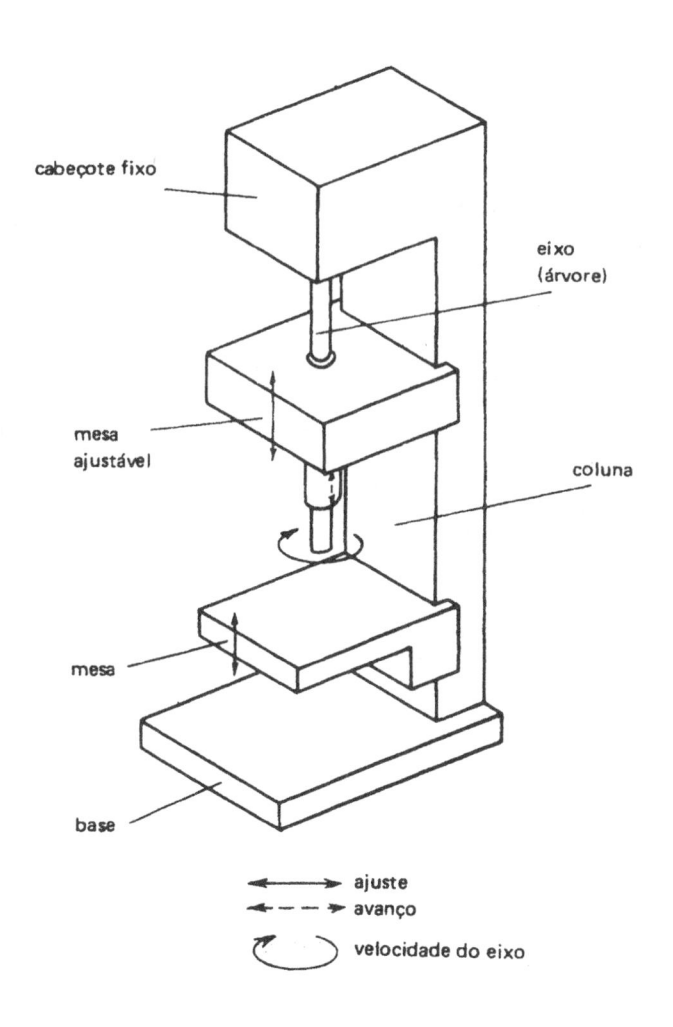

Figura 133  *Representação esquemática de uma furadeira de coluna.*

Para a usinagem de grandes séries, entretanto, procura-se evitar o tempo perdido na troca dos *porta-brocas*. Adota-se então as *furadeiras de várias colunas*, nas quais cada coluna possui um mandril em que permanece constantemente montada uma determinada ferramenta, até a furação final de todas as peças com essa broca. Assim, pode-se passar rapidamente de uma broca à seguinte e diversas operações podem ser levadas a efeito num mesmo orifício, ou diversos orifícios podem ser confeccionados em vários pontos de uma mesma peça.

Outros tipos de furadeiras incluem:

— *furadeiras portáteis*, empregadas quando os orifícios a executar em certos tipos de peças localizam-se em posições difíceis. A rotação da broca é dada por um motor elétrico incorporado à furadeira e o avanço é conseguido pela força muscular do operador enquanto manuseia a furadeira;

— *furadeiras de bancada*, as quais são máquinas de dimensões relativamente pequenas, com capacidade de motor geralmente não superior a 0,5 HP, em que o movimento de avanço da broca de encontro à peça é devido à força muscular do operador. A furadeira é colocada sobre mesas ou bancadas e, assim que a broca começa a girar, o operador, mediante o acionamento manual de uma alavanca, leva a broca em contato com a peça e força sua penetração. Essas furadeiras podem apresentar precisão relativamente grande; nestas, o mandril porta-ferramenta pode alcançar velocidades de rotação da ordem de 10.000 rpm;

— *furadeiras radiais*, empregadas em peças de grandes dimensões, cuja furação deve ser feita em pontos diversos muito distantes da periferia. Basicamente, elas se compõem das seguintes partes: base, coluna que sustenta um braço, o qual pode ser levantado ou abaixado e igualmente girado em torno da coluna e o cabeçote porta-brocas que se move ao longo do braço. Nessas condições o cabeçote porta-brocas pode ser posicionado num círculo cujo raio é o próprio comprimento do braço.

4.1 **Algumas brocas especiais** Além da broca comum, mostrada na Figura 133, outros tipos de ferramentas e brocas são empregados nas furadeiras.

A "broca-canhão" é um tipo de broca utilizada para abertura de orifícios de 75 a 750 mm de profundidade. Contudo, seu maior emprego é para abertura de orifícios de profundidade correspondente no máximo a quatro vezes o diâmetro do furo[65].

O diâmetro dessa broca varia de 2 a 50 mm e elas possuem um único gume cortante. Possuem ainda um orifício em toda a sua extensão, de modo a permitir a passagem do fluido de corte.

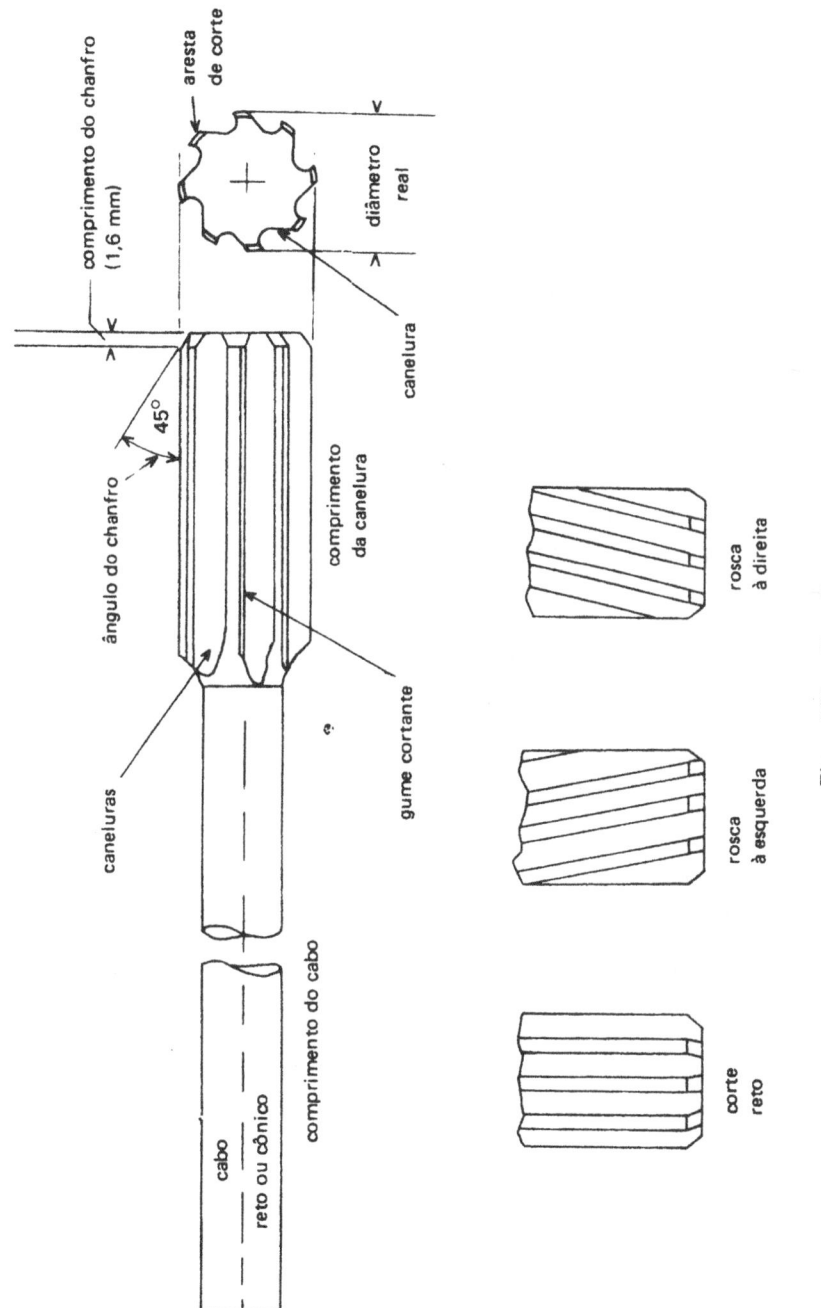

**Figura 134** *Alargador.*

## 212 Tecnologia Mecânica

Os "alargadores" e "escoriadores" são brocas que têm por objetivo acabar os furos, nas dimensões e acabamentos finais. Não fazem, pois, o furo original. Podem produzir acabamentos da ordem de 0,8 m.

A Figura 134[65] representa um tipo comum de alargador.

As "brocas para abrir roscas" são utilizadas não apenas em furadeiras, mas igualmente em tornos mecânicos, tornos automáticos, tornos-revólver e outros tipos de máquinas operatrizes.

A Figura 135[65] mostra um tipo comum de broca para rosquear, também chamada "macho de tarraxa".

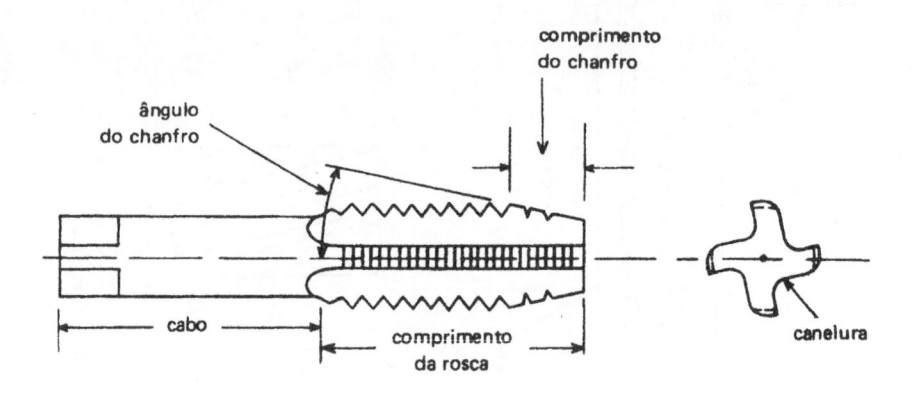

Figura 135  *Cortador de roscas internas.*

**5  Aplainamento**  Esta operação de usinagem consiste em executar superfícies planas, em posição horizontal, vertical ou inclinada, com o emprego de uma ferramenta dotada de um único gume cortante que arranca o cavaco, com movimento linear.

Conforme o movimento principal da operação de usinagem, seja da peça ou da ferramenta, as máquinas correspondentes são distinguidas em dois tipos principais: plainas limadoras, em que a ferramenta é dotada do movimento principal e plainas de mesa, em que a peça é dotada desse movimento, de ida e volta.

**5.1 Plainas limadoras**  Mediante o movimento alternativo de vaivém da ferramenta sobre a superfície plana da peça sob usinagem, procede-se à retirada de material pela formação de cavaco.

A mesa sobre a qual se apóia a peça, fixando-a, possui apenas o movimento de alimentação.

A Figura 136 representa uma plaina limadora simples, com indicação de suas principais partes e movimentos.

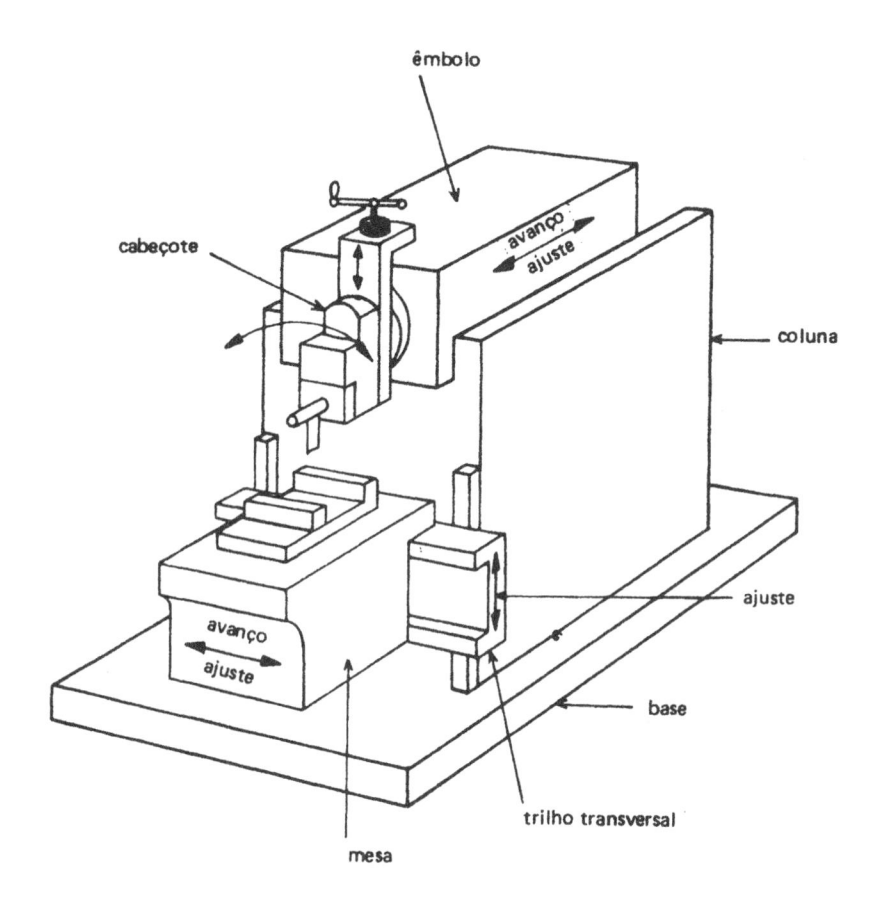

**Figura 136** *Plaina limadora simples.*

Compõe-se essencialmente de uma "base", uma "coluna", um "êmbolo horizontal" que é dotado de movimento de vaivém e cuja velocidade pode ser variada, um "cabeçote" que pode ser ajustado mediante movimento vertical, ao qual se fixa o "porta-ferramenta" e a "mesa", onde a peça sob usinagem é fixada, com movimentos de avanço e ajuste.

O cabeçote é ainda inclinável, para permitir cortes angulares. O porta-ferramentas pode oscilar em torno de um eixo, para permitir que a ferramenta, no seu percurso de retrocesso, não fique forçada contra o material sob usinagem.

Essas plainas podem ser acionadas mecânica ou hidraulicamente, de modo que elas são classificadas em plainas limadoras mecânicas e plainas limadoras hidráulicas.

As operações usuais realizadas pelas plainas limadoras são: faceamento de topo, faceamento lateral, abertura de ranhuras, abertura de degraus, abertura de encaixes reentrantes ou sobressalentes etc.

5.2 **Plainas de mesa** Executam os mesmos serviços que as plainas limadoras. Nelas, contudo, a peça possui o movimento principal, alternativo de ida e volta. A ferramenta é dotada apenas do movimento de avanço. São de dimensões muito maiores que as plainas limadoras, permitindo a usinagem por aplainamento de peças de grandes dimensões.

Podem usinar qualquer superfície plana ou angular, incluindo ranhuras, de peças tais como colunas e bases de máquinas, blocos de motores diesel marítimos, de grandes dimensões, pesando desde poucas centenas de quilos até diversas toneladas.

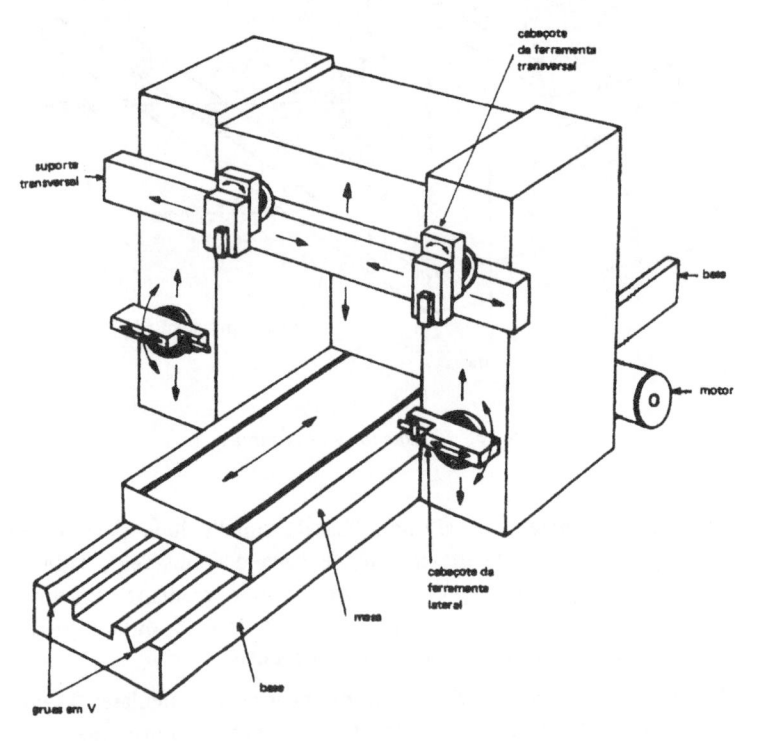

Figura 137  *Representação esquemática das principais partes e dos movimentos de uma plaina de armação dupla.*

A Figura 137[66] mostra uma plaina de mesa, de armação dupla ou de duas colunas, com indicação de seus principais componentes e movimentos.

Como se vê, nessas máquinas quatro diferentes ferramentas podem estar realizando operações simultâneas de usinagem, o que pode significar uma grande economia de tempo de produção.

Essas máquinas são geralmente especificadas pela largura da mesa que varia de 760 a 1.800 mm. Uma especificação mais completa inclui a largura e o comprimento da mesa, por exemplo, 1.200 X 4.200 mm mais altura ou distância da mesa ao suporte ou trilho transversal, por exemplo 1.200 mm.

**6  Fresamento**  Consiste numa operação de usinagem em que o metal é removido por uma ferramenta giratória — chamada "fresa" — de múltiplos gumes cortantes. Cada gume remove uma pequena quantidade de metal em cada revolução do eixo onde a ferramenta é fixada.

A operação propicia a usinagem de superfícies apresentando qualquer orientação, porque tanto a peça quanto a ferramenta podem ser movimentadas em mais de uma direção, ao mesmo tempo.

A máquina que realiza essa operação chama-se *fresadora*.

Basicamente, há três tipos de fresadoras: fresadoras horizontais, fresadoras verticais e fresadoras universais.

A Figura 138 representa, esquematicamente, uma *fresadora horizontal*, com suas principais partes componentes e movimentos. Constam essas máquinas de uma *base*, que suporta os outros componentes: a *coluna*, que contém a *árvore* e seu mecanismo motor e o *eixo porta-ferramenta*, o *suporte*, que se move verticalmente, o *carro* fixado no suporte, que se move horizontalmente e a *mesa* fixada no carro, que se move horizontalmente, a 90° em relação ao movimento do carro.

Tem-se assim a possibilidade de dotar a peça sob usinagem de três movimentos: movimento vertical, devido ao suporte, e dois movimentos horizontais, perpendiculares entre si, devidos ao carro e à mesa.

A Figura 139[66] apresenta algumas operações de fresamento horizontal.

As *fresadoras verticais* são empregadas quando se torna necessário, em certos tipos de serviço, girar a fresa segundo um eixo vertical. Compreendem uma *base*, na qual está ligado o suporte que se movimenta verticalmente; sobre o suporte situa-se o *carro*, dotado de movimento horizontal e sobre o carro a *mesa*, sobre a qual as peças sob usinagem ficam fixadas. Fazendo parte integrante da base, situa-se um *montante*, na parte superior do qual está localizado o *cabeçote*, que contém os órgãos de transmissão que acionam o *porta-ferramenta*, segundo um eixo vertical.

A Figura 140[66] representa algumas operações de fresamento vertical.

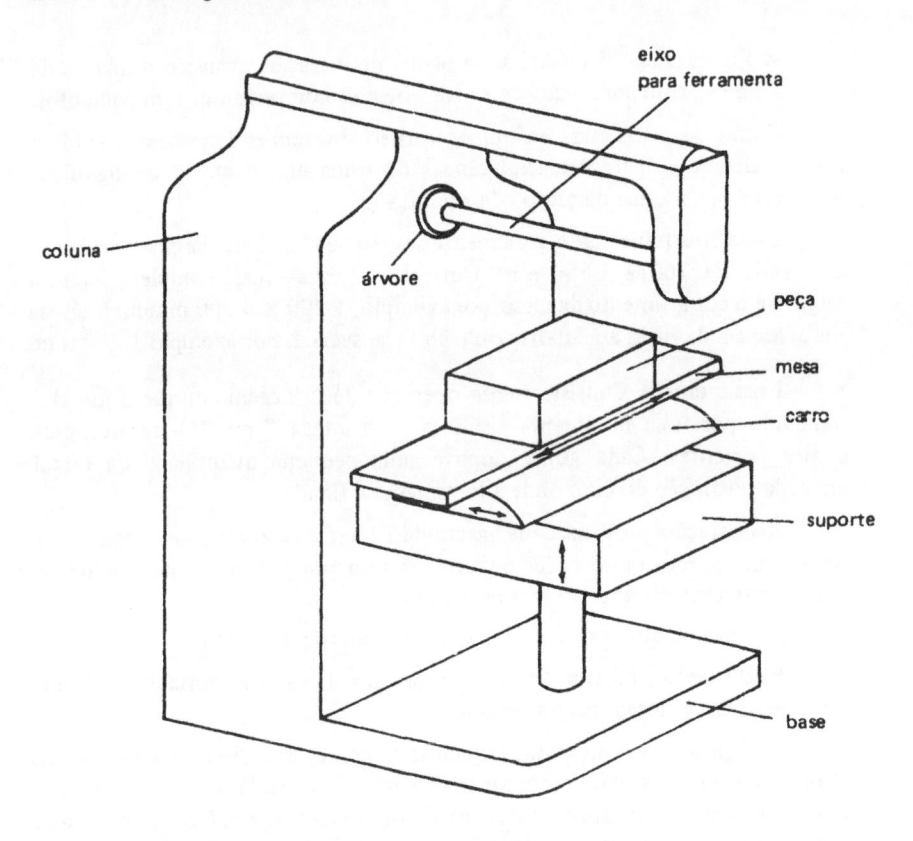

Figura 138  *Principais componentes de uma fresadora horizontal e os respectivos movimentos.*

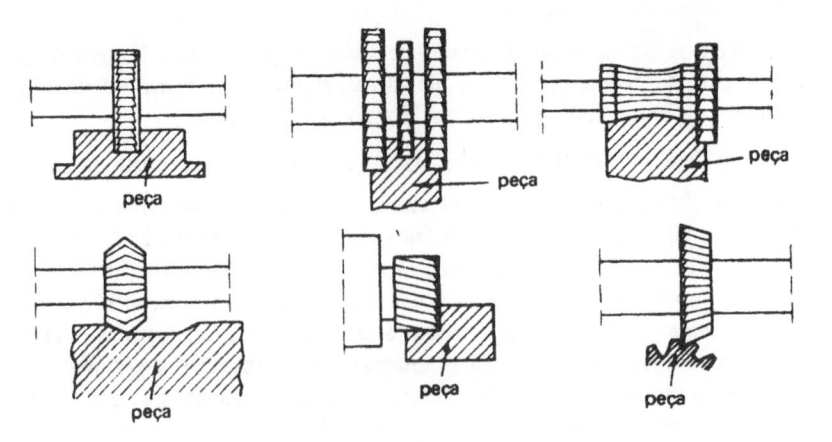

Figura 139  *Algumas operações de fresamento horizontal.*

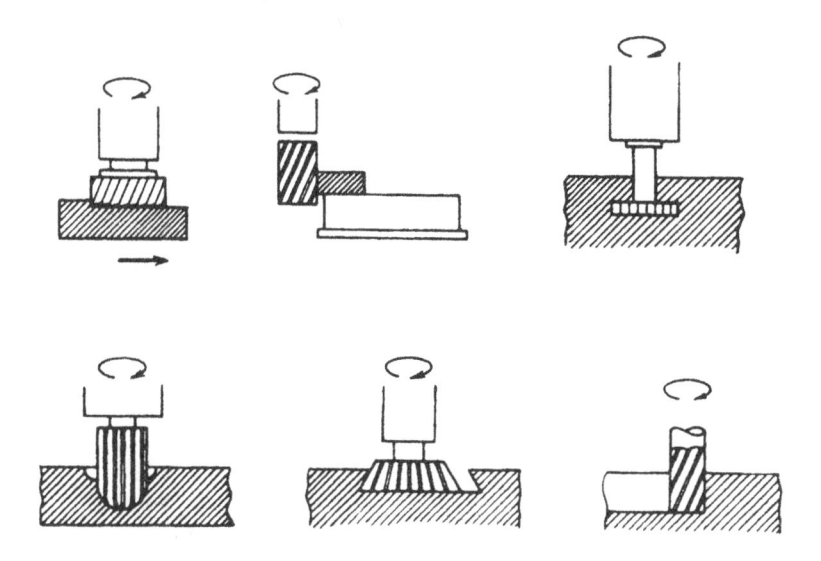

Figura 140  *Algumas operações de fresamento vertical.*

As *fresadoras universais* são máquinas que permitem indistintamente a disposição da ferramenta segundo um dos dois eixos, horizontal ou vertical, ou segundo um eixo inclinado ou oblíquo qualquer. Essa fresadora satisfaz, portanto, a todas as condições de fresamento, podendo executar formas e perfis variados. Contudo, não são máquinas para produção em série.

Um dos característicos importantes dessas fresadoras consiste na possibilidade de aplicar-se sobre a mesa um dispositivo chamado *divisor universal*, que permite realizar um determinado número de operações de fresamento eqüiangulares ao redor de uma circunferência, e executar ranhuras helicoidais ao longo de uma superfície cilíndrica.

6.1 **Fresas**   A *fresa* é uma ferramenta constituída por um sólido de revolução cuja superfície se caracteriza por apresentar um determinado número de arestas de corte; iguais entre si, eqüidistantes e dispostas simetricamente em relação ao eixo de rotação.

O movimento de avanço é em sentido contrário ao de rotação da ferramenta, como mostra a parte (1) da Figura 141.

Como já foi mencionado, as arestas de corte ou "dentes" não atuam simultaneamente; porém, entram em ação, durante sua trajetória circular, alternativamente. Produz-se, assim, um cavaco de espessura variável, de zero a um máximo.

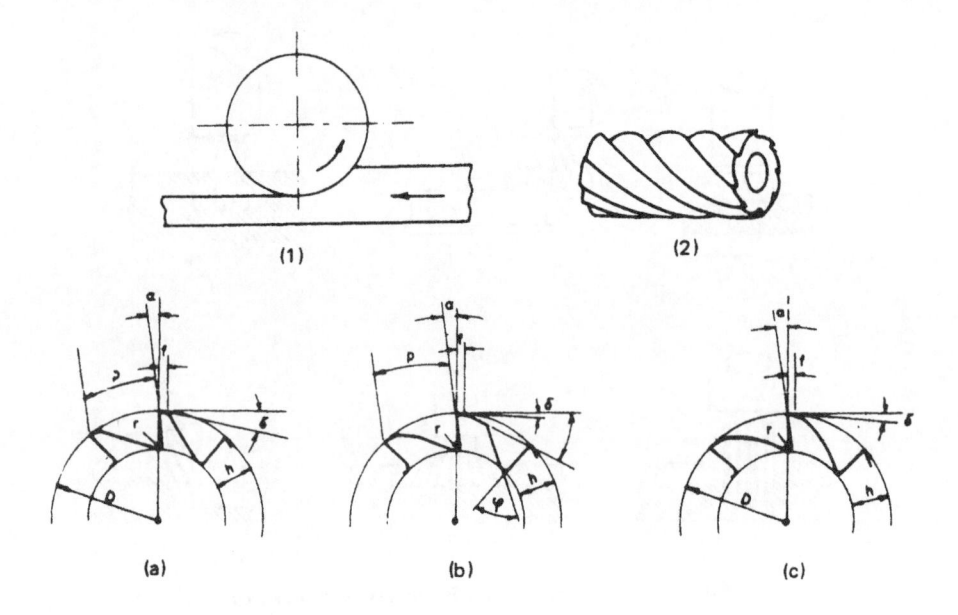

**Figura 141** *Principais perfis dos dentes e desenho esquemático de uma fresa.*

A Figura 141[66] mostra os principais perfis dos dentes de fresas e um tipo de fresa cilíndrica com dentes helicoidais (Figura 141)[1]. A figura (a) mostra o perfil "dente de serra"; a figura (b), o perfil "dente reforçado" e a figura (c), o perfil "dente curvilíneo".

Os valores dos ângulos e outros elementos representados na Figura 141 dependem sobretudo do tipo de material de que são confeccionadas as fresas.

Como indicação, para fresas de aços ultra-rápidos, recomenda-se a adoção dos seguintes valores[66]:

$f$ = 0,6 a 1,2 mm para diâmetros D até 50 mm
$f$ = 1,2 a 2,0 mm para diâmetros D de 50 a 200 mm
$p$ = $\pi D/z$, onde $z$ corresponde ao número de dentes e $D$ ao diâmetro da fresa
$r$ = 0,25h para aço, ferro fundido e bronze
$r$ = 0,33h para alumínio
$\gamma$ = 25°
$\varphi$ = 40° a 60°, conforme o diâmetro da fresa
$\alpha$ = 5° a 10°
$\delta$ = 6°

O ângulo α equivale ao ângulo de ataque e o ângulo δ ao ângulo de incidência.

Não está indicado nas figuras o ângulo de corte β que se situa entre α e δ de modo que a soma de α mais β mais δ corresponda sempre a 90°.

Existem muitos tipos de fresas, de acordo com o tipo de usinagem a ser executada.

A Figura 141(2) representa um tipo de fresa cilíndrica com dentes helicoidais. As fresas cilíndricas podem também apresentar os dentes paralelos ao eixo. As de dentes helicoidais garantem uma operação mais segura, porque, como vários dentes trabalham simultaneamente, não ocorre geralmente vibração.

Segundo a disposição dos dentes, as fresas podem ser *tangenciais* ou *de topo* (frontais).

Quando a espessura da ferramenta é relativamente pequena em relação ao diâmetro, as fresas são chamadas *de disco*.

As chamadas *fresas cônicas* são empregadas quase exclusivamente para executar ranhuras prismáticas ou de outros tipos, ou para confeccionar ferramentas, como as próprias fresas.

Inúmeras outras formas de fresas são disponíveis, de modo a tornar a fresagem uma das mais importantes operações de usinagem.

**7 Brochamento** Nessa operação de usinagem, o cavaco da superfície de uma peça é arrancado linearmente e progressivamente, mediante uma sucessão ordenada de arestas de corte.

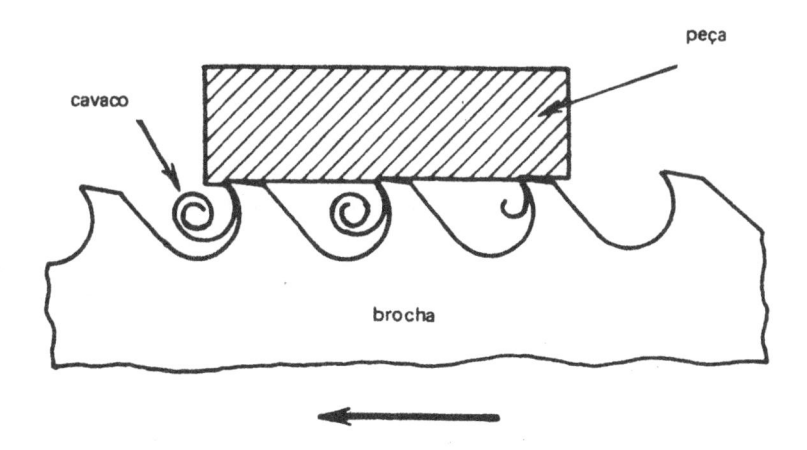

Figura 142 *Representação esquemática da operação de brochamento.*

A Figura 142[67] representa esquematicamente a operação realizada mediante uma ferramenta chamada *brocha*, em máquinas designadas como *brochadeiras*.

Quando a ferramenta opera no interior de um orifício, o brochamento é chamado interno. Os objetivos dessa operação são realizar rasgos de chavetas em furos redondos ou transformar os perfis de furos redondos em perfis acanelados, estriados, quadrados, hexagonais etc.

Se a ferramenta opera sobre uma superfície livre, o brochamento é chamado externo. Seu objetivo é realizar semi-acabamento ou acabamento de perfis externos.

As brochadeiras são máquinas de movimento retilíneo; podem ser horizontais e verticais e podem ser acionadas mecânica ou hidraulicamente.

**8 Serramento** É essa uma operação muito importante em oficinas mecânicas, visto que o corte de metais é fundamentalmente uma operação preliminar.

As máquinas empregadas são *máquinas de serrar* e as ferramentas correspondentes são as *serras*.

As serras, por sua forma construtiva, assemelham-se muito às fresas, pois possuem uma sucessão ordenada de dentes de corte.

O corte é, de um modo geral, realizado a frio. As máquinas de serrar são de vários tipos, podendo ser classificadas, basicamente, em:

— máquinas de serrar alternativas
— máquinas de serrar circulares (de disco)
— máquinas de serrar de fita

As máquinas alternativas são as mais comuns; caracterizam-se por um movimento de vaivém e as serras são em forma de lâminas.

Nas máquinas de serrar circulares, as serras são na forma de um disco, podendo ser consideradas como fresas de pequena espessura (em relação ao diâmetro). Os movimentos de corte e avanço são possuídos pela ferramenta, que gira em torno de seu eixo e avança transversalmente até a peça a ser cortada.

Nas máquinas de serrar de fita, a serra é em forma de uma fita ou lâmina de pequena espessura (0,8 a 1 mm), contínua e em circuito fechado. A lâmina é presa sob tensão entre dois volantes e guiada por roldanas.

As vantagens que apresentam essas máquinas em relação às de movimento alternativo são, entre outras: eliminação do tempo passivo de retorno da lâmina, ou seja, tempo menor para o corte; eliminação do desgaste devido ao aquecimento, pois a lâmina, sendo de um comprimento de quase 13 vezes o diâmetro máximo de corte, resfria no seu percurso; facilidade de descarga do cavaco etc.

**9 Outras operações de usinagem** Entre elas, deve-se mencionar o *mandrilamento*, que, pela operação, assemelha-se muito ao torneamento, visto que a ferramenta arranca o cavaco segundo uma trajetória circular. Entretanto, o movimento fundamental de corte é possuído pela ferramenta, ao passo que o movimento de avanço, retilíneo e constante, é da peça ou da ferramenta. A ferramenta é montada sobre um mandril dotado de movimento de rotação, enquanto a peça é fixada sobre a bancada da máquina — a *mandriladora*.

O mandrilamento permite obter superfícies cilíndricas ou cônicas internas, segundo eixos perfeitamente paralelos entre si e dentro de apreciáveis tolerâncias dimensionais.

As peças submetidas ao mandrilamento caracterizam-se por serem de grandes dimensões e, portanto, de manuseio e montagem difíceis nas placas giratórias dos tornos.

**10 Usinagem por abrasão** A usinagem por abrasão compreende uma série de operações de corte, em que a quantidade de material removida é diminuta.

Seu objetivo básico é "acabar" as superfícies metálicas usinadas, ou seja, dar-lhes o aspecto superficial e as dimensões definitivas, dentro de tolerâncias especificadas, que não podem ser obtidas normalmente pelos processos usuais de usinagem.

A usinagem por abrasão inclui a *retificação*, a *afiação* e outras operações de acabamento como *espelhamento*, *lapidação* etc., todas elas indispensáveis principalmente no caso de materiais duros ou endurecidos por tratamentos térmicos, em condições tais, portanto, que se torna muito difícil sua usinagem comum.

**10.1 Retificação** Esta é a operação mais comum: basicamente, a retificação tem por objetivo corrigir as irregularidades de caráter geométrico produzidas em operações precedentes. As máquinas empregadas são as *retificadoras*, as quais utilizam como ferramenta os *rebolos*, constituídos de material abrasivo. Os rebolos são sólidos de revolução em torno de um eixo; compreendem uma grande variedade de formas e dimensões, tendo em vista a grande variedade de serviços que podem ser realizados por intermédio da retificação. Os vários tipos de rebolos distinguem-se, também, pela natureza do abrasivo, seu tipo de grão, dureza etc.

As retificadoras podem ser divididas nos seguintes tipos:

— retificadoras de superfícies externas
— retificadoras de superfícies internas
— retificadoras universais
— retificadoras "sem centro"
— retificadoras verticais
— retificadoras horizontais
— retificadoras especiais

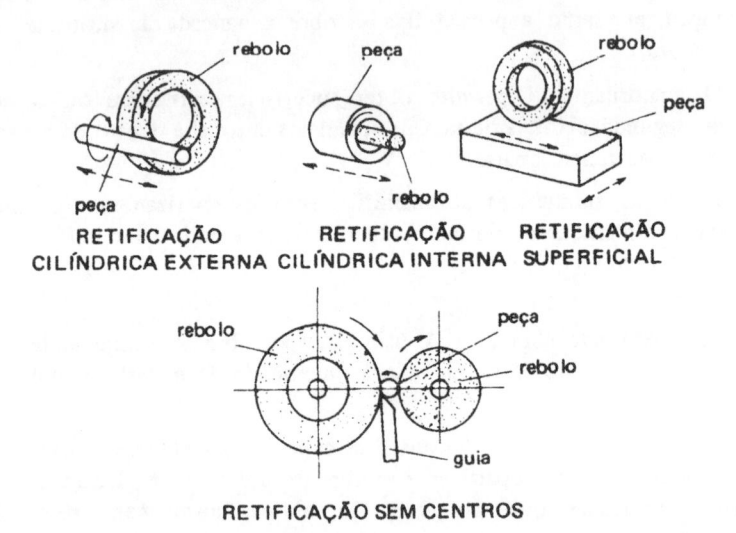

**Figura 143** *Representação esquemática de algumas operações de retificação.*

A Figura 143 apresenta algumas das operações mais comuns de retificação.

A Figura 144 representa uma *retificadora de superfícies externas*, também chamada *retificadora plana* e os seus principais movimentos. Como se vê, ela é constituída basicamente da *base*, sobre a qual corre a *mesa* dotada de movimento longitudinal; na mesa é fixada uma *placa magnética*, para segurar a peça a ser retificada; na *coluna* está ligado o rebolo, dotado de movimento de rotação e que pode ser movimentado para cima e para baixo, de modo a aproximar-se ou afastar-se da peça.

Na máquina indicada na figura, o eixo do rebolo é paralelo à mesa ou à superfície de trabalho. Se o eixo for perpendicular à mesa, a retificadora é chamada *plana vertical*.

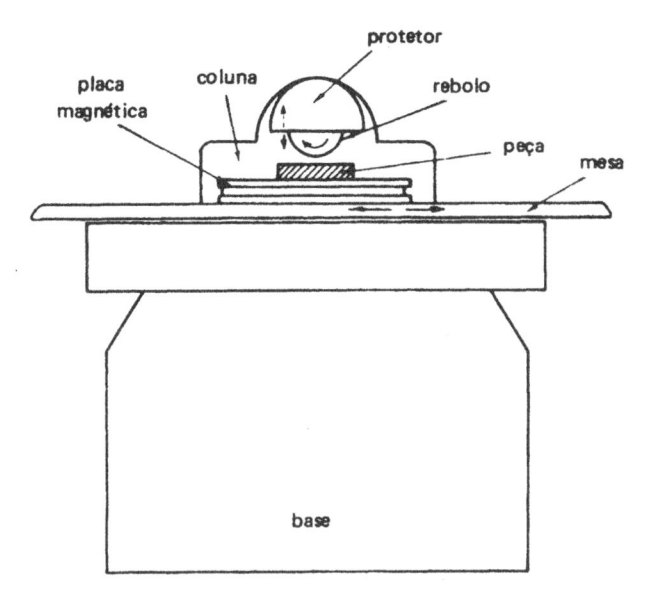

**Figura 144**  *Retificadora plana e seus principais movimentos.*

A Figura 145[68] mostra, com maiores detalhes, os componentes e os movimentos de uma retificadora plana ou de superfície.

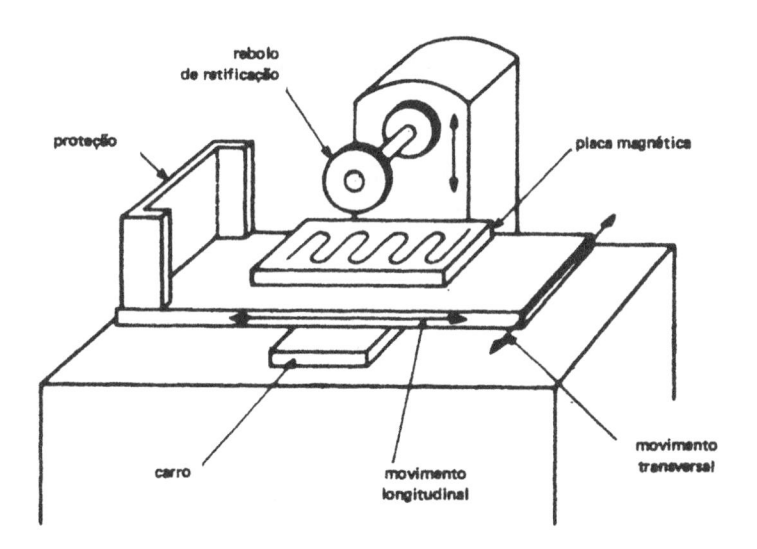

**Figura 145**  *Representação esquemática dos principais componentes e dos movimentos de uma retificadora de superfície externa.*

A Figura 146 representa esquematicamente uma retificadora do tipo universal, com a qual se podem realizar retificações externas de superfícies cilíndricas, retificações externas de superfícies cônicas, retificações internas de superfícies cilíndricas e retificações internas de superfícies cônicas.

Nessas retificadoras, as partes fundamentais são: a *mesa*, que desliza longitudinalmente, geralmente por comando hidráulico; o *cabeçote giratório porta-peças*; o *cabeçote contraponta*, para segurar a peça; o *suporte porta-rebolos*, que pode se afastar ou aproximar rapidamente da peça mediante ação hidráulica. Esse suporte apresenta ainda um sistema rebatível para retificação interna.

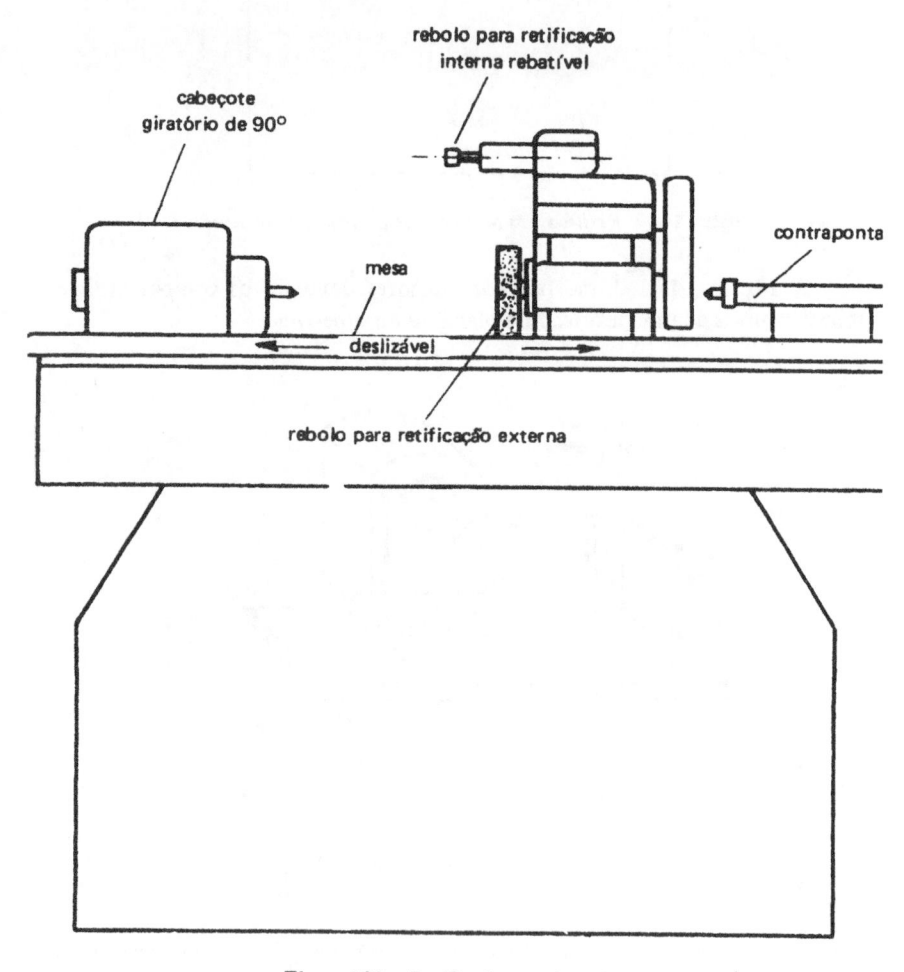

**Figura 146** *Retificadora universal.*

As *retificadoras sem centro* apresentam como princípio básico de operação, como se vê na Figura 143, a sustentação da peça a ser retificada mediante uma guia de aço duro e a sua sujeição à retificação mediante a ação do rebolo de maior diâmetro, que gira a grande velocidade e comprime a peça; esta gira sobre si mesma devido ao atrito originado pelo rebolo menor, o qual gira no sentido indicado pela flecha.

Os eixos dos rebolos não são paralelos, mas formam entre si um ângulo que pode ser graduado de 1 a 3°.

10.2 **Afiação** Trata-se de uma operação que se destina, em princípio, a criar pela primeira vez e, posteriormente, regenerar as arestas de corte de ferramentas. A ferramenta utilizada no processo é, como na retificação, o rebolo, freqüentemente de constituição especial, pois é baseado em partículas de diamante como elemento abrasivo.

As afiadoras mais simples são empregadas na afiação de ferramentas de uma única aresta de corte e a operação executada depende muito da habilidade do operador que manuseia a ferramenta a ser afiada manualmente.

Para uma afiação mais racional, as afiadoras dispõem de um suporte — onde a ferramenta é montada — que se movimenta em todos os sentidos. Devido à mobilidade do suporte, a face a retificar fica disponível segundo a inclinação desejada e correta em relação à superfície de trabalho do rebolo.

Para afiação de ferramentas mais complexas, como fresas e outras, empregam-se as *afiadoras universais* ou de *ferramentaria*; trata-se de máquinas rígidas, constituídas de uma *bancada*, onde são contidos o motor elétrico e os respectivos comandos e de uma *coluna*, regulável em altura, onde se situa o *cabeçote porta-rebolo*.

Este cabeçote pode ser orientado sobre uma plataforma graduada, até 360°, a fim de permitir que o rebolo seja colocado em posição com relação à ferramenta a afiar. Esta é colocada entre duas *contrapontas* alinhadas sobre uma *mesa* que pode se deslocar longitudinalmente e pode se inclinar horizontalmente em relação à base, até 90°. A ferramenta pode ser afastada ou aproximada do rebolo de afiação.

Há outros tipos de afiadoras, como para brocas helicoidais e para afiações especiais.

10.3 **Rebolos** As operações executadas pelos rebolos compreendem:

— *desbaste*, onde se produz apenas uma retirada superficial de material, sem muita precisão ou acabamento, como na rebarbação de peças fundidas;

— *retificação*, onde as superfícies trabalhadas pelos rebolos devem tornar-se precisas e lisas;

— *afiação*, onde se produzem e regeneram os fios de corte das ferramentas e os ângulos correspondentes.

Os rebolos são constituídos basicamente pelos seguintes componentes: abrasivo e aglomerante.

O *abrasivo* pode ser de natureza silicosa, sendo o mais comum o *carboneto de silício*; esse tipo de abrasivo pode, por sua vez, ser dividido em duas classes: o *negro*, de grãos redondos, e o *verde*, de natureza mais frágil, porém com maior capacidade de corte.

Outro tipo de abrasivo é de natureza aluminosa, sendo o mais comum o *óxido de alumínio*, de teores variáveis de 96 a 99%.

Finalmente, o abrasivo pode ser *pó de diamante*, para trabalhos de afiação e lapidação de ligas muito duras, como o metal duro.

O *aglomerante* é o componente que mantém ligados os grãos abrasivos e constitui a parte passiva do rebolo; são do tipo *vitrificado, resinóide*, à *base de silicatos*, à *base de borracha* e à *base de goma-laca*. Para os rebolos de diamante, o aglomerante é à base de ferro, cobre, alumínio etc.

Os rebolos de natureza silicosa são empregados para retificação e afiação de materiais duros e frágeis, como ferro fundido, vidro, porcelana, metal duro etc. assim como de materiais muito moles como alumínio, cobre etc.

Os rebolos de natureza aluminosa são empregados para desbaste de aço e afiação de ferramentas de aço antes do seu tratamento térmico. Essas operações são feitas com rebolos em que o abrasivo é o óxido de alumínio a 96%. Os rebolos de óxido de alumínio a 99% são empregados em trabalhos de retificação e afiação de materiais de alta tenacidade e dureza, tais como aços comuns ou especiais, latão, bronze etc.

Na tecnologia das operações mecânicas, os rebolos podem ser considerados como ferramentas de múltiplos gumes cortantes, cujas arestas de corte são constituídas pelos grãos abrasivos.

Os rebolos são designados pela sua forma: plano, rebaixados, de copo etc., como está indicado na Figura 147.

Por outro lado, são especificados de acordo com uma codificação, por assim dizer universal, na qual são definidos os seguintes elementos: tipo de abrasivo (codificado por uma letra), granulação (codificada por um número), grau (codificado por uma letra), estrutura (codificada por um número) e aglomerante (codificado por uma letra).

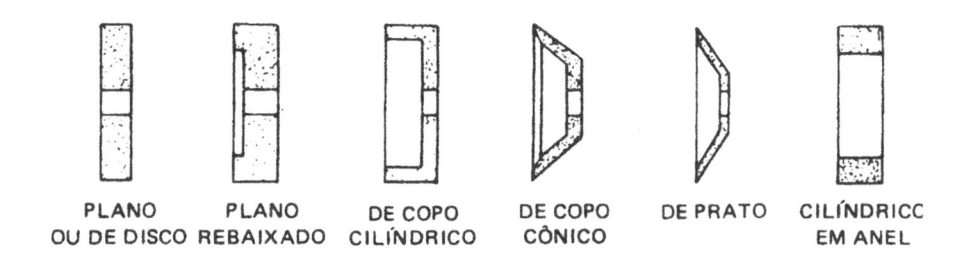

PLANO  PLANO  DE COPO  DE COPO  DE PRATO  CILÍNDRICO
OU DE DISCO  REBAIXADO  CILÍNDRICO  CÔNICO  EM ANEL

**Figura 147** *Alguns tipos de rebolos abrasivos.*

A letra A, por exemplo, designa os abrasivos aluminosos; a letra C, os silicosos e a letra D, os adiamantados.

Nos aglomerantes, a letra V designa aglomerante vitrificado, a letra S silicoso, a letra B resinóide, a letra R borracha e a letra E goma-laca.

**11  Operações de acabamento**  Incluem polimento, lapidação e espelhamento, entre outras.

O *polimento* tem por objetivo conferir um acabamento liso na superfície das peças, podendo-se obter tolerâncias de superfícies de 0,025 mm ou menos, mediante o emprego de máquinas de polimento. Os rebolos utilizados são discos mais ou menos flexíveis, de modo a poderem se conformar segundo superfícies curvas, quando necessário. Esses discos são, por essa razão, confeccionados de pano, feltro, borracha ou materiais similares, com uma camada de abrasivo colada na periferia.

A *lapidação* objetiva melhorar a qualidade da superfície pela redução de ondulação, rugosidade e defeitos semelhantes. A pressão utilizada no processo é relativamente pequena e o resultado são riscos finos distribuídos a esmo. A operação é muito utilizada no acabamento de calibres e ferramentas de precisão.

O *espelhamento* objetiva conferir às superfícies o aspecto de espelho, com rugosidade abaixo do micromilímetro.

A Figura 148 mostra esquematicamente a operação.

Utiliza-se ainda para acabar orifícios circulares. Aplicações típicas incluem acabamento de cilindros de automóveis, de canos de armas, de buchas de bielas etc.

**12  Métodos não tradicionais de usinagem**  A necessidade de usinar-se metais e ligas com resistências e durezas cada vez mais elevadas, aliada à conveniência de redução dos custos de produção, levou ao desenvolvimento de novos métodos de usinagem.

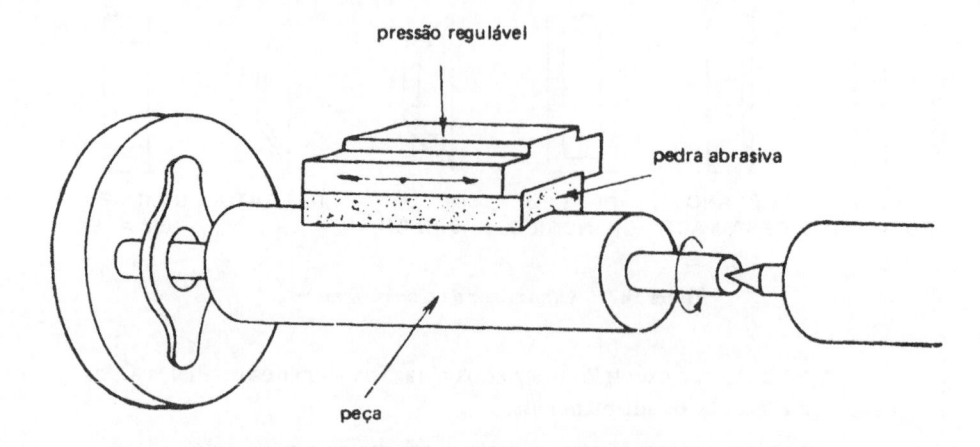

Figura 148   *Representação esquemática da operação de espelhamento.*

Esses métodos podem ser classificados de acordo com o tipo fundamental de energia empregada na usinagem. Assim, ter-se-ia:

- *processos baseados em energia mecânica*, compreendendo *jato abrasivo, jato de água* e *ultra-sônico;*

- *processos baseados em energia eletroquímica*, compreendendo o *processo eletroquímico;*

- *processos baseados em energia química*, compreendendo o *químico;*

- *processos baseados em energia termoelétrica*, compreendendo *descarga elétrica*, laser e *arco-plasma*.

Serão descritos sumariamente alguns dos processos acima.

12.1 **Usinagem por descarga elétrica**   É um método para produção de orifícios, ranhuras e outras cavidades. A remoção controlada de material é feita por intermédio de fusão ou vaporização devidas a faíscas elétricas de alta freqüência[69].

A descarga de faíscas é produzida por pulsação controlada de corrente contínua entre a peça (que é geralmente carregada positivamente) e a ferramenta ou eletrodo (que é carregada negativamente ou catodo).

A extremidade do eletrodo e a peça são separados por uma folga de faísca de 0,0127 mm a 0,508 mm. Tanto a peça como a extremidade do eletrodo estão imersas num fluido dielétrico. Na folga, o dielétrico é parcialmente ionizado, sob a pulsação aplicada a partir de uma alta voltagem, e a descarga da faísca passa entre a peça e a ferramenta (eletrodo). Cada faísca produz suficiente aquecimento para fundir ou vaporizar uma pequena quantidade da peça, resultando uma pequena cratera na sua superfície.

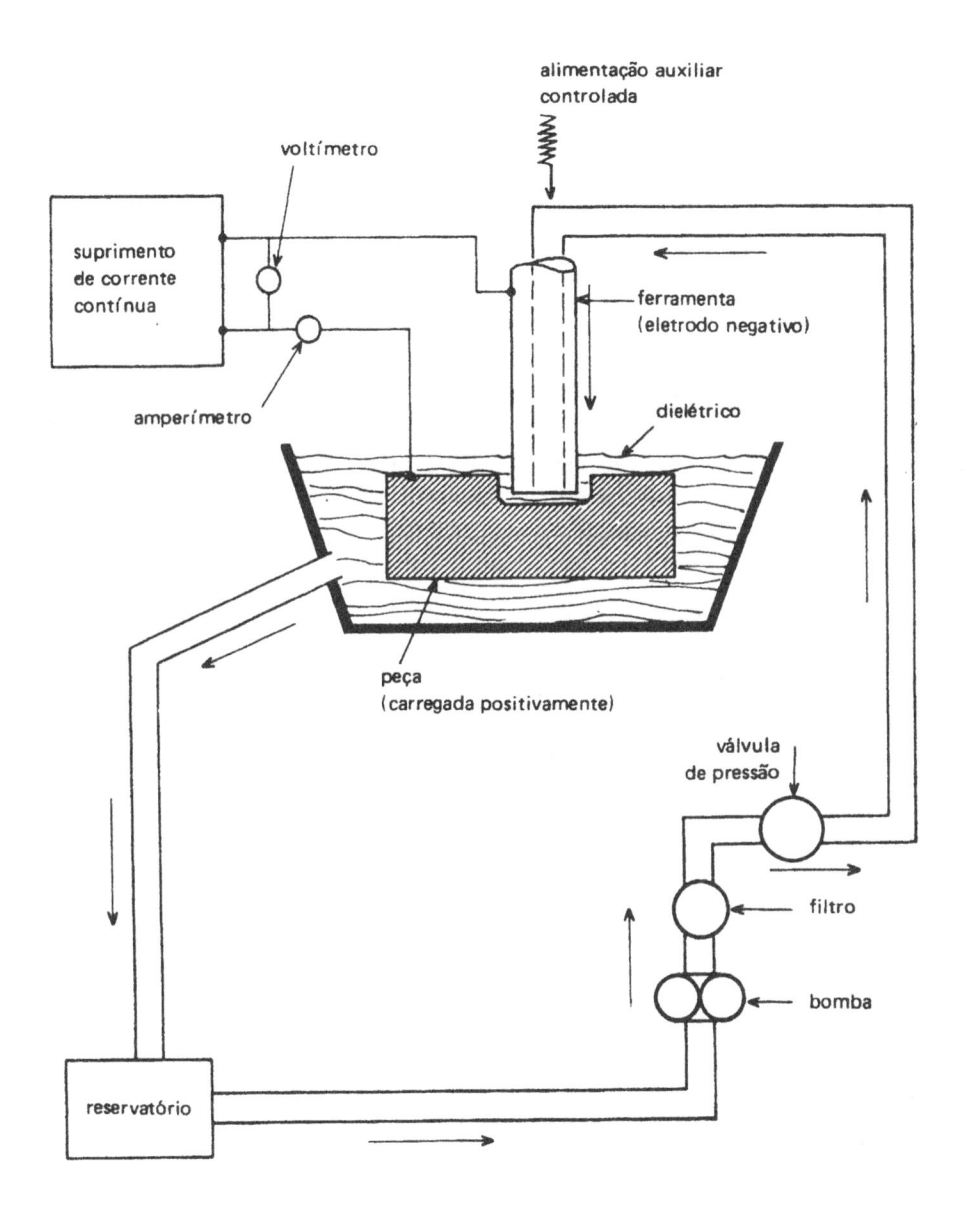

**Figura 149** *Sistema de eletro-erosão (por descarga elétrica).*

A Figura 149[70] apresenta, esquematicamente, uma montagem típica para usinagem por descarga elétrica. A corrente elétrica é geralmente de 0,5 a 400 ampères a 40 a 400 volts em corrente contínua, pulsando de 180 a 260.000 ciclos por segundo. O fluido dielétrico é bombeado através da ferramenta a uma pressão de 3,5 kgf/cm$^2$.

A ferramenta, ou eletrodo, é confeccionada de grafita ou de cobre, latão, alumínio, aço, liga Zn-Sn ou tungstênio ligado com cobre ou prata.

O fluido dielétrico serve como condutor da faísca e refrigerante; e ainda como um meio para dispor das pequenas partículas de material que são removidas da peça. Geralmente é um óleo especial.

O perfil do eletrodo corresponde ao perfil do corte que se deseja realizar na peça, a qual, por outro lado, não deve ser do mesmo material do eletrodo.

O processo aplica-se na usinagem de ligas de elevada dureza e resistência à tração e baixa usinabilidade, para a confecção de punções e matrizes a serem empregados em operações de estampagem, metalurgia do pó etc.

Obtém-se, assim, com certa facilidade e acabamento adequado, orifícios pequenos, com elevada relação profundidade/diâmetro, ranhuras estreitas, formas complexas e irregulares etc., em que se exige completa ausência de rebarbas.

12.2 **Usinagem eletroquímica** Consiste num processo de ataque eletroquímico que emprega um eletrólito e uma corrente elétrica para ionizar e remover metal da superfície da peça a ser usinada.

Realiza praticamente todos os serviços que são realizados pelo processo anterior de usinagem por eletro-erosão ou descarga elétrica, porém mais rapidamente.

Contudo, o processo é de custo mais elevado e exige maior quantidade de eletricidade.

A Figura 150[70] mostra esquematicamente o processo. Como se vê, tem-se, em princípio, uma célula eletrolítica, em que a peça a usinar é o anodo e a ferramenta ou eletrodo é o catodo.

O eletrólito é bombeado através da folga entre a ferramenta e a peça, ao mesmo tempo em que corrente elétrica de natureza contínua é passada através da célula a baixa voltagem, para dissolver o metal da peça com uma eficiência de aproximadamente 100%.

A corrente elétrica, de natureza contínua, varia de 5 a 24 volts e 500 a 25.000 ampères, embora a maioria das operações de usinagem possa ser conduzida com corrente de 1.000 a 1.500 A.

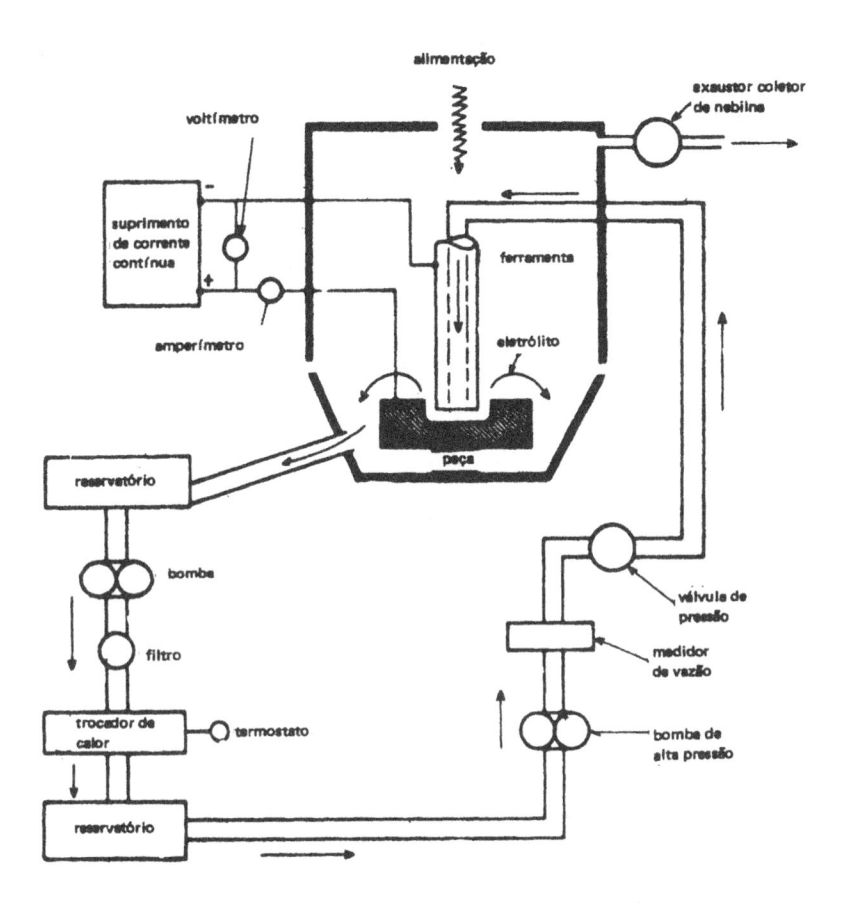

Figura 150  *Sistema de usinagem eletroquímica*

O eletrólito é geralmente uma solução aquosa de sais inorgânicos, tais como cloreto de sódio, cloreto de potássio, nitrato ou cloreto de sódio, eventualmente com determinados aditivos. O eletrólito é circulado sob pressão, da ordem de 345 a 1.035 kgf/m².

O eletrodo é feito geralmente de cobre, aço inoxidável ou tungstênio-cobre.

Como no caso anterior, o processo é empregado na usinagem de materiais duros, como aços temperados, ligas resistentes ao calor, metal duro etc.

O princípio eletroquímico é utilizado igualmente para operação de retificação. As máquinas correspondentes são semelhantes às utilizadas na retificação convencional. Contudo, seu eixo-motor deve ser isolado do resto da máquina. Escovas coletoras de corrente levam a corrente elétrica aos rebolos de retificação, os quais atuam como catodo (eletrodo negativo, no circuito de corrente contínua).

Os rebolos são padronizados, redondos, cônicos ou perfilados, porém devem possuir um aglutinante condutor e um abrasivo não condutor. Os abrasivos mais comuns são diamante, óxido de alumínio, compostos de boro e outros.

O aglutinante é geralmente cobre, ou cobre-carbono ou uma mistura cobre-plástico.

O rebolo (catodo) é aproximado da peça (anodo) e o fluxo do eletrólito dissolve o metal da peça.

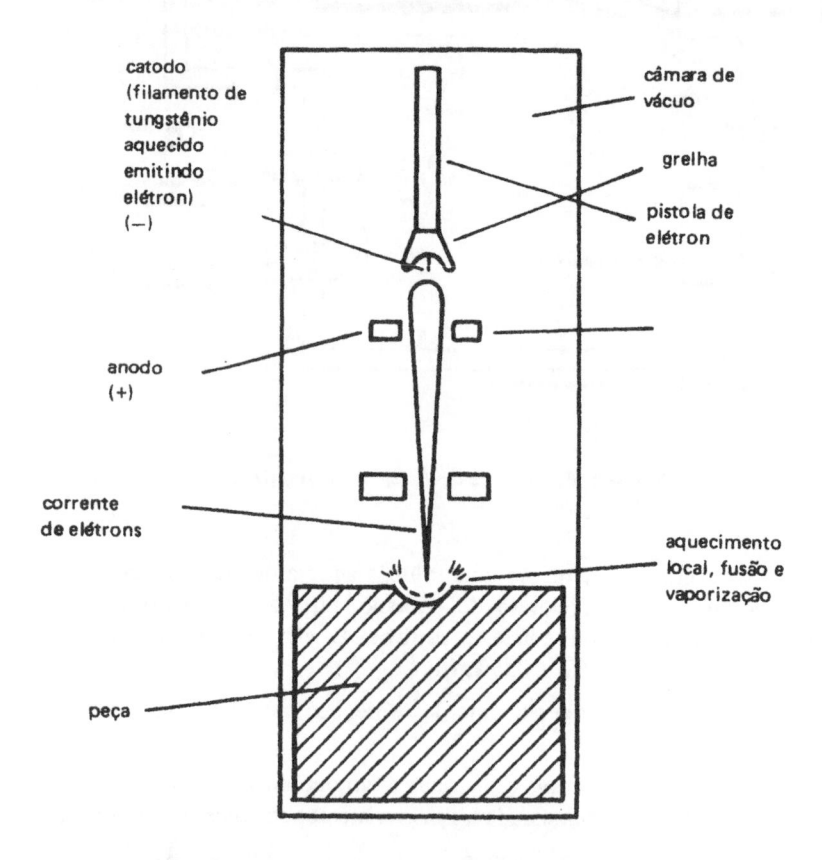

Figura 151 *Representação esquemática da usinagem com feixe eletrônico.*

Não há formação de rebarbas, o desgaste dos rebolos é muito reduzido, não há desenvolvimento de calor, de modo que não aparecem fissuras ou empenamento devido ao aquecimento.

12.3 **Usinagem com feixe eletrônico**   Consiste na usinagem de materiais em vácuo, utilizando um feixe focalizado de elétrons a alta velocidade. Os elétrons chocam-se com a peça a usinar, transformando sua energia cinética em calor, o qual vaporiza uma pequena quantidade de metal. O vácuo é necessário para evitar a dispersão dos elétrons devido à sua colisão com moléculas gasosas.

A Figura 151[71] apresenta uma montagem típica do processo. Como se vê, a corrente de elétrons é emitida pela ponta de um filamento de tungstênio extremamente fino, o qual é aquecido a cerca de 2500°C em vácuo de aproximadamente $10^{-3}$ mm de mercúrio. A grelha produz um campo magnético que conforma a nuvem de elétrons numa corrente cilíndrica; essa corrente é dirigida através do orifício do anodo e atinge a máxima velocidade assim que passa por ele. Essa velocidade é mantida até o momento do choque com a peça.

O processo se aplica na confecção de orifícios e ranhuras de poucos décimos milésimos de milímetro em materiais como aços de baixo carbono, aços temperados, aços inoxidáveis, molibdênio, tungstênio, ligas refratárias, alumina, cristais de quartzo etc.

12.4 **Usinagem com feixe "laser"**   Neste processo o metal é fundido ou vaporizado por um feixe estreito de luz monocromática intensa (feixe *laser*). A fusão ou vaporização se dá quando o feixe se choca com a peça, mesmo que esta corresponda a materiais os mais refratários. O processo é ainda relativamente pouco usado.

A Figura 152 [72] mostra o princípio do processo.

13   **Controle numérico em máquinas operatrizes**   Nos processos de usinagem, sobretudo quando se trata de peças complexas e que exigem grande precisão dimensional, o operador das máquinas ou ferramenteiro deve ter conhecimentos adequados de todos os procedimentos a serem seguidos, desde a própria máquina e como a manipular, os tipos de ferramentas, as condições de usinagem (velocidade, avanço e profundidade de corte) até os desenhos que lhe são fornecidos para levar adiante a operação.

Isso requer um treinamento profundo desses especialistas, os quais, na realidade, constituem um grupo de indivíduos que nem sempre é fácil de ser encontrado. Por outro lado, mesmo com operadores bem preparados e treinados, falhas podem ocorrer, com prejuízo, às vezes sérios, para todo o processo produtivo.

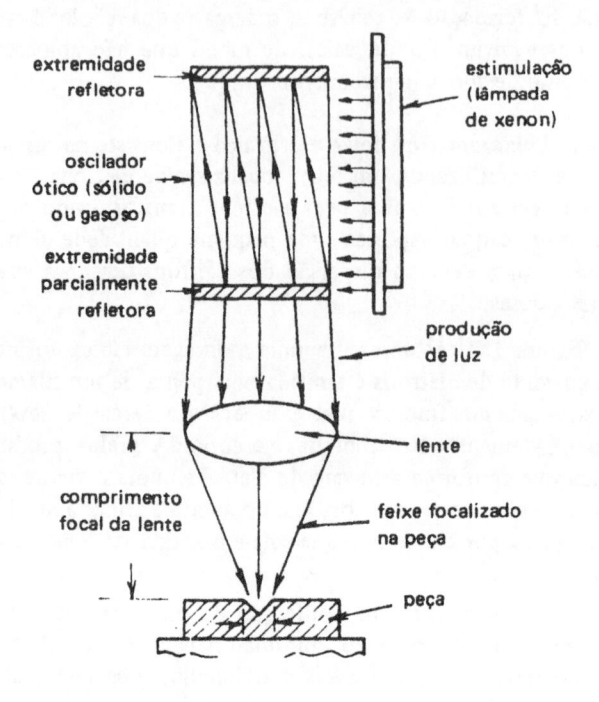

Figura 152  Representação esquemática da usinagem com feixe "laser".

Procurou-se, por essa razão, desenvolver métodos de produção em que o fator humano, embora ainda muito importante, tivesse menor peso ou menor interferência e que, além disso, resultassem em melhor qualidade das peças e maior durabilidade das máquinas.

A solução encontrada foi dotar as máquinas de um "cérebro", por assim dizer, o qual, substituindo o operador da máquina, pudesse ler e transformar as instruções de operação em comandos para os diferentes órgãos da máquina.

Surgiu, desse modo, o chamado "controle numérico" que nada mais é do que um equipamento eletrônico, capaz de receber informações, mediante entrada própria de dados, computar essas informações e transmiti-las em forma de comando à máquina, de modo que esta, independentemente do operador, realize as operações na seqüência programada.

De fato, a mesma seqüência de operações, na usinagem convencional é realizada: não há introdução de novos princípios de usinagem, as mesmas ferramentas são utilizadas, as condições de corte são as mesmas. Contudo, o tempo ocioso da máquina é limitado apenas ao tempo necessário para que ela responda ao comando com conseqüente maior produtividade e maior segurança.

Por outro lado, não se trata de um "cérebro pensante", ou seja, o sistema de "controle numérico" não pode julgar e não tem capacidade de, por si só, realizar adaptações, de modo que no momento em que o operador coloca o programa no sistema, a peça na máquina e aperta o botão de partida para iniciar o ciclo de operação, esta se inicia e só termina quando a peça estiver pronta.

Basicamente, o funcionamento de uma máquina operatriz a comando numérico é dividido em três partes[73]:

— programação: esta envolve o desenho da peça, o planejamento da usinagem e a máquina operatriz a ser utilizada;

— comando numérico: este é composto de uma unidade de recepção de informações que pode ser o "leitor de fitas", "fitas magnéticas", "cassetes", "discos magnéticos" ou "alimentação direta de uma central de computação", onde as informações são processadas e transmitidas às unidades operativas. O circuito que integra a máquina operatriz ao comando é denominado "interface", o qual é projetado de acordo com as características mecânicas da máquina;

— máquina operatriz: o seu projeto deverá objetivar os recursos operacionais oferecidos pelo comando.

A Figura 153[74] mostra o fluxo de etapas que estão envolvidas na programação de controle numérico.

Assim, o processo compreende:

— estudo do desenho;
— seleção da máquina a controle numérico a ser utilizada;
— identificação do tipo de material a ser usinado;
— conhecimento das funções da máquina selecionada e que possam ser colocadas em fita;
— verificação do ferramental necessário;
— estabelecimento do procedimento operacional;
— cálculo das velocidades, avanços, profundiadade de corte etc.;
— preparo do manuscrito a ser datilografado (em máquina especial);
— recebimento da "fita", subproduto da datilografia.

```
                    ┌──────────┐
                    │ desenho  │
                    └──────────┘
                          │
            ┌─────────────┴─────────────┐
            │ planejador do processo    │
            │ e/ou programador          │
            └───────────────────────────┘
```

```
ferramentaria   lista de      programa          projeto da
                ferra-        ou folha de       ferra-
                mentas        planejamento-     menta
                              processo
```

```
ferramentas     peça          equipamento       dispositivo
necessárias                   para produzir     de fixação
                              a fita            ou ferra-
                                                mentas
                                                especiais
```

```
                    máquina de
                    controle numérico
```

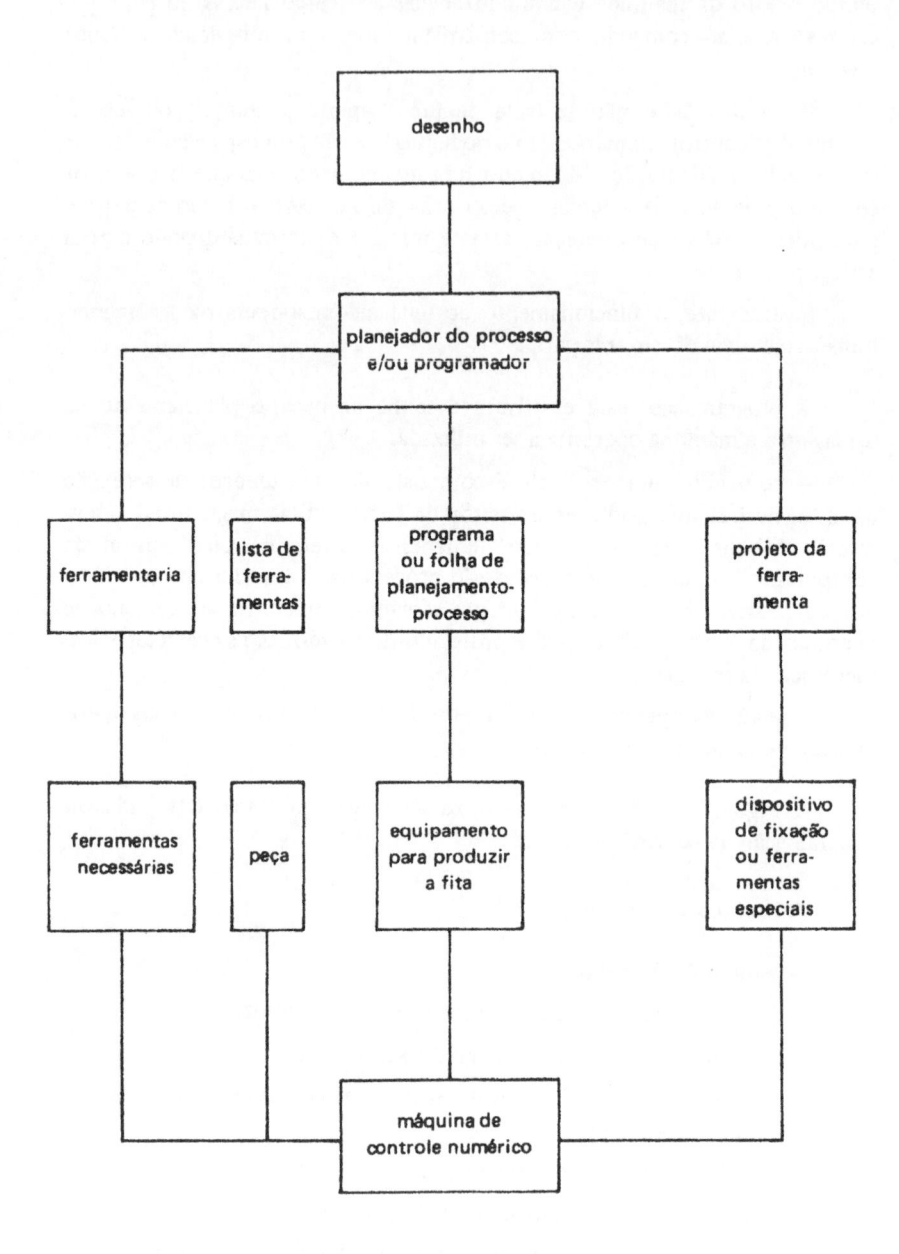

**Figura 153** *Etapas envolvidas na programação manual de controle numérico, desde o desenho até a máquina operatriz.*

Não é objetivo desta obra descrever pormenorizadamente o sistema de controle numérico para usinagem e os vários tipos de modelos de máquinas a controle numérico.

A Figura 154[75] dá uma indicação do seu funcionamento.

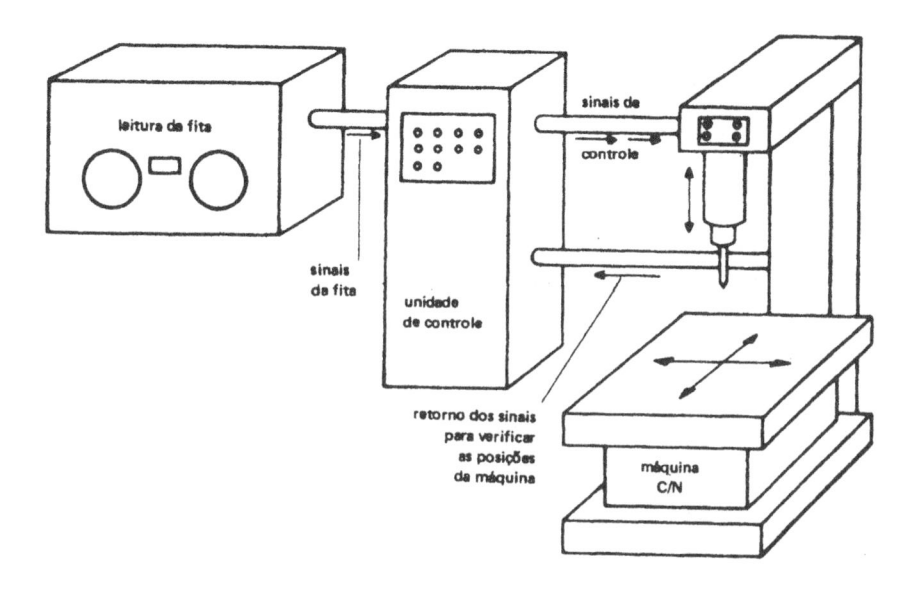

**Figura 154** *Processo de conversão dos códigos da fita em ação da máquina.*

A fita é colocada num "dispositivo de leitura", em que existem luzes que brilham toda a vez que um orifício aparece na fita.

Por meio de dispositivos eletrônicos, a energia luminosa é transformada em energia elétrica e sinais são produzidos e enviados à unidade de controle da máquina, que contém um complexo circuito elétrico e eletrônico para interpretação dos sinais e sua transformação em dimensões X, Y e Z, comandos de velocidades e avanços etc.

As dimensões são comandos reais, para que a máquina se movimente de acordo com um certo número de pulsações, que são registradas em "contadores".

A "dimensão Z" é correspondente ao eixo-motor e as dimensões X e Y correspondem às do movimento da mesa, onde a peça a ser usinada está apoiada.

**14 Fluidos de corte** Com exceção do ferro fundido que pode ser cortado "a seco", a maioria dos metais e ligas é usinada com o emprego de fluidos de corte que permitem usinagem mais eficiente, mais rápida e de melhor acabamento porque a presença desses fluidos promove não só o resfriamento das ferramentas e da peça, como igualmente a lubrificação da ferramenta e da superfície das peças, além de formar uma película protetora sobre a superfície da ferramenta, atuando como agente que impede a soldagem da ferramenta com o cavaco e a corrosão (enferrujamento) da ferramenta, da peça e da própria máquina operatriz.

A Tabela 14[76] indica os fluidos de corte recomendados para algumas das operações de usinagem estudadas.

## TABELA 14

### FLUIDOS DE CORTE RECOMENDADOS PARA ALGUMAS OPERAÇÕES DE USINAGEM

| Material | Torneamento | Fresamento de topo | Perfuração | Abertura de roscas |
|---|---|---|---|---|
| Aço de baixo C | Compostos sintéticos ou óleos solúveis 1:20. Óleos clorinatados ou sulfurizados para aços mais duros. Com ferrramentas de metal duro, pode-se prescindir de fluidos | Óleo mineral sulfurizado ou óleo solúvel para serviço pesado 1:20. Com metal duro, prefere-se compostos sintéticos. | Fluidos sintéticos (químicos). Óleo mineral sulfoclorinatado. Óleo de gordura. Óleo solúvel. 1:10 de serviço pesado em corte com metal duro. | Óleos sulfurizados. Óleos minerais sulfoclorinatados. Óleo de gordura. Óleos para serviço leve ou pesado. |
| Ferro fundido | Corte seco, quando usinados com metal duro. Óleo solúvel 1:20 para garantir pequena quantidade de pó; pode auxiliar em usinagem de acabamento. Óleo solúvel para serviço pesado ou óleos sulfoclorinatados para peças mais duras. | Corte seco, com metal duro. Maior quantidade de lubrificante que no torneamento. Óleo solúvel para serviço pesado ou aditivos sulfoclorinatados. | Corte seco ou óleos solúveis. Óleos de pressão extrema para grandes avanços. | Corte seco ou fluidos sintéticos (químicos) para serviço pesado. Óleos solúveis clorinatados-sulfurizados de serviço médio a pesado. |
| Aço inoxidável | Óleo mineral sulfoclorinatado. Óleo solúvel para serviço médio a pesado 1:5. Com metal duro, às vezes corte seco. | Óleos solúveis para serviço médio e pesado 1:5. Para cortes de acabamento, os óleos sintéticos para serviço leve podem ser melhores. | Óleo mineral sulfoclorinatado ou óleo mineral-gordura. Para serviço médio a pesado. Óleos solúveis, com S e Cl para brocas de metal duro. | Para aços inoxidáveis de usinagem fácil: óleo solúvel para serviço médio a pesado. Outros aços inoxidáveis: óleo mineral sulfoclorinatado ou mistura de óleo de gordura. |

| Material | Torneamento | Fresamento de topo | Perfuração | Abertura de roscas |
|---|---|---|---|---|
| Ligas de alumínio | Corte a seco ou óleos solúveis leves 1:15 a 1:30 ou querosene preferivelmente com óleo. Há vários óleos e fluidos sintéticos (químicos) produzidos especialmente para usinagem de alumínio. | O mesmo que para o torneamento. | Óleo solúvel 1:15 para brocas de metal duro, corte leve, eventualmente com enxofre e cloro. Compostos especiais. | Óleo solúvel sulfoclorinatado para vida mais longa das ferramentas. Para ferramentas maiores e altas velocidades, óleo para serviço pesado. Óleo de gordura. |
| Ligas à base de níquel | Óleo mineral-gordura sulfoclorinatado para serviço pesado. Óleos solúveis para serviço pesado e óleos solúveis sulfoclorinatados. | O mesmo que para torneamento. | Óleos minerais ou de gordura sulfoclorinatados para serviço médio ou pressão extrema ou combinações. | O mesmo que para perfuração. |
| Cobre e latão | Óleo solúvel comum ou óleo solúvel clorinatado. Cuidado com manchas. | Óleo solúvel comum 1:30 ou mistura de óleo mineral-gordura. | Óleo solúvel 1:20 ou clorinatado. Óleo mineral-gordura leve. | Óleo mineral-gordura, leve. Para cortes maiores, óleo sulfurizado ou clorinatado. |

**NOTAS** *Óleos solúveis:* água é o melhor meio de resfriamento, mas não lubrifica e enferruja. Misturas de óleo com sabão ou sulfonados são adicionadas. O óleo solúvel é misturado com água nas proporções indicadas.
*Óleos comuns:* os mais comuns são minerais, porque são de baixo custo, bons lubrificantes e sem cheiro.
*Óleos gordos:* como os de gordura são misturados (5 a 10%) com os minerais porque lubrificam melhor, sobretudo sob pressão.
*Enxofre e cloro:* um ou outro ou ambos podem ser adicionados aos óleos básicos acima, resultando numa película lubrificante, entre o cavaco e a ferramenta, mais estável e tenaz.
Os óleos sulfurados são usados principalmente na usinagem de aço, para abertura de roscas e brochamento, pois não mancham. Como eles mancham o cobre, os óleos clorinatados ou comuns são melhores para usinagem desse metal.

# CAPÍTULO IX

# TRATAMENTOS TÉRMICOS

**1 Introdução** A construção mecânica exige peças metálicas de determinados requisitos, de modo a torná-las aptas a suportar satisfatoriamente as condições de serviço a que estarão sujeitas. Esses requisitos relacionam-se principalmente com completa isenção de tensões internas e propriedades mecânicas compatíveis com as cargas previstas.

Os processos de produção nem sempre fornecem os materiais de construção nas condições desejadas: as tensões que se originam nos processos de fundição, conformação mecânica e mesmo na usinagem criam sérios problemas de distorções e empenamentos e as estruturas resultantes não são, freqüentemente, as mais adequadas, afetando, em conseqüência, no sentido negativo, as propriedades mecânicas dos materiais.

Por esses motivos, há necessidade de submeter as peças metálicas, antes de serem definitivamente colocadas em serviço, a determinados tratamentos que objetivem minimizar ou eliminar aqueles inconvenientes.

Os tratamentos mencionados são os chamados "tratamentos térmicos", os quais envolvem operações de aquecimento e resfriamento subseqüente, dentro de condições controladas de temperatura, tempo à temperatura, ambiente de aquecimento e velocidade de resfriamento.

Os objetivos dos tratamentos térmicos podem ser resumidos da seguinte maneira[77]:

— remoção de tensões internas (oriundas de resfriamento desigual, trabalho mecânico ou outra causa)
— aumento ou diminuição da dureza

— aumento da resistência mecânica
— melhora da ductilidade
— melhora da usinabilidade
— melhora da resistência ao desgaste
— melhora das propriedades de corte
— melhora da resistência à corrosão
— melhora da resistência ao calor
— modificação das propriedades elétricas e magnéticas

Os materiais metálicos mais comumente submetidos a tratamentos térmicos são as ligas Fe-C, sobretudo os aços. Entretanto, muitas ligas e metais não-ferrosos devem ser tratados termicamente, embora, via de regra, os tratamentos térmicos sejam de natureza mais simples.

É comum verificar-se que a melhora de uma ou mais propriedades mediante um determinado tratamento térmico é conseguida com prejuízo de outras. Por exemplo, quando se procura aumentar a resistência mecânica e a dureza dos aços, obtém-se, simultaneamente, uma diminuição da sua ductilidade. Assim sendo, é necessário que o tratamento térmico seja aplicado criteriosamente, para que as distorções verificadas sejam reduzidas ao mínimo.

Por outro lado, os tratamentos térmicos normais, correspondentes a operações de aquecimento e resfriamento, modificam geralmente e apenas a estrutura dos metais, sem qualquer efeito na sua composição química.

Há, contudo, tratamentos térmicos, realizados em ambientes que promovem uma modificação parcial, superficial da composição química dos metais — caso particular dos aços — ao mesmo tempo que modificações estruturais podem ocorrer. Esses tratamentos térmicos são chamados "termoquímicos".

**2 Fatores de influência nos tratamentos térmicos** Como o tratamento térmico envolve um ciclo aquecimento-temperatura, os fatores a considerar são os seguintes: aquecimento, tempo de permanência à temperatura, ambientte do aquecimento e resfriamento.

**2.1 Aquecimento** Considerando que o objetivo fundamental do tratamento térmico é a modificação das propriedades mecânicas do material, verifica-se que isso só é conseguido mediante uma alteração da sua estrutura, para o que é necessário que a liga considerada seja aquecida a uma temperatura que possibilite aquela modificação.

Essa temperatura corresponde geralmente à temperatura acima da de recristalização do material; no caso dos aços é a "temperatura crítica". O resfriamento subseqüente completa as alterações estruturais e confere ao material as propriedades mecânicas desejadas.

Verifica-se ainda que as diversas ligas metálicas apresentam temperaturas de recristalização (ou temperaturas críticas) muito diferentes, desde relativamente baixas até muito elevadas, próximas do ponto de fusão do material.

Neste último caso, no aquecimento deve ser considerado o fator "velocidade de aquecimento". Esta não pode ser muito lenta, do contrário haverá crescimento de grão. Por outro lado, materiais em elevado estado de tensões internas não podem ser aquecidos muito rapidamente, o que poderá provocar empenamento ou mesmo aparecimento de fissuras.

Em certos casos, portanto, de temperaturas finais muito elevadas, é comum subdividir o aquecimento em duas ou três etapas, quer para evitar tempo muito longo de aquecimento, com excessivo crescimento de grão, quer para evitar choque térmico, na hipótese de colocar o material diretamente da temperatura ambiente à temperatura muito elevada.

**2.2 Temperatura de aquecimento** Depende da composição da liga metálica. Quanto mais alta esta temperatura acima da de recristalização ou crítica, maior segurança se tem na obtenção das modificações estruturais desejadas; mas por outro lado, tanto maior será o tamanho de grão final, fato esse que, como se sabe, pode prejudicar as qualidades do material.

O conhecimento dos diagramas de equilíbrio das ligas é fundamental, aliado à prática do tratador térmico, para que não ocorra aquecimento insuficiente ou excessivo.

De um modo geral, como se verá no decorrer da exposição sobre ligas específicas, as temperaturas de aquecimento, no tratamento térmico, variam desde pouco acima da temperatura ambiente até próximas das temperaturas de início de fusão das ligas. Isso significa que há necessidade de dispor-se de equipamento ou "fornos" e instrumentação adequados para o aquecimento, o controle e o registro das temperaturas.

**2.3 Tempo de permanência à temperatura** A influência do tempo de permanência à temperatura de aquecimento é mais ou menos idêntica à influência da máxima temperatura de aquecimento, ou seja, o tempo à temperatura deve ser o suficiente para que as peças se aqueçam de modo uniforme, através de toda sua secção. Deve-se evitar tempo além do estritamente necessário, pois pode haver indesejável crescimento de grão, além de, em determinadas ligas, maior possibilidade de oxidação.

**2.4 Ambiente de aquecimento** Em certas ligas metálicas, a atmosfera comum pode provocar alguns fenômenos prejudiciais. É o caso dos aços, onde duas reações muito comuns podem causar sérios aborrecimentos: a "oxidação" que resulta em formação de uma película oxidada "casca de óxido" e a "descarbonetação" que resulta na formação de uma camada mais mole na superfície do aço.

As reações de oxidação mais comuns são[77]:

$2Fe + O_2 = 2FeO$, provocada pelo oxigênio
$Fe + CO_2 = FeO + CO$, provocada pelo anidrido carbônico
$Fe + H_2O = FeO + H_2$, provocada pelo vapor de água.

A descarbonetação, que pode processar-se simultaneamente com a oxidação, pode ser considerada como uma oxidação do carbono e ocorre geralmente mediante as seguintes reações:

$$2C + O_2 = 2CO$$
$$C + CO_2 = 2CO$$
$$C + 2H_2 = CH_4$$

Esses fenômenos são evitados pelo emprego de uma atmosfera protetora ou controlada no interior do forno.

As atmosferas protetoras mais comuns são as obtidas pela combustão total ou parcial do carvão, óleo ou gás, pelo emprego de hidrogênio, nitrogênio, amônia dissociada e, eventualmente, do vácuo. Banhos de sal constituem, igualmente, um ambiente protetor.

2.5 **Resfriamento** Para certas ligas, entre as quais os aços são as mais importantes do ponto de vista de tratamento térmico, é esse o fator mais importante.

Nessas ligas, modificando-se a velocidade de resfriamento, após a permanência adequada à temperatura de aquecimento, pode-se obter mudanças estruturais que promovem o aumento da ductilidade ou elevação da dureza e da resistência mecânica.

A escolha do meio de resfriamento é, pois, fundamental, no processo. Contudo, a forma da peça, no que se refere a grandes alterações dimensionais, secções muito finas etc., pode levar à escolha dos meios de resfriamento diferentes dos que teoricamente seriam os mais indicados. De fato, um meio muito drástico de resfriamento, como solução aquosa, pode levar ao aparecimento de elevadas tensões internas que prejudicam a qualidade final do material, obrigando à seleção de um meio mais brando, o qual pode, por outro lado, não representar a solução ideal, pois impede que as modificações estruturais visadas se realizem completamente.

Nessas condições, procura-se freqüentemente uma nova composição da liga que possa admitir o emprego de um resfriamento menos severo, sem prejudicar a estrutura final do material.

Os meios comumente empregados para o resfriamento, a partir do mais rápido, são os seguintes:

— solução aquosa a 10% de NaCl ou NaOH ou $Na_2CO_3$
— água
— óleos de várias viscosidades
— ar
— vácuo

Por outro lado, conforme esses meios estejam em agitação ou circulação ou tranqüilos, a sua velocidade é igualmente alterada, de modo que a prática dos tratamentos térmicos deve levar em conta esse fato.

**3 Operações de tratamento térmico** Os tratamentos comuns das ligas metálicas são os seguintes: recozimento, normalização, têmpera, revenido, tratamentos isotérmicos (nos aços), coalescimento, endurecimento por precipitação e tratamentos termoquímicos.

A execução desses tratamentos requer o conhecimento dos diagramas de equilíbrio das ligas metálicas; e no caso particular dos aços, o estudo do efeito da velocidade de resfriamento sobre as transformações estruturais.

Neste Capítulo, o autor limitar-se-á a definir os vários tratamentos em função das propriedades finais desejadas, sem entrar em pormenores sobre as modificações estruturais resultantes, o que será feito por ocasião do estudo particular de cada liga, no terceiro volume desta obra.

**3.1 Recozimento** Seus objetivos principais são os seguintes: remover tensões, devidas aos processos de fundição e conformação mecânicas, a quente ou a frio, diminuir a dureza, melhorar a ductilidade, ajustar o tamanho de grãos, regularizar a textura bruta de fusão, produzir uma estrutura definidas, eliminar, enfim, os efeitos de quaisquer tratamentos mecânicos e térmicos a que o material tenha sido anteriormente submetido.

O tratamento genérico de recozimento compreende os seguintes tratamentos específicos:

— *recozimento total ou pleno*, em que o material é geralmente aquecido a uma temperatura acima da de recristalização (zona crítica nos aços), seguido de resfriamento lento. O tratamento aplica-se a todas as ligas Fe-C e a um grande número de ligas não-ferrosas, tais como cobre e suas ligas, ligas de alumínio, ligas de magnésio, de níquel, titânio e certas ligas etc.;

— *recozimento em caixa* aplicado principalmente em aço, sob uma atmosfera protetora, para eliminar o efeito do encruamento e proteger a superfície da oxidação. As peças de aço são geralmente na forma de bobinas, tiras ou chapas;

— *recozimento para alívio de tensões,* em que não é necessário atingir-se a faixa de temperaturas correspondente à recristalização. O objetivo é aliviar as tensões originadas durante a solidificação de peças fundidas ou produzidas em operações de conformação mecânica, corte, soldagem ou usinagem. O tratamento aplica-se a todas as ligas Fe-C, a ligas de alumínio, cobre e suas ligas, titânio e algumas de suas ligas, ligas de magnésio, de níquel etc.;

— *esferoidização*, aplicável em aços de médio a alto teor de carbono, com o objetivo de melhorar sua usinabilidade. O aquecimento é levado a efeito a uma temperatura em torno do chamado *limite inferior da zona crítica.*

3.2 **Normalização** É um tratamento muito semelhante ao recozimento, pelo menos quanto aos seus objetivos. A diferença consiste no fato de que o resfriamento posterior é menos lento ao ar, por exemplo, o que dá como resultado uma estrutura mais fina do que a produzida no recozimento, e conseqüentemente propriedades mecânicas ligeiramente superiores. Aplica-se principalmente aos aços.

3.3 **Têmpera** É este o tratamento térmico mais importante dos aços, principalmente os que são utilizados em construção mecânica. As condições de aquecimento são muito idênticas às que ocorrem no recozimento ou normalização. O resfriamento, entretanto, é muito rápido, para o que se empregam geralmente meios líquidos, onde as peças são mergulhadas depois de aquecidas convenientemente. Resultam, nos aços temperados, modificações estruturais muito intensas que levam a um grande aumento da dureza, da resistência ao desgaste, da resistência à tração, ao mesmo tempo em que as propriedades relacionadas com a ductilidade sofrem uma apreciável diminuição e tensões internas são originadas em grande intensidade.

Essas tensões internas são de duas naturezas: tensões estruturais e tensões térmicas, estas últimas devidas ao fato de as diferentes secções das peças se resfriarem com velocidades diferentes.

Os inconvenientes causados por essas tensões internas, associados à excessiva dureza e quase total ausência de ductilidade do aço temperado, exigem um tratamento térmico corretivo posterior chamado revenido.

3.4 **Revenido** Aplicado nos aços temperados, imediatamente após a têmpera, a temperaturas inferiores à da zona crítica, resultando em modificação da estrutura obtida na têmpera. A alteração estrutural que se verifica no aço temperado em conseqüência do revenido melhora a ductilidade, reduzindo os valores de dureza e resistência à tração, ao mesmo tempo em que as tensões internas são aliviadas ou eliminadas.

Dependendo da temperatura em que se processa o revenido, a modificação estrutural é tão intensa que determinados aços adquirem as melhores condições de usinabilidade. O tratamento que produz esse efeito é chamado *coalescimento*.

Os tratamentos de têmpera e revenido estão sempre associados.

3.5 **Tratamentos isotérmicos**   Aplicados igualmente nos aços. Incluem a *austêmpera* e a *martêmpera* e são baseados no conhecimento das chamadas curvas em C ou TTT.

A austêmpera tem por objetivo produzir uma determinada estrutura que alia a uma boa dureza excelente tenacidade. Em certas aplicações, esse tratamento é considerado superior ao tratamento conjunto têmpera-revenido.

A martêmpera tem por objetivos os mesmos que a têmpera e o revenido proporcionam. Pelas condições em que essa operação é realizada, as tensões resultantes são mais facilmente elimináveis.

3.6 **Endurecimento por precipitação**   Este tratamento é aplicado sobretudo em ligas não-ferrosas: certas ligas de alumínio, certas ligas de cobre, magnésio, níquel e titânio.

Essas ligas caracterizam-se por apresentarem na faixa de temperaturas em que são tratadas duas regiões distintas: uma região dentro da qual são aquecidas e que apresenta uma única fase. Essa fase corresponde a uma solução sólida de um componente da liga no metal predominante. A outra região, à qual se resfria o material depois de aquecido na primeira região, apresenta duas fases uma das quais é a parcela do metal componente da liga em solução sólida na região de alta temperatura que se precipita quando o resfriamento é suficientemente lento (como o dos diagramas de equilíbrio). Se a liga for resfriada rapidamente, entretanto, a partir da região de uma única fase, não se dá tempo para a precipitação normal do constituinte que, assim, permanece como que formando uma solução sólida supersaturada. Esta estrutura é grandemente instável; mantida a temperatura ambiente por um certo tempo ou aquecida a temperaturas determinadas, relativamente baixas, por um tempo apreciavelmente menor do que o que seria necessário para que ocorresse qualquer transformação à temperatura ambiente, esse constituinte, mantido em solução sólida supersaturada, precipita-se na forma de partículas finas que são responsáveis por um aumento de dureza da liga e queda de ductilidade.

O tratamento de endurecimento por precipitação será estudado mais pormenorizadamente por ocasião da discussão das ligas não-ferrosas, que podem ser submetidas ao mesmo.

**4 Tratamentos termoquímicos** São assim chamados, porque são realizados em condições de ambiente que promovem uma modificação parcial da composição química do material. Essa modificação é superficial e o tratamento é aplicado nos aços, tendo como objetivo fundamental aumentar a dureza e a resistência ao desgaste da superfície, até uma certa profundidade, ao mesmo tempo que o núcleo das peças, cuja composição química não é afetada, se mantém tenaz.

Os tratamentos termoquímicos mais importantes são:

— *cementação*, que consiste no enriquecimento superficial de carbono de peças de aço de baixo carbono. A temperatura de aquecimento é superior à temperatura crítica e as peças devem ser envolvidas por um meio carbonetante que pode ser sólido (carvão), gasoso (atmosferas ricas em CO) ou líquido (banhos de sal à base de cianetos). A peça cementada deve ser posteriormente temperada;

— *nitretação*, que consiste no enriquecimento superficial de nitrogênio, que se combina com certos elementos dos aços formando nitretos de altas dureza e resistência ao desgaste. As temperaturas de nitretação são inferiores às da zona crítica e os aços nitretados não exigem têmpera posterior. O tratamento é feito em atmosfera gasosa, rica em nitrogênio ou em banho de sal;

— *cianetação*, endurecimento superficial que consiste na introdução simultânea na superfície do aço de carbono e nitrogênio. Levada a efeito em banhos de sal, a temperaturas acima da zona crítica e exigindo têmpera posterior;

— *carbonitretação* ou *cianetação a gás*, tem o mesmo objetivo que a cianetação, ou seja, a introdução superficial simultânea de carbono e nitrogênio; porém, em atmosfera gasosa.

Esses tratamentos, assim como outros, aplicáveis principalmente em ligas ferrosas, tais como têmpera superficial, patenteamento, maleabilização, serão discutidos por ocasião do estudo daquelas ligas.

**5 Prática dos tratamentos térmicos** O tratamento térmico dos metais exige a disponibilidade de diversos tipos de equipamentos e recursos para que se possa realizar uma operação eficiente e correta.

Essa prática evoluiu muito nos últimos anos, principalmente devido à crise energética, que está levando os especialistas a adotarem medidas e desenvolverem métodos de conservar energia ou substituir as fontes tradicionais derivadas do petróleo por fontes alternativas.

Entre as medidas adotadas, podem ser mencionadas as seguintes:

— emprego de recuperadores de calor, que aproveitam o calor dos gases de combustão para preaquecimento ou aquecimento de fornos de tratamento;

— elevação, dentro de limites adequados, das temperaturas de tratamento, de modo a reduzir o tempo à temperatura, com apreciável economia de energia;

— isolamento melhorado dos fornos de aquecimento, com o objetivo igualmente de preservar energia;

— substituição, em determinados casos, dos tratamentos termoquímicos para endurecimento superficial, por têmpera superficial;

— emprego de atmosferas constituídas de misturas de nitrogênio e metanol, em substituição a gases gerados de derivados de petróleo, como atmosferas protetoras;

— substituição de óleos de resfriamento por outros meios que não sejam derivados do petróleo, como polímeros líquidos;

— emprego crescente de microprocessadores e microcomputadores, para controlar fornos intermitentes isolados ou baterias de fornos, em linhas de produção.

No caso de aproveitamento ou recuperação do calor de combustão, tem-se conseguido economias de combustível da ordem de 50% ou mais, dependendo das temperaturas envolvidas no processo.

Além dos fornos de aquecimento e dos meios de resfriamento, o tratador térmico deve dispor de uma série de ferramentas e dispositivos manuais, tais como tenazes, ganchos etc. que facilitem o manuseio das peças quando são carregadas ou descarregadas dos fornos.

É óbvio que o equipamento mais importante é representado pelos *fornos de aquecimento*.

Dada a enorme variedade de tratamentos térmicos e termoquímicos, é difícil ter-se uma classificação que cubra todos os aspectos construtivos e de aplicações. Em princípio, os fornos para tratamento térmico, podem ser classificados como se segue:

— de acordo com seu uso
— de acordo com o tipo de serviço
— de acordo com a fonte de energia
— de acordo com o meio de aquecimento

Quanto ao uso, ter-se-ia fornos de recozimento, fornos de têmpera, fornos de revenido, fornos de cementação etc. Muitos fornos podem ser chamados universais, pois podem ser utilizados para alguns tipos de tratamentos. Assim, por exemplo, o forno representado na Figura 155, do tipo *intermitente*, grandemente empregado em Secções de Tratamentos Térmicos, serve para recozimento, têmpera, revenido, cementação em caixa etc.

Quanto ao tipo de serviço, duas classes podem ser consideradas: fornos intermitentes e fornos contínuos. Nos primeiros, as peças são carregadas no forno, aquecidas até a temperatura desejada durante o tempo necessário, sendo a seguir, retiradas do interior do forno. Em seguida, procede-se a um novo carregamento de peças que sofrem o mesmo ciclo.

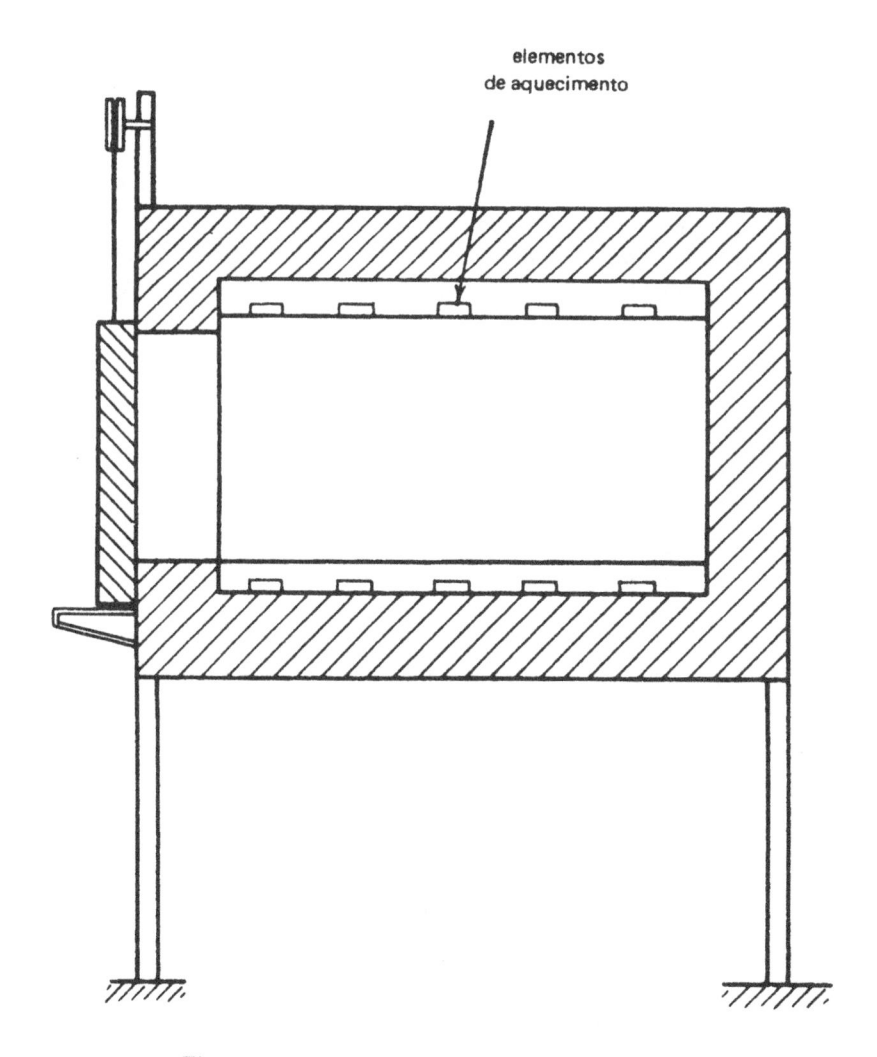

**Figura 155** *Forno intermitente para tratamento térmico.*

Entre os tipos de fornos intermitentes, o mais comum é chamado forno de mufla, representado na Figura 155. A carga é colocada no interior do forno através de uma abertura, protegida por uma porta que se levanta na ocasião do carregamento e permanece fechada durante o tratamento. Esse tipo de forno é utilizado principalmente para peças pequenas, as quais são carregadas manualmente.

Para peças maiores, esses fornos podem apresentar o fundo removível, na forma de carro. Nessas condições, o carregamento se processa com o carro fora do forno, por intermédio de aparelhos de elevação de carga, da mesma forma que o descarregamento.

Há fornos intermitentes verticais, chamados fornos de pote ou, para certas aplicações, fornos-poço. São utilizados para peças longas que, por conveniência, são aquecidas suspensas verticalmente, evitando-se assim o empenamento que poderia resultar se aquecidas horizontalmente. Nesses fornos podem ser igualmente aquecidas peças pequenas, desde que colocadas em cestos. A Figura 156 representa um forno intermitente, vertical, tipo sino, utilizado na operação de revenido de peças de aço temperadas, aquecido eletricamente e com um ventilador no topo para melhor distribuição do calor.

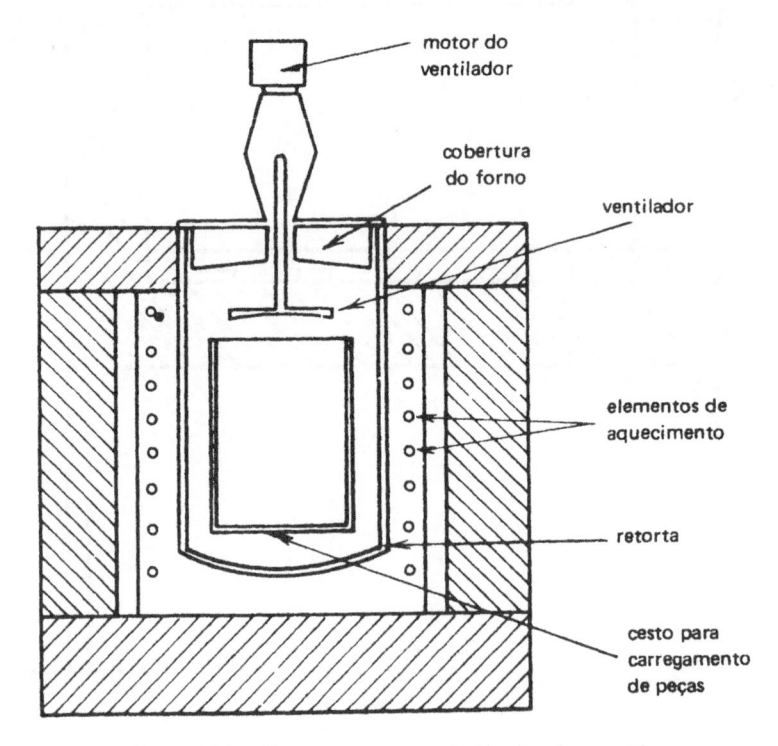

**Figura 156**  *Forno para tratamento térmico de revenido.*

Com relação ao tipo de serviço, os fornos podem ainda pertencer à classe de *fornos contínuos*, caracterizados por operarem sempre em condições de temperatura permanente. De certo modo, são fornos especializados, porque neles são feitos os mesmos tipos de tratamentos térmicos, no mesmo tipo de material. São típicos de oficinas trabalhando numa escala de produção seriada. Nesses fornos, as peças são carregadas numa extremidade do forno e descarregadas na outra. Via de regra, as peças são movidas por meios mecânicos, ou pelo uso de esteiras transportadoras, ou de soleiras rotativas, ou por intermédio de empurradores mecanizados etc.

Quanto à fonte de energia, os fornos são classificados em *fornos de reverbero*, quando aquecidos por combustão de coque, carvão de madeira, óleo combustível, gás natural, gás de gerador ou *fornos elétricos*.

Os mais usuais são os aquecidos a óleo, a gás ou por eletricidade. Estes últimos são os melhores. Mais simples de operar, permitem um controle mais rigoroso da temperatura. Esses fornos são aquecidos por meio de resistências elétricas.

Finalmente, quanto ao ambiente de aquecimento, no qual as peças são tratadas, pode-se considerar os seguintes: ar, atmosferas protetoras e sais fundidos.

O ar é o meio usual, desde que não ocorram reações indesejáveis, como oxidação, descarbonetação, ou desde que essas reações, se ocorrerem, não causem maior prejuízo.

De um modo geral, entretanto, é necessário preservar a superfície dos metais, principalmente no caso das peças de aço, mediante meios quase que rudimentares, como a formação de um leito de carvão de madeira no interior do forno, ou empacotamento das peças em caixas contendo carvão de madeira granulado etc. de modo a diminuir o risco de oxidação, até a utilização de sistemas mais sofisticados como os representados pelas atmosferas controladas, produzidas por gasogênio ou geradores (quer de natureza exotérmica, quer endotérmica).

Um meio de aquecimento protetor de grande importância na moderna prática de tratamentos térmicos é o constituído pelos banhos de sal, que deram origem aos chamados *fornos de banho de sal*. Esses fornos são empregados para tratar peças pequenas. Neles (Figura 157) o meio de aquecimento consiste em sal fundido que é colocado no interior de um pote de aço fundido, ferro fundido ou material refratário. A Figura 157 representa um forno de banho de sal aquecido eletricamente, por intermédio de eletrodos. Nele, o sal fundido é ao mesmo tempo um meio de aquecimento e o elemento de aquecimento, pois serve como condutor. Apresenta uma eficiência térmica muito elevada, permitindo a obtenção de temperaturas altas.

252   *Tecnologia Mecânica*

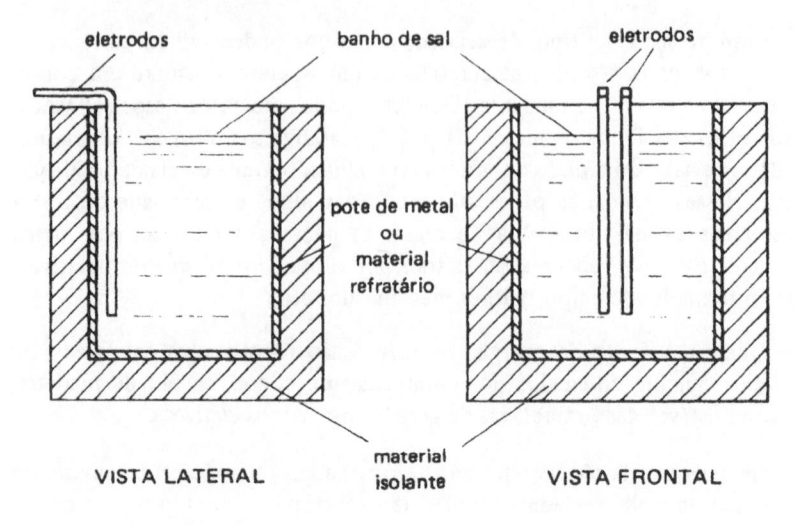

Figura 157   *Representação esquemática de um tipo de forno de banho de sal.*

A composição dos banhos de sal depende do tipo de tratamento térmico e das ligas que estão sendo tratadas. Por exemplo, na cementação líquida de aços-carbono, a composição inclui cianetos de sódio, cloreto de bário, potássio e sódio, carbonato de sódio; para a nitretação líquida, cianeto de sódio e carbonatos de sódio e potássio; na têmpera de aços rápidos, cloretos de bário, sódio, potássio e cálcio, cianetos de sódio e potássio, nitratos de sódio e potássio; no tratamento de alumínio e suas ligas, nitratos; no tratamento de cobre e suas ligas, cloretos etc.

O controle da temperatura de aquecimento nas operações de tratamento térmico é feito por aparelhos de medida, dos tipos medidores, reguladores e registradores.

Um operador prático, no caso dos aços, consegue avaliar a temperatura pela coloração que o material adquire nas diferentes temperaturas; assim, por exemplo, a cor marrom corresponde a aproximadamente 550°C, o cereja-escuro, a 700°C, o cereja, a 800°C, o alaranjado, a 900°C, o amarelo, a 1.000°C e o amarelo-claro, a 1.100°C. Deve-se evitar, entretanto, esse recurso, o qual, de qualquer modo, pode inclusive alertar para qualquer defeito na aparelhagem de controle.

Na prática dos tratamentos térmicos é muito importante a disponibilidade de *meios de resfriamento* adequados.

Esses meios variam desde os mais drásticos, isto é, aqueles que correspondem às maiores velocidades de resfriamento (teoricamente, seriam certos gases congelados, mas na prática são soluções aquosas), até os mais brandos, isto é aqueles que correspondem às menores velocidades de resfriamento, como o ambiente do próprio forno onde foi levado a efeito o aquecimento e que é desligado, para que as peças resfriem no seu interior.

Por outro lado, a agitação do meio de resfriamento também influi na sua maior ou menor severidade. No caso da salmoura, por exemplo (solução aquosa a 10% NaCl), sua velocidade de resfriamento pode mais do que duplicar a partir de nenhuma agitação até agitação violenta.

Quanto às "atmosferas protetoras", elas podem ser classificadas em seis grupos[78]:

— "à base exotérmica", obtida por combustão parcial ou completa de uma mistura gás/ar, em que o nitrogênio varia de 71,5 a 86,8%, o CO de 10,5 a 1,5%, o $CO_2$ de 5,0 a 10,5%, o $H_2$ de 12,5 a 1,2% e o $CH_4$ de 0,5 a 0%. Empregam-se em recozimento brilhante, brasagem do cobre e na sinterização (metalurgia do pó);

— "à base endotérmica", obtida por reação parcial de uma mistura de gás combustível e ar numa câmara cheia de substância catalisadora externamente aquecida. Nelas o $N_2$ varia de 39,8 a 45,1%, o CO de 20,7 a 19,6%, o $H_2$ de 38,7 a 34,6%, com menos de 1% de $CO_2$ e $CH_4$. Empregam-se na têmpera e cementação a gás;

— "à base de nitrogênio preparado", obtida a partir da base exotérmica, com remoção do $CO_2$ e do vapor de água. Nelas, o $N_2$ varia de 75,3 a 97,1%, o CO de 11,0 a 1,7%, o $H_2$ de 13,2 a 1,2%, com traços de $CH_4$. Empregam-se em aquecimento neutro e no recozimento e brasagem de aços inoxidáveis;

— "à base exotérmica-endotérmica", obtida pela completa combustão de uma mistura de gás combustível e ar, removendo-se o vapor d'água e formando de novo o $CO_2$ a CO mediante uma reação com gás combustível numa câmara cheia de substância catalisadora externamente aquecida. Emprega-se na têmpera e cementação a gás;

— "à base de carvão de madeira", obtida fazendo-se passar ar através de um leito de carvão de madeira incandescente. Possui cerca de 64% de $N_2$, 34,7% de CO e 1,2% de $H_2$. Emprega-se na cementação a gás principalmente;

— "à base de amônia", que pode consistir em amônia crua, amônia dissociada ou amônia dissociada parcialmente ou completamente queimada. Nessas condições, o $N_2$ pode variar desde 25,0% até 99,0% e o $H_2$ de 75,0% a 1,0%. Emprega-se nas operações de brasagem, sinterização, aquecimento neutro etc.

Um característico importante das atmosferas protetoras é o seu "ponto de orvalho". Quando se tem uma mistura de ar e gás, a uma certa temperatura e para uma dada pressão, ocorre precipitação de umidade. A temperatura exata em que a umidade precipita ou na qual o ar fica saturado é chamada "ponto de orvalho".

Essa temperatura reflete o equilíbrio químico dos vários componentes de uma mistura, em proporções fixas e determinadas, de ar e gás, quando essa mistura é aquecida de modo a permitir que as reações químicas atinjam aquele equilíbrio.

O conhecimento do ponto de orvalho permite controlar o "potencial de carbono" da atmosfera e uma vez conhecido o ponto de orvalho de uma atmosfera para um tratamento específico, procura-se mantê-lo constante durante todo o ciclo de tratamento térmico.

Existem aparelhos ou dispositivos que permitem um controle automático desse característico.

# CAPÍTULO X

# TRATAMENTOS SUPERFICIAIS

**1 Corrosão dos metais** A "corrosão" é o fenômeno de deterioração e perda de material devido a modificações químicas e eletrônicas que ocorrem por reações com o meio ambiente. A corrosão, além de provocar a falha direta dos metais quando em serviço, torna-os suscetíveis de romper por algum outro mecanismo.

O ferro e suas ligas são os materiais de construção mecânica mais importantes e também os mais sujeitos e mais sensíveis à ação de um meio corrosivo. É natural, pois, que os fenômenos relacionados com a corrosão do ferro sejam os mais estudados e os mais conhecidos.

O tipo mais comum de corrosão do ferro envolve o processo eletroquímico de oxidação metálica[79].

Admitindo a oxidação como correspondendo à remoção de elétrons de um átomo, pode-se escrever as equações:

$$Fe \rightarrow Fe^{2+} + 2e \qquad (1)$$

e

$$Fe^{2+} \rightarrow Fe^{3+} e^{-} \qquad (2)$$

Como resultados dessas reações (reação química e libertação de elétrons) ocorrem outras reações, entre as quais a formação de um óxido hidratado de ferro correspondente à "ferrugem":

$$4Fe + 3O_2 + 6H_2O \rightarrow 4Fe(OH)_3 \qquad (3)$$

Para que haja corrosão ou "enferrujamento" do ferro, é necessário que estejam presentes tanto umidade como oxigênio. Em outras palavras, não haverá corrosão do ferro se o mesmo estiver mergulhado em água sem a presença de oxigênio, do mesmo modo que não haverá corrosão se o ferro estiver exposto ao ar contendo apenas oxigênio, sem presença de umidade.

No caso da corrosão atmosférica, por outro lado, a intensidade da corrosão depende das condições climáticas, ou seja, dos climas que prevalecem em determinadas regiões como clima seco, clima tropical chuvoso, clima úmido, clima das regiões costeiras, onde as partículas de água salgada transportadas pelo ar aceleram a ação corrosiva e assim em seguida.

De qualquer modo, a corrosão ocorre geralmente mediante a interação de dois processos: solução e oxidação.

As equações (1) e (2) podem ser reescritas da seguinte forma:

$$Fe \rightleftarrows Fe^{2+} + 2e^- \qquad (4)$$

$$Fe \rightleftarrows Fe^{3+} + 3e^- \qquad (5)$$

Como resultado da produção de íons e elétrons, cria-se um potencial elétrico chamado "potencial de eletrodo", o qual depende da natureza do metal e da natureza da solução.

A medida do potencial de eletrodo de qualquer metal fornece um método para conhecer suas tendências à corrosão. Essa medida é feita mediante a determinação inicial da diferença de voltagem entre o metal considerado e o eletrodo de hidrogênio, tomado como padrão.

Com o hidrogênio, ocorre equilíbrio segundo a reação seguinte:

$$H_2 \rightleftarrows 2H^+ + 2e^- \qquad (6)$$

A diferença de potencial medida entre eletrodos de ferro e de hidrogênio corresponde a 0,44 volts[151].

Pode-se estabelecer uma escala de diferenças de potenciais, classificando-se, por assim dizer, os metais de acordo com sua tendência à corrosão (Tabela 15)[79].

Outro aspecto da corrosão eletrolítica deve ser mencionado: se dois metais, um dos quais o ferro por exemplo, são mergulhados numa solução (eletrólito) e o contato entre eles é estabelecido, forma-se um "par galvânico" como uma diferença definida de potenciais.

Na célula eletrolítica formada, "anodo" é o eletrodo que fornece elétrons ao circuito externo e "catodo" corresponde ao eletrodo que recebe os elétrons do circuito externo.

Na célula eletrolítica em que um dos metais é o ferro, como este tem maior potencial de eletrodo que o hidrogênio (anodo, portanto), ele fornece elétrons ao catodo, destruindo o equilíbrio descrito pela equação (6), cujo sentido passa a ser o da esquerda.

Assim, liberta-se hidrogênio no catodo a partir dos íons de hidrogênio da solução.

Essa reação remove igualmente alguns elétrons do eletrodo de ferro e destrói o equilíbrio das reações (4) e (5), cujo sentido passa a ser o da direita.

As reações continuam a ocorrer espontaneamente, com conseqüente dissolução do metal do anodo e produção de hidrogênio no catodo.

Se um dos eletrodos for prata, como o hidrogênio possui um potencial de eletrodo maior do que o da prata, esta será o catodo e o hidrogênio o anodo.

Esse é o mecanismo da chamada "corrosão galvânica".

A corrosão dá-se somente no catodo, onde o potencial elétrico é maior. No estabelecimento do contato elétrico, ocorre a destruição do equilíbrio no sentido da dissolução maior (ou seja, da corrosão) e há remoção de elétrons.

A deposição de hidrogênio no catodo dá-se porque ele está situado em posição inferior na série eletroquímica dos elementos (Tabela 15).

Esse hidrogênio é proveniente dos íons de hidrogênio existentes na solução aquosa, como resultado da reação:

$$H_2O \rightleftarrows H^+ + OH^- \qquad (7)$$

A equação (6), no sentido para a esquerda, exprime uma reação catódica que é perfeitamente perceptível, porque nela se produz gás.

Outras reações catódicas muito importantes podem ocorrer também.

Por exemplo, a remoção de H da solução leva à reação expressa pela equação (7) a dirigir-se para a direita, originando-se mais íons de $(OH)^-$ na superfície do catodo, dando lugar, quando os íons $Fe^3$ estão presentes, à reação seguinte:

$$Fe^{3+} + 3(OH)^- \rightarrow Fe(OH)_3 \qquad (8)$$

originando-se a "ferrugem", conforme está esquematicamente representado na Figura 158[79].

Este $Fe(OH)_3$ é praticamente insolúvel na maioria das soluções aquosas, de modo que ele precipita imediatamente, permitindo que a reação prossiga para a direita e o enferrujamento continue.

## TABELA 15

### SÉRIE ELETROMOTRIZ DOS ELEMENTOS

| | Equilíbrio metal-íon metálico | Potencial do eletrodo a 25°C (volts)* |
|---|---|---|
| ↑ ativos ou anódicos | $K\text{-}K^+$ $Ca\text{-}Ca^{2+}$ $Na\text{-}Na^+$ $Mg\text{-}Mg^{2+}$ $Al\text{-}Al^{3+}$ $Zn\text{-}Zn^{2+}$ $Cr\text{-}Cr^{3+}$ $Fe\text{-}Fe^{2+}$ $Ni\text{-}Ni^{2+}$ $Sn\text{-}Sn^{2+}$ $Pb\text{-}Pb^{2+}$ $Fe\text{-}Fe^{3+}$ | + 2,92 + 2,90 + 2,71 + 2,40 + 1,70 + 0,76 + 0,74 + 0,44 + 0,25 + 0,14 + 0,13 + 0,045 |
| referência | $H_2\text{-}H^+$ | 0,00 |
| nobres ou catódicos ↓ | $Cu\text{-}Cu^{2+}$ $Ag\text{-}Ag^+$ $Pt\text{-}Pt^{2+}$ $Au\text{-}Au^{2+}$ | − 0,34 − 0,80 − 1,20 − 1,50 |
| *Esses sinais são utilizados por físico-químicos. Muitos especialistas em eletroquímica e corrosão empregam sinais opostos. | | |

A corrosão ocorre de fato no anodo, mas a ferrugem se deposita no catodo.

Na presença de oxigênio, tem-se a reação

$$2H_2O + O_2 + 4e^- \rightarrow 4(OH)^- \qquad (9)$$

o que significa que quanto maior o teor de oxigênio, mais a reação (9) tende a caminhar para a direita, resultando mais íons (OH)$^-$, maior remoção de elétrons e maior aceleração da corrosão do anodo.

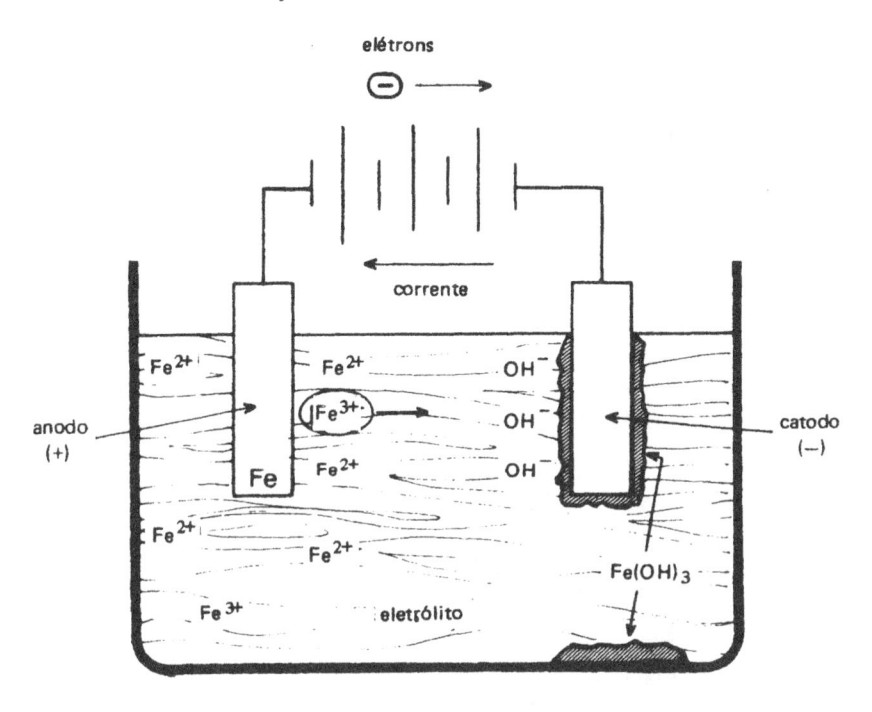

Figura 158  *Enferrujamento*.

**1.1 Tipos de células galvânicas**  A corrosão é de um modo geral atribuída à formação de células galvânicas e às resultantes correntes elétricas. Para que essas células surjam, devem estar presentes dois eletrodos dissimilares, os quais, por sua vez, podem se originar de diferenças de composição, diferenças de nível de energia (área tensionadas) ou diferenças de ambiente eletrolítico.

Assim sendo, as células galvânicas podem ser classificadas em três grupos diferentes, que, em última análise, dão origem a três tipos diferentes de corrosão: células de composição, células de tensão e células de concentração.

Cada uma dessas células produz corrosão porque metade do par atua como o anodo e a outra metade, com potencial de eletrodo menor, como o catodo. A corrosão ocorre unicamente no anodo, desde que haja contato elétrico com um catodo.

As *células de composição* são estabelecidas entre dois materiais dissimilares. O metal em posição mais elevada na série eletromotiva atua como anodo: numa chapa de aço galvanizado (recoberta de zinco), por exemplo, o revestimento de zinco age como um anodo e protege a camada subjacente de ferro, mesmo se a superfície não esteja completamente recoberta, porque o ferro exposto é o catodo e não corrói.

Inversamente, num revestimento de estanho sobre ferro, a proteção é eficiente apenas enquanto a superfície do metal estiver completamente recoberta, visto que o estanho se localiza somente um pouco acima do hidrogênio na série eletromotiva e, portanto, sua velocidade de corrosão é limitada. Contudo, se a superfície de revestimento se tornar perfurada, o estanho passa a atuar como catodo e o ferro exposto, que se localiza acima do estanho na série eletromotiva, atua como anodo. A célula galvânica que resulta produz corrosão de ferro, que se caracteriza por ser uma corrosão localizada que se estende muito rapidamente, visto que pequenas áreas anódicas devem suprir de elétrons uma superfície catódica extensa.

Outros exemplos de pares galvânicos são os seguintes: parafusos de aço em ferragens marítimas de latão; solda Pb-Sn em volta de fio de cobre; eixo de aço de hélice em mancal de bronze; tubo de aço ligado a canalização de cobre.

As *células de tensão* correspondem aos contornos dos grãos dos metais e às áreas encruadas dos metais trabalhados a frio. Os átomos dos contornos dos grãos apresentam um potencial de eletrodo diferente daquele dos átomos do próprio grão, originando-se, assim, um anodo e catodo. Considerando que um metal de granulação mais fina apresenta uma área anódica maior, ele apresenta uma velocidade de corrosão mais elevada que o metal de granulação grosseira.

Num metal trabalhado a frio, as áreas encruadas atuam como o anodo e as áreas não deformadas como o catodo, desde que a deformação realizada não tenha encruado totalmente o material. De qualquer modo, os efeitos das tensões sobre a corrosão são muito importantes, pois podem acelerar apreciavelmente o fenômeno na presença de ambiente corrosivo.

No que se refere às *células de concentração*, já foi dito que o potencial de eletrodo depende da concentração do eletrólito. A célula de concentração tipo *oxidação*[121] é mais importante do ponto de vista de corrosão. Um dos tipos mais notáveis de corrosão ocorre na parte da célula com uma deficiência de oxigênio, o que significa que a corrosão pode se acelerar em áreas aparentemente inacessíveis, porque essas áreas são deficientes de oxigênio e atuam como anodos. Assim, fissuras e pequenas gretas são pontos de corrosão.

O acúmulo de sujeira e outras matérias estranhas na superfície também aceleram a corrosão.

A velocidade de corrosão varia muito com a natureza dos líquidos corrosivos. No caso do ferro, por exemplo, algumas substâncias oxidantes, como o ácido nítrico concentrado, causam a formação superficial de uma camada muito fina monomolecular de óxido e de oxigênio absorvido que diminui ou impede a corrosão. Esse fenômeno é chamado *passivação* do ferro. Os próprios produtos da corrosão podem agir como protetores parciais, de acordo com sua solubilidade, permeabilidade etc.

Alguns exemplos de passividade química são os seguintes: alumínio no ácido nítrico, prata no ácido clorídrico, chumbo no ácido sulfúrico, em que a passividade é devida respectivamente à formação de óxido de alumínio, cloreto de prata e sulfato de chumbo, compostos que aderem muito bem à superfície e são muito estáveis diante do reagente. O próprio ferro fica inatacável pelo ácido nítrico concentrado devido à formação de uma película de óxido.

**2  Tipos de corrosão**  Existem inúmeros fatores que influem no fenômeno da corrosão. A ação desses fatores é tão importante que é possível estabelecer-se, pelo menos em princípio e de um modo amplo, uma classificação dos tipos ou formas de corrosão.

Essas formas são mais ou menos inter-relacionadas e abrangem quase todos os tipos de falhas que podem ocorrer em conseqüência do fenômeno corrosivo.

A classificação, de certa maneira arbitrária, inclui as seguintes formas de corrosão[80]:

- corrosão uniforme ou ataque generalizado
- corrosão galvânica
- corrosão por depósito
- corrosão localizada
- corrosão intergranular
- corrosão seletiva
- corrosão por erosão
- corrosão sob tensão
- corrosão por ação do hidrogênio

2.1 **Corrosão uniforme ou ataque generalizado**  É o tipo mais generalizado de corrosão e o que causa a maior destruição dos metais. É devida ao ataque químico ou eletroquímico da superfície do metal, cobrindo uma vasta área, que prossegue ininterruptamente e diminui a secção das peças até, eventualmente, sua falha definitiva.

Esse tipo de corrosão pode geralmente ser previsto e reduzido ou impedido pelos processos normais de proteção, como se verá mais adiante, ou pela utilização de materiais resistentes ao ataque corrosivo. Além disso, há inibidores que adequadamente empregados podem impedir ou reduzir o ataque corrosivo.

2.2 **Corrosão galvânica** É devida à diferença de potencial que existe entre dois metais diferentes que sejam mergulhados numa solução corrosiva ou condutora.

Esse tipo de corrosão já foi mencionado e, de certo modo, descrito, e a série galvânica apresenta na Tabela 15 permite prever as tendências corrosivas dos metais.

Como a corrosão galvânica pode ocorrer em situações e lugares imprevistos, o engenheiro projetista deve estar ciente desse fato e especificar adequadamente os materiais para empregos específicos.

A corrosão galvânica ocorre não somente em ambientes relativamente agressivos, mas igualmente em ambiente atmosférico, sendo que a severidade neste último caso depende do tipo e da quantidade de umidade presente. É por isso que a corrosão é mais severa em áreas de litoral do que no interior, em áreas rurais secas.

Outro fator que influi na intensidade da corrosão galvânica é o fator "área", no sentido de relação das áreas catódicas e anódicas. Uma relação desfavorável consiste em catodos de grandes dimensões e pequenos catodos.

Para prevenir a corrosão galvânica, recomenda-se, toda a vez que numa determinada montagem se deve utilizar metais diferentes, selecionar metais o mais possível próximos na série galvânica. Deve-se igualmente evitar o fator "área" acima mencionado.

Outra técnica que se utiliza para impedir a corrosão galvânica consiste em isolar completamente, quando possível, os dois metais diferentes. A Figura 159[80] dá um exemplo.

As duas flanges de metais diferentes são presas por um parafuso. Um erro comum que se pratica é isolar as cabeças dos parafusos e as porcas com arruelas de baquelite, porque se esquece que a haste do parafuso está em contato com ambas as flanges. A técnica correta consiste em isolar-se a haste do parafuso com um tubo isolante, além das porcas.

Revestimentos aplicados cuidadosamente, a adição de inibidores para diminuir a **agressividade** do ambiente, a colocação de um terceiro metal que é anódico para ambos os metais no contato galvânico e preferir juntas ligadas por brasagem, em vez de rosqueadas, como a figura mostra, são técnicas que diminuem a ação corrosiva.

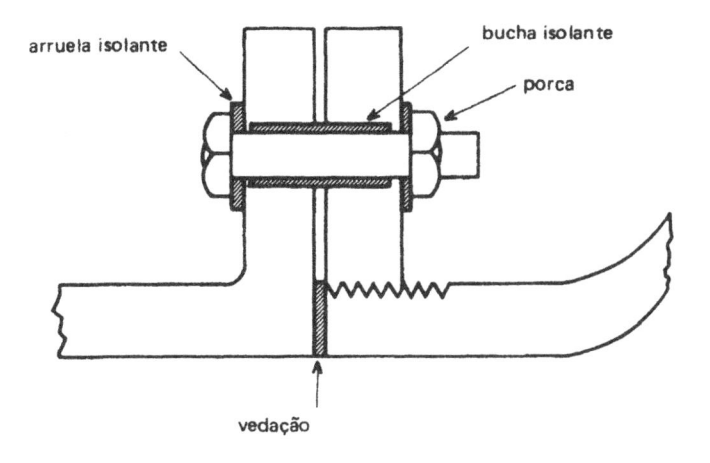

**Figura 159** *Isolamento adequado de uma junta de flange.*

2.3 **Corrosão por depósito** Em áreas metálicas onde existem fendas, entalhes ou peculiaridades semelhantes, freqüentemente ocorre um intenso ataque corrosivo, sobretudo quando essas áreas estão sujeitas a corrosivos. Os depósitos que podem provocar esse tipo de corrosão são areia, sujeira em geral, produtos de corrosão e outras substâncias sólidas.

A corrosão por depósito pode ocorrer igualmente em juntas sobrepostas, em superfícies de gaxetas e orifícios.

A teoria geralmente aceita para explicar o fenômeno ligava o mesmo a diferenças nos íons metálicos ou concentração de oxigênio entre a peculiaridade e o meio circunvizinho.

Por isso, esse tipo de ataque é chamado também "corrosão galvânica de célula de concentração".

As causas básicas, na atualidade, são consideradas outras, embora a teoria acima ainda seja parcialmente válida.

Considere-se, por exemplo, uma junta rebitada de ferro mergulhada em água salgada. Ocorre uma reação que consiste na dissolução do metal M e na redução do oxigênio a íons de hidróxido, conforme as reações seguintes:

oxidação $\quad M \rightarrow M^+ + e$
redução $\quad O_2 + H_2O + 4e \rightarrow 4OH^-$

Essas reações, no estágio inicial, ocorrem sobre toda a superfície de modo uniforme, incluindo no interior da peculiaridade, ou seja, no pequeno espaço da junta.

Após um curto espaço de tempo, devido à convecção limitada, o oxigênio começa a se esgotar, de modo que a reação de redução do oxigênio cessa na área, embora continue a oxidação do metal M. Esse fato tende a produzir um excesso de carga positiva na solução (M), a qual é equilibrada pela migração de íons cloretos na peculiaridade.

Ocorre, em conseqüência, uma concentração crescente de cloreto metálico no interior do pequeno espaço da junta.

Sais metálicos, em geral, incluindo cloretos e sulfatos, se hidrolizam na água e, por motivos que não são ainda muito claros, os íons de hidrogênio e cloretos aceleram as velocidades de dissolução da maioria dos metais e ligas.

Esses íons estão ambos presentes na peculiaridade, de modo que ocorre uma aceleração do processo de ataque.

Nessas condições, recomenda-se que, em vez de juntas rebitadas ou aparafusadas, sejam empregadas juntas soldadas. Além disso, convém realizar-se inspeções periódicas do equipamento, para eliminar qualquer depósito que se tenha formado.

**2.4 Corrosão localizada** Esse tipo de corrosão é muito traiçoeira, porque consiste em pequenos orifícios que se formam na superfície do metal, difíceis de detectar não só pelas suas dimensões como também porque freqüentemente ficam mascarados por produtos de corrosão.

Esse tipo de corrosão é devido à ação do íon negativo do cloro existente em soluções aquosas. Portanto, são as soluções de cloreto que provocam mais freqüentemente a corrosão localizada, inclusive nos aços inoxidáveis, os quais são, na realidade, as ligas mais suscetíveis a esse tipo de ataque.

É necessário, portanto, muito cuidado ao tentar utilizar-se esses tipos de aços em contato com qualquer concentração de ácido clorídrico, ou soluções de cloreto de ferro, cloreto de cobre, cloretos alcalinos e alcalino-terrosos e mesmo em atmosfera salina.

Esse tipo de corrosão pode ser, às vezes, mais prejudicial do que a corrosão generalizada, visto que resulta em pontos de concentração de tensões que levarão o metal à ruptura por fadiga.

Para prevenir a corrosão localizada, pode-se aplicar as mesmas técnicas recomendadas para reduzir a corrosão por depósito.

Nos aços inoxidáveis do tipo austenítico, como o 18-8 (18% de cromo e 8% de níquel), que são sujeitos a esse tipo de ataque, a adição de 2% de molibdênio confere maior resistência à corrosão localizada.

**2.5 Corrosão intergranular** Esse tipo de corrosão aparece mais freqüentemente nos aços inoxidáveis austeníticos, onde ocorre o empobrecimento de um dos elementos de liga do aço — cromo mais especificamente — nos contornos dos grãos.

Esses aços são os melhores sob o ponto de vista de resistência à corrosão. Contudo, quando são aquecidos numa faixa de temperaturas entre 510° e 790°C, eles tornam-se suscetíveis a esse tipo de ataque.

Admite-se que se o teor de carbono do aço inoxidável for superior a 0,02% forma-se o composto $Cr_{23}C$ que se precipita da solução sólida austeníticas, nas áreas adjacentes aos contornos de grão, áreas essas que ficam empobrecidas de cromo, o qual é o elemento de liga fundamental nesses aços. Essas áreas adquirem, em conseqüência, menor capacidade de resistir ao ataque corrosivo.

As soluções para contornar esse problema consistem em reduzir o teor de carbono desses aços para menos que 0,03%, adicionar elementos de liga fortes formadores de carbonetos como nióbio e titânio, de modo a se evitar a formação de carboneto de cromo ou, finalmente, reaquecer o aço a uma temperatura superior à zona crítica (entre 950° e 1150°C), de modo a ter-se uma redissolução dos carbonetos precipitados nos contornos de grão, com posterior resfriamento rápido através da faixa crítica (510-790°C) para evitar-se nova precipitação.

Algumas outras ligas metálicas estão sujeitas igualmente à corrosão intergranular: ligas de alumínio de alta resistência, como o duralumínio, certas ligas de cobre e de magnésio, ligas de zinco para fundição sob pressão em vapor e atmosferas marítimas etc.

**2.6 Corrosão seletiva** O exemplo mais comum é a "dezincificação", ou seja, a remoção de zinco nas ligas latão.

Nesse caso do latão, a teoria mais aceita para o fenômeno considera que o mesmo se realiza em três fases[80]: o latão se dissolve; íons de zinco permanecem em solução; resíduo ou depósito de cobre recobre superficialmente o metal, o que é comprovado pela coloração que é adquirida pela liga, a qual passa do amarelo típico do latão para o vermelho característico do cobre.

O melhor modo de prevenir esse tipo de corrosão é utilizar latões menos sujeitos à dezincificação, como o latão vermelho que contém 15% de zinco. Note-se que o latão mais comum contém 70% de cobre e 30% de zinco.

**2.7 Corrosão por erosão** Ocorre quando há movimento relativo entre o meio corrosivo e o metal. Esse movimento provoca a destruição das camadas superficiais protetoras, fazendo aparecer pequenas regiões anódicas em contato com grandes extensões catódicas.

Como resultado, formam-se sulcos ou ranhuras, orifícios arredondados e peculiaridades semelhantes.

A velocidade do meio influi no processo, sobretudo quando a solução contém sólidos em suspensão. De um modo geral, velocidades crescentes contribuem para acelerar o processo.

Um tipo particular de corrosão por erosão é a "cavitação", devida à ação erosiva de líquidos com bolhas gasosas. A cavitação ocorre, por exemplo, em turbinas hidráulicas, hélices de vapor, propulsores de bombas etc., em que ocorrem fluxos líquidos de alta velocidade e mudanças de pressão.

O mecanismo da cavitação envolve as seguintes etapas: uma bolha de cavitação forma-se sobre a película ou revestimento protetor; a bolha desintegra e destrói a película expondo a superfície metálica à ação corrosiva; a película protetora é restaurada; uma nova bolha de cavitação forma-se no mesmo lugar; o processo se repete, resultando na formação de orifícios profundos.

Outro tipo de corrosão por erosão é devido à "turbulência" de um meio líquido contendo ar arrastado em bolhas. Produz um contato mais íntimo entre o meio corrosivo e o metal e o choque resultante da maior agitação do líquido produz a erosão.

A "corrosão sob atrito" é igualmente considerada uma forma da corrosão por erosão. Ocorre quando duas superfícies, das quais pelo menos uma é metálica, estão em contato e ficam sujeitas a vibrações e deslizamento. A corrosão verifica-se na interface, onde se formam pequenas ranhuras ou crateras que podem servir de núcleo para a ocorrência de ruptura por fadiga.

A corrosão sob atrito envolve os mecanismos de desgaste e oxidação. O fenômeno pode ser minimizado pela utilização de lubrificantes, como graxas e óleos de alta tenacidade e baixa viscosidade, ou pelo aumento da dureza e resistência ao desgaste de um ou ambos os materiais que estão em contato e outras técnicas.

2.8 **Corrosão sob tensão** Ocorre quando há interação de tensões estáticas e corrosão, levando à fratura intergranular, ou seja, acompanhando os contornos de grãos e à fratura transgranular, no interior dos grãos. Como os contornos de grãos representam áreas de maior energia, essa região é mais facilmente corroída que a região correspondente ao interior dos grãos.

A fratura transgranular na corrosão sob tensão é de explicação mais complexa e o fenômeno é observado principalmente em ligas, já que os metais puros são aparentemente imunes.

A corrosão sob tensão é observada em aços doces na presença de álcalis, nitratos, produtos de destilação de carvão e amônia anidra, originando uma fratura intercristalina; em aços de alta resistência, principalmente em ambientes contendo cloretos; em ligas de cobre na presença de amônia; ligas de alumínio em diversos ambientes; em ligas de magnésio e titânio, numa variedade de meios corrosivos, principalmente os que contêm cloretos; em aços inoxidáveis ferríticos e martensíticos e em aços inoxidáveis austeníticos, em meios clorídricos.

Com exceção do caso dos aços inoxidáveis austeníticos em que a fratura resultante é transgranular, nas outras ligas a fratura é intercristalina.

Para evitar a corrosão sob tensão, várias técnicas são recomendadas:

— reduzir a tensão abaixo de um valor estimado como crítico. Essa redução de tensão pode ser conseguida pela redução da carga inicial, pelo aumento da secção da peça e, na hipótese de existirem tensões residuais, por um recozimento para alívio de tensões;

— eliminação do ambiente prejudicial;

— modificação da liga, se os dois primeiros métodos não puderem ser aplicados;

— aplicação de proteção catódica;

— adição de inibidores.

Um tipo importante de corrosão sob tensão é a "corrosão sob fadiga", em que o tipo de tensão a que está submetido o material no ambiente corrosivo é de natureza cíclica.

Na presença de um meio corrosivo, a resistência à fadiga dos metais é diminuída. A falha que se origina da corrosão sob fadiga é o tipo transgranular.

Para reduzir a corrosão sob fadiga, um dos métodos consiste em alterar-se o projeto das peças. Outras técnicas que se aplicam incluem tratamentos de alívio de tensões, introdução de tensões de compressão na superfície metálica, utilização de inibidores e aplicação de revestimentos protetores.

2.9 **Corrosão por ação do hidrogênio** Também chamada "fragilização pelo hidrogênio", ocorre devido à interação do hidrogênio com os metais, por uma série de mecanismos, levando a modificações nas suas propriedades mecânicas.

A fragilização é causada pela penetração de hidrogênio no metal, resultando em perda simultânea de resistência mecânica e de ductilidade.

A ação do hidrogênio pode, no caso dos aços, produzir uma descarbonetação superficial, com conseqüente redução da resistência mecânica do material.

Além de ligas ferrosas, outras ligas como de titânio e zircônio podem ser fragilizadas pelo hidrogênio.

A fragilização pelo hidrogênio ocorre freqüentemente durante os processos de "decapagem" — anteriores aos processos de proteção superficial. As reações devidas à decapagem produzem uma corrosão no metal básico, com conseqüente desprendimento de hidrogênio. A adição de inibidores reduz grandemente a corrosão do metal-base durante a decapagem, reduzindo simultaneamente o desprendimento de hidrogênio.

A fragilização pelo hidrogênio pode ser considerada um processo reversível, principalmente nos aços, de modo que, se for possível remover o hidrogênio, as propriedades mecânicas tornam-se praticamente idênticas às do aço sem hidrogênio. Uma técnica comum para remover o hidrogênio consiste em aquecer o aço a temperaturas da ordem de 90° a 150°C.

### 3 Prevenção contra a corrosão
Pode ser conseguida por diversos meios:

— escolha apropriada de metais e ligas que se caracterizem por resistirem à corrosão;

— alteração do ambiente;

— emprego de revestimentos superficiais, os quais constituem uma película protetora que separa o meio ambiente do metal-base;

— proteção catódica.

O primeiro método — seleção adequada de metais e ligas — será abordado no capítulo destinado ao estudo dessas ligas.

### 3.1 Alteração do ambiente
Essa técnica não significa propriamente utilizar um meio diferente, mas sim tentar alterar seus característicos corrosivos, diminuindo sua capacidade de ataque corrosivo.

Entre os métodos empregados para esse fim, incluem-se os seguintes[81]:

— diminuição da temperatura
— diminuição da velocidade
— remoção do oxigênio e de substâncias oxidantes
— modificação da concentração
— utilização de inibidores

A "diminuição da temperatura do meio" causa, em geral, um decréscimo considerável do ataque corrosivo, com exceção do caso da água salgada, em que, se houver uma elevação da sua temperatura até seu ponto de ebulição, há uma queda da solubilidade do oxigênio e ela se torna menos corrosiva que a água quente.

Contudo, de um modo geral, temperaturas elevadas aceleram o ataque corrosivo, porque, na maioria dos meios, essa elevação de temperatura aumenta o poder oxidante do meio, mesmo nos casos de materiais resistentes à corrosão.

O "decréscimo da velocidade do meio" constitui um método comum para diminuir o ataque corrosivo, porque altas velocidades do meio podem provocar a remoção das películas protetoras (corrosão-erosão), resultando num ataque corrosivo acelerado. Há exceções, como os aços inoxidáveis e o titânio que se tornam mais passivos quando a velocidade do meio corrosivo é elevada.

A "remoção de oxigênio e de substâncias oxidantes do meio" pode ser conseguida por eliminação de ar, por tratamento a vácuo, pela adição de elementos desoxidantes e, eventualmente, outros meios.

Por exemplo, a água de alimentação de caldeiras pode ser desaferada fazendo-a passar através de grande volume de sucata de aço.

A "modificação de concentração do meio" é um método eficiente; um exemplo constitui a eliminação de íons de cloreto da água de resfriamento de reatores nucleares, diminuindo sua capacidade corrosiva.

Em alguns casos, contudo, o aumento da concentração do meio pode atuar no sentido de favorecer a resistência à corrosão. Assim, por exemplo, os ácidos sulfúrico, acético, hidrofluorídrico e outros tornam-se inertes com 100% de concentração, a temperaturas moderadas, porque sua ionização fica reduzida.

Os "inibidores" são substâncias adicionadas em pequenas quantidades no meio com o objetivo de reduzir a velocidade de corrosão.

Alguns inibidores atuam como substâncias "adsorventes", ou seja, retêm ou concentram na sua superfície um ou mais componentes (moléculas, átomos, íons) de outros sólidos. Desse modo eliminam a dissolução metálica e as reações de redução. Inibidores desse tipo são compostos orgânicos, como animais.

Outros inibidores removem o oxigênio dissolvido das soluções aquosas, mediante reações como as seguintes[81]:

$$2Na_2SO_3 + O_2 \rightarrow 2Na_2SO_4$$
(inibidor)

$$N_2H_4 + O_2 \rightarrow N_2 + 2H_2O$$
(inibidor)

Cromatos, nitratos e sais de ferro também atuam como desoxidantes.

O número de substâncias inibidoras existente é enorme, de modo que não será feita sua enumeração nesta obra*.

**4 Revestimentos superficiais** Nos materiais metálicos que são suscetíveis de sofrerem ataque corrosivo, a aplicação de revestimentos superficiais constitui a técnica mais comum.

Muitas vezes, os revestimentos superficiais atuam também no sentido de conferir um aspecto decorativo à superfície metálica e, eventualmente, aumentar sua resistência ao desgaste.

A eficiência dos revestimentos protetores depende grandemente do preparo prévio da superfície, de modo a torná-la livre de ferrugem, isenta de graxa e sujeira em geral, umidade; enfim, bem limpa.

As impurezas presentes nas superfícies metálicas podem ser do tipo oleoso, como óleos minerais, óleos graxos, emulsões, óleo-graxa, óleos utilizados nos processos de conformação mecânica; do tipo semi-sólido, como parafina, graxas, ceras, sabões etc.; do tipo sólido como resíduos carbonáceos, casca de óxido etc.

Os meios empregados para limpeza e preparo da superfície, previamente à deposição de um revestimento protetor, incluem[82]:

– *detergência*, ou seja, utilização de substâncias ou reativos químicos, como *alcalinos pesados* e *alcalinos médios*, dependendo do seu pH. Da sua composição fazem parte os sais sódicos, tais como fosfatos, carbonatos, hidróxidos e silicatos;

– *solubilização*, ou seja, remoção das impurezas por meio de solventes, entre os quais podem ser citados derivados do petróleo, derivados do carvão incombustíveis (como hidrocarbonetos clorados) etc. As modalidades de sua aplicação levam aos processos de *desengraxamento por vapor, desengraxamento associado a um jato de solvente, desengraxamento associado à imersão a quente e vapor* e *desengraxamento líquido-vapor*;

– *ação química*, que inclui a *decapagem ácida* para remoção de casca de óxido, hidróxidos, sulfetos etc. Utilizam-se, nesse processo de decapagem ácida, os seguintes ácidos inorgânicos: ácido sulfúrico comercial, cujas concentrações vão de 5 a 25% (em peso, temperaturas de 60 a 80°C; ácido clorídico comercial (muriático), em concentrações de 25 a 50% (em volume), à temperatura ambiente; ácido fosfórico comercial, menos rápido em sua ação que os

---

\* Uma relação extensa de tais substâncias está contida na obra citada na referência 80.

anteriores, em concentrações de 15 a 40% (em peso), em temperaturas de 50 a 80°C (as concentrações mais comuns são de 15 a 30% à temperatura de 60°C); ácido nítrico, ácido fluorídrico.

A ação química inclui também a *decapagem alcalina*, em que se utilizam ácidos orgânicos como acético, cítrico, oxálico, tartárico e outros. A decapagem alcalina ainda não está suficientemente desenvolvida.

– *ação mecânica*, que consiste numa ação de abrasão pelo emprego de lixas, raspadeiras, lixadeiras, politrizes etc., ou limpeza a jato, que é mais eficiente pela rapidez e qualidade da limpeza.

**5 Revestimentos metálicos** Para aplicação de revestimentos metálicos várias técnicas são empregadas, entre as quais podem ser citadas as seguintes: cladização, imersão a quente, eletrodeposição, metalização, difusão e outras de menor importância prática.

5.1 **Cladização** É um processo que está se tornando comum. Consiste em colocar-se o metal ou liga a serem protegidos entre camadas de um outro metal de maior resistência à corrosão. Os produtos são geralmente na forma de lâminas metálicas ou chapas. O metal mais comumente aplicado por essa técnica é o alumínio; nesse caso a cladização é chamada *alclad*. Os exemplos mais conhecidos correspondem a revestimento da liga *duralumínio* (liga à base de Al, com 4% Cu, 0,5% Mg e 0,5% Mn) com alumínio puro e de aço com alumínio puro. A operação é efetuada por laminação a frio ou a quente.

Essa técnica permite obter um material em que se combina a resistência mecânica da liga protegida com a resistência à corrosão do alumínio.

Aços "cladizados" estão crescendo em importância devido à contínua demanda de resistência à corrosão e também de resistência ao desgaste.

5.2 **Imersão a quente** Nesta técnica, as peças a serem protegidas são mergulhadas num banho do metal protetor fundido. É empregada principalmente para revestir objetos de ferro ou aço com zinco (galvanização ou zincagem) e com estanho (estanhação).

A espessura das camadas obtidas depende basicamente da temperatura do banho líquido e do tempo de imersão.

No caso da *galvanização*, forma-se nas superfícies das peças de ferro e aço uma camada aderente de zinco e compostos de zinco: as camadas mais próximas do metal-base são constituídas de compostos de zinco; estas, por sua vez, são recobertas por uma camada externa constituída quase que inteiramente de zinco. Assim, a rigor, um revestimento galvanizado apresenta uma estrutura complexa que varia grandemente de composição química e propriedades físicas e mecânicas, dependendo da atividade química, difusão e subseqüente resfriamento.

Significativas mudanças no aspecto e propriedades do revestimento podem, em resumo, ocorrer por pequenas diferenças na composição do revestimento, na temperatura do banho, no tempo de imersão e na velocidade de resfriamento.

O revestimento galvanizado constitui um processo eficiente em peças de aço expostas à corrosão atmosférica, aquosa ou em solo.

Esses revestimentos apresentam os melhores resultados em atmosfera de campo, onde o ar é menos poluído. Em atmosfera marítima, são relativamente satisfatórios. São, entretanto, mais rapidamente atacados em atmosferas industriais altamente ácidas, mas mesmo assim são intensamente aplicados nessas atmosferas, pois ainda não se encontrou um método substituto tão eficiente e econômico quanto o da galvanização. Pode-se, em alguns casos, melhorar a resistência à corrosão dos revestimentos galvanizados pela aplicação de uma pintura resistente a ácidos.

O zinco para a galvanização pode conter até cerca de 1,7% de chumbo.

A temperatura do banho deve ser mantida entre 460° e 480°C. Acima de 480°C, a velocidade de solução do ferro e do aço no zinco é muito rápida, podendo produzir efeitos danosos tanto nas peças como no tanque de aço utilizado na galvanização.

A velocidade de imersão deve ser a mais rápida possível, compatível com a sua segurança.

O tempo de imersão controla, em parte, a espessura da camada galvanizada. Em geral, esse tempo varia de 1 a 5 minutos, mais comumente até 2 minutos.

Revestimentos de *estanho* por imersão a quente são aplicados em peças de ferro e aço, objetivando fornecer um revestimento protetor, decorativo e não-tóxico, para aparelhagem de armazenamento e manuseio de alimentos, facilitar a soldagem de uma variedade de componentes utilizados na indústria elétrica e eletrônica e auxiliar a ligação de um outro metal num metal-base.

O processo de estanhação por imersão a quente oferece três opções: estanhação em pote simples, estanhação em pote duplo e estanhação em pote triplo.

O primeiro é utilizado quando não se deseja acabamento de alta qualidade ou quando o objetivo é obter um revestimento preliminar a uma operação de soldagem. O processo consiste em mergulhar-se as peças a serem estanhadas num banho de estanho fundido mantido a uma temperatura entre 280 e 325°C.

A estanhação em pote duplo consiste em mergulhar as peças primeiro num banho de estanho com uma cobertura de fundente (geralmente à base de cloreto de zinco) e em seguida num outro banho de estanho coberto por óleo ou graxa fundida. Com esta técnica obtém-se revestimentos mais espessos de alta qualidade.

No processo de pote triplo, as peças, depois de estanhadas pela técnica do pote duplo, são imediatamente transferidas, enquanto o revestimento estiver ainda fundido, a um banho de sebo quente ou óleo de coco, o que promove drenagem do excesso de metal e auxilia na formação de um revestimento uniforme de espessura satisfatória e isenta de defeitos. Essa técnica é aplicável sobretudo quando se trata de peças de forma complexa, com superfícies reentrantes, por exemplo, onde é difícil a drenagem do metal em excesso.

Por imersão a quente, obtêm-se ainda revestimentos de ligas de *chumbo* contendo 2 a 10% de estanho. A temperatura do banho é de aproximadamente 400°C e, para diminuir a oxidação, o banho fundido é coberto com uma camada de fundente, preparado com uma mistura de cloretos de zinco e de amônia.

Outro revestimento obtido por imersão a quente é o de uma *liga de chumbo*, contendo normalmente 80% de chumbo e o restante de estanho que se aplica em chapas de aço utilizadas, entre outras aplicações, para tanques de gasolina. São as chapas *chumbadas* (ou *terneplate*).

5.3 **Eletrodeposição** É provavelmente o processo de revestimento metálico mais empregado, pois por seu intermédio consegue-se camadas superficiais de espessura fina, uniformes e isentas de poros. Os metais comumente depositados por essa técnica são zinco, estanho, cobre, níquel, cromo, cádmio, prata e ouro.

O princípio do processo está representado na Figura 160[79]. A peça a ser revestida é usada como um catodo numa célula eletrolítica (ou cuba eletrolítica), onde o eletrólito contém sal do metal protetor, podendo o anodo ser do mesmo metal a ser depositado. Em alguns casos, como na eletrodeposição do cromo, usam-se anodos insolúveis de chumbo, contendo em geral adições de antimônio ou estanho.

Em princípio, a eletrodeposição é um fenômeno inverso ao da corrosão, isto é, enquanto na corrosão o metal é dissolvido na solução, na eletrodeposição o metal é depositado da solução.

A eficiência do processo depende de diversas variáveis que devem ser rigorosamente controladas: composição química do eletrólito, temperatura, densidade da corrente do catodo etc. Controlando-se adequadamente essas variáveis, tem-se uma distribuição uniforme do revestimento na superfície das peças.

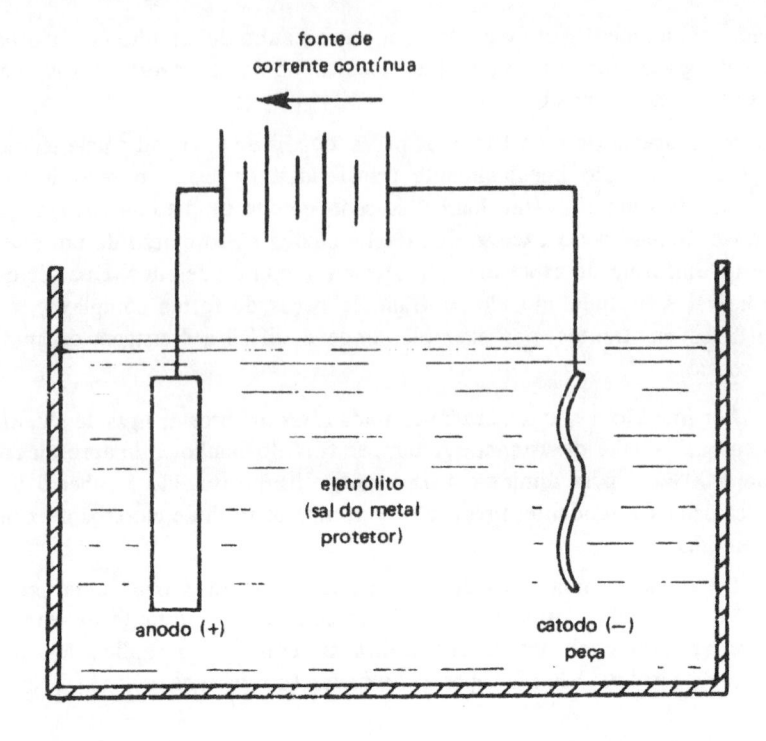

Figura 160  *Representação esquemática do processo de eletrodeposição.*

Na eletrodeposição do *zinco*, que constitui um revestimento de baixo custo e boa resistência à corrosão atmosférica, as composições mais comuns lo banho de eletrólito incluem cianeto de zinco, cianeto de sódio, hidróxido de sódio e polissulfeto de sódio. A densidade de corrente varia dentro de largos limites. Outros tipos de eletrólitos são de natureza ácida, incluindo, em sua composição, entre outros, sulfatos de zinco e de sódio, de magnésio e de amônia, cloreto de sódio, ácido bórico, sulfato de alumínio, cloreto de zinco etc. Esses banhos ácidos são utilizados principalmente na eletrodeposição de chapas, tiras e fios de aço.

Os eletrodepósitos de *estanho* são resistentes à corrosão, não-tóxicos, apresentam excelente soldabilidade e se caracterizam por sua ductilidade e maciez. A principal aplicação da eletrodeposição de estanho refere-se às conhecidas *folhas de flandres* ou *latas*. Outra aplicação importante relaciona-se com componentes elétricos e eletrônicos, conetores elétricos e aplicações semelhantes devido à sua alta soldabilidade.

Os eletrólitos são de natureza ácida, constituídos de soluções de sulfatos, entre os quais o sulfato estanoso, ou fluoboratos; outros tipos de eletrólitos compreendem banhos de estanatos alcalinos, como de potássio e sódio, além de hidróxidos de potássio e sódio.

O *cobre* é depositado a partir de eletrólitos do tipo alcalino, contendo, entre outros, cianeto de cobre, cianeto de sódio, carbonato de sódio, hidróxido de sódio e hidróxido de potássio, ou de banhos ácidos contendo sulfato de cobre, ácido sulfúrico, fluoborato de cobre e ácido fluobórico.

Geralmente, o revestimento eletrodepositado de cobre é empregado como sub-revestimento em sistemas de múltiplos revestimentos.

A eletrodeposição de *níquel*, com ou sem camada subjacente de cobre, constitui um dos processos mais antigos e utilizados para proteção contra a corrosão e para fins decorativos, em aço, latão e outros metais e ligas.

Os revestimentos de níquel para fins gerais são produzidos com banhos de sulfato de níquel, cloreto de níquel, fluoboratos e sulfamatos de níquel. São utilizados principalmente para proteger ligas de ferro, cobre ou zinco, em atmosferas industriais, marítimas e rurais.

Os revestimentos de níquel para fins especiais são produzidos com banhos de sulfato e cloreto de níquel e ácido bórico. Caracterizam-se por sua grande dureza.

Os revestimentos de níquel preto são derivados de banhos contendo cloreto e sulfato de níquel, cloreto e sulfato de zinco principalmente. Sua qualidade protetora não é muito grande; são usados para obtenção de um acabamento escuro, decorativo e não refletor.

Finalmente, os revestimentos de níquel brilhante, para fins decorativos principalmente, são obtidos a partir de banhos contendo sulfato de níquel, cloreto de níquel e ácido bórico como principais componentes.

Os revestimentos de *cromo* compreendem essencialmente dois tipos: para fins decorativos e para fins industriais (cromo duro).

No primeiro caso, tem-se na realidade um *sistema* de revestimentos em que a camada externa de cromo é aplicada geralmente sobre combinações de revestimentos de cobre e níquel.

O banho para revestimento de cromo com fins decorativos consiste numa solução aquosa de anidrido crômico ($CrO_3$) que contém também pequena quantidade de sulfato solúvel, adicionado como ácido sulfúrico ou sulfato de sódio. Quando dissolvido em água, o anidrido crômico forma ácido crômico, que fornece o cromo para o revestimento. Os anodos usados são quase sempre de chumbo ou ligas de chumbo insolúveis.

O *cromo duro*, ou revestimento de cromo para fins industriais, difere do anterior acima descrito porque é utilizado principalmente para restaurar ou corrigir dimensões e aumentar a resistência ao desgaste, à abrasão, ao calor e à corrosão. Geralmente, o cromo duro é aplicado diretamente no metal-base. Muitas ferramentas, matrizes, calibres e peças semelhantes são revestidas de cromo duro para aumentar a resistência ao desgaste, impedir emperramento e escoriação, reduzir o atrito e prevenir corrosão.

O principal componente dos banhos de cromeação dura é o ácido crônico, ao qual se deve juntar uma certa quantidade de um agente catalítico entre os quais os constituídos de aníons ácidos.

O *cádmio* é aplicado em camadas muito finas, com o objetivo básico de proteger o aço e o ferro fundido contra a corrosão. Esse tipo de revestimento é também empregado em peças e conjuntos confeccionados de metais dissimilares, devido à sua habilidade de minimizar a corrosão galvânica. Os banhos correspondentes são geralmente baseados em cianetos, produzidos pela dissolução de óxido de cádmio numa solução de cianeto de sódio.

5.4 **Metalização** O processo consiste em aquecer-se um metal até a condição fundida ou semifundida, fazendo-o passar, na forma de fio geralmente, através de uma fonte de calor de alta temperatura, de modo a desintegrá-lo em partículas que são arremessadas contra a superfície da peça a proteger. No choque, as partículas achatam-se e aderem à superfície metálica. Partículas depositadas posteriormente comportam-se da mesma maneira, aderindo às depositadas previamente; assim, a estrutura dos revestimentos metalizados é do tipo lamelar.

O método exige equipamento que consiste em vários itens: compressor de ar, cilindro para ar comprimido, cilindros de acetileno e de oxigênio, reguladores e filtros, enroladores de fios e a chamada *pistola de metalização*, que é o seu principal item.

O princípio de funcionamento desse aparelho é o seguinte: o fio do metal a ser depositado é arrastado através do bocal da pistola; na saída do bocal, o fio é submetido à fusão, por intermédio de uma chama de oxiacetileno e, ato contínuo, atomizado por um jato de ar comprimido que atira as partículas metálicas ao encontro da superfície a proteger.

O método é empregado para proteger peças contra a corrosão, a oxidação, abrasão, erosão e impacto e para restaurar componentes de máquinas desgastados ou usinados erradamente; outra aplicação consiste em metalizar contatos elétricos com prata. Praticamente todos os metais e suas ligas podem servir de agente protetor, assim como podem ser metalizadas substâncias não-metálicas como papel, vidro, madeira, concreto etc.

5.5 **Difusão** O processo consiste em colocar-se as peças a serem protegidas no interior de tambores rotativos onde se encontra uma mistura do metal protetor na forma de pó com um fundente. O conjunto é aquecido a temperaturas elevadas; em conseqüência, ocorre uma difusão do metal protetor nas peças a serem revestidas.

Os revestimentos comuns, nessa técnica, são o de alumínio, o de zinco e o de silício.

No primeiro caso, o processo é chamado *calorização*. A mistura protetora consiste em pó de alumínio, óxido de alumínio e pequena quantidade de cloreto de amônio como fundente. A temperatura é levada a cerca de 1.000°C, em atmosfera de hidrogênio. Resulta na superfície uma liga Al-Fe que confere às peças resistência à oxidação a altas temperaturas, da ordem de 850 a 950°C.

No caso do revestimento de zinco, o processo é chamado *sherardização*, a técnica consiste em colocar-se as peças em contato com uma mistura de pó de zinco e óxido de zinco, a temperaturas entre 350 a 400°C.

Outro tipo de revestimento pelo processo de difusão refere-se à *siliconização* ou enriquecimento superficial de ferro e aço com silício. A técnica utilizada mais comumente, denominada processo Eckman[83], consiste em colocar-se na retorta, onde o processo é levado a efeito, carbonetos de silício e introduzir-se uma corrente de tetracloreto de silício a 1.010°C. As camadas siliconizadas contêm cerca de 14% de silício; apresentam boa resistência à corrosão atmosférica comum e na presença de ácidos oxidantes, como ácido nítrico diluído.

De qualquer modo, o processo não é grandemente utilizado.

**6 Revestimentos não-metálicos inorgânicos** São processos em que os revestimentos resultam de reações químicas entre o material metálico e o meio em que são colocados. Formam-se produtos insolúveis que protegem, em seguida, o material contra posterior ataque.

Os processos de revestimentos não-metálicos inorgânicos mais comuns são anodização, cromatização, fosfatização e esmaltação.

**6.1 Anodização** É um processo de tratamento superficial de alumínio em que, numa célula eletrolítica, as peças a serem protegidas constituem o anodo, ocorrendo a conversão do alumínio superficial em óxido de alumínio.

Os objetivos do processo são os seguintes[84]:

— aumentar a resistência à corrosão, visto que o óxido de alumínio é impermeável ao ataque atmosférico e por parte da água salgada. Esse óxido de alumínio amorfo produzido na anodização é tornado impermeável por um tratamento subseqüente em água quente acidificada;

— aumentar a adesão de tintas, visto que o revestimento anódico constitui uma superfície quimicamente ativa para a maioria das tintas; as películas anódicas produzidas em banhos de ácido sulfúrico são incolores e servem de base para ulteriores aplicações de tintas decorativas;

– permitir ulterior revestimento por eletrodeposição, devido à sua porosidade;

– melhorar a aparência superficial, mantendo-se a coloração típica do alumínio, ou tornando-a mais lustrosa, mais brilhante e colorindo-a; a maior parte do alumínio utilizado em arquitetura é anodizado;

– conferir isolamento elétrico, pois o óxido de alumínio é dielétrico;

– aumentar a resistência à abrasão, devido à dureza inerente do óxido de alumínio.

Os principais tipos de processos de anodização são: crômico, em que o agente ativo é o ácido crômico; sulfúrico, em que o agente ativo é o ácido sulfúrico, e duro, em que os agentes ativos são ácidos sulfúrico e oxálico.

No processo *ácido crômico*, a solução é 3 a 10%; a voltagem aplicada corresponde a 40 a 50 volts; a densidade de corrente, 0,3 a 0,5 A/dm$^2$ e a temperatura, 40°C. O revestimento apresenta-se de cor cinza-escura e sua espessura varia de 7 a 10 mícrons.

No processo *ácido sulfúrico*, a solução é de 15 a 25%; voltagem aplicada, 6 a 24 volts; densidade de corrente, 1,3 a 1,5 A/dm$^2$, temperatura, 20 a 30°C. O revestimento tem coloração cinza-claro, é transparente, poroso e pode ser colorido com tintas diversas. A espessura varia de 20 a 30 mícrons.

No processo *ácido oxálico*, a solução é 1 a 5%; voltagem aplicada, 65 volts, densidade de corrente, 1,3 a 1,5 A/dm$^2$. O revestimento apresenta-se com coloração amarelada e sua espessura varia de 20 a 30 mícrons.

**6.2 Cromatização**    Os revestimentos de cromatização são obtidos a partir de soluções contendo cromatos ou ácido crômico, com adição de ativadores como sulfatos, nitratos, cloretos, fosfatos, fluoretos etc.

A espessura obtida é variável de 0,01 a 1 mícron e a coloração, dependendo do tipo de tratamento, pode ser amarela, verde, verde-oliva ou incolor.

Aplica-se em alumínio, magnésio, zinco e cádmio principalmente; eventualmente em ferro, aço, cobre, ligas de níquel, de titânio e de zircônio.

**6.3 Fosfatização**    É um processo que objetiva um tratamento prévio da superfície para posterior aplicação de pintura.

Uma superfície simplesmente fosfatizada tem sua resistência à corrosão elevada em cerca de cinco vezes; recoberta com duas demãos de tinta, de base sintética, essa proteção melhora 600 vezes[82].

O processo consiste no tratamento de ferro e aço, mediante uma solução diluída de ácido fosfórico e outras substâncias químicas; ocorre uma reação da superfície do metal com o ácido fosfórico, formando-se uma camada integral, medianamente protetora, de fosfato insolúvel cristalino.

A estrutura cristalina do revestimento, seu peso e sua espessura podem ser controlados pelo método de limpeza prévia da superfície do metal, pelo método de aplicação da solução, pela duração do tratamento e pela composição química da solução fosfatizante.

Pequenos objetos, como parafusos e porcas e peças estampadas de pequenas dimensões, são revestidos em tambores rotativos contendo a solução fosfatizante. Peças de maiores dimensões, como carcaças de geladeiras são fosfatizadas por pulverização da solução, estando os objetos apoiados em transportadores.

Os revestimentos fosfatizados são geralmente de três tipos:

— revestimentos de fosfato de zinco, cuja coloração varia de cinza-claro e cinza-escuro;

— revestimentos de fosfato de ferro, de coloração azulada; sua principal aplicação é servir de base a películas posteriores de tinta;

— revestimentos de fosfato de manganês, aplicados principalmente em objetos ferrosos, de coloração escura ou marrom-escuro. São aplicados apenas por imersão, enquanto os anteriores podem ser aplicados por imersão ou pulverização.

Em geral, os revestimentos fosfatizados servem de base para pintura. Entretanto, outros objetivos são[85]: base para aplicação de óleo e outros materiais que previnem a corrosão; resistência ao desgaste, à escoriação de peças que se movimentam em contato; produzir uma superfície que facilita a conformação a frio; resistência média à corrosão e base para adesivos em laminados metal-plástico.

6.4 **Esmaltação à porcelana** Os esmaltes à porcelana são revestimentos vítreos aplicados principalmente em chapas de aço e produtos de aço, ferro fundido e alumínio, para melhorar a aparência superficial e conferir à superfície metálica resistência à corrosão.

Os principais constituintes do esmalte à porcelana são chamados *fritas*, os quais são sistemas complexos vítreos ou cerâmicos, compreendendo de 5 a 15 componentes. Tais componentes são completamente misturados e fundidos adquirindo uma consistência vítrea. O material fundido é, em seguida, resfriado, geralmente pelo seu vazamento em água. Finalmente, é secado e finamente moído. Geralmente é aplicado numa suspensão em água. Os componentes da frita incluem: $SiO_2$, $B_2O_3$, $Na_2O$, $K_2O$, $Li_2O$, CaO, BaO, ZnO, $Al_2O_3$, $ZrO_2$, $TiO_2$, MnO, $P_2O_5$ e outros. Para controlar a fluidez adicionam-se argilas e eletrólitos (exceto nos esmaltes aplicados em alumínio). Substâncias promotoras de opacidade ou pigmentos podem ser adicionados para conferir o acabamento desejado. No caso de peças de aço, que é o mais comum, o esmalte é aplicado por imersão, sobretudo quando ambas as superfícies das peças devem ser esmaltadas.

Após a aplicação do esmalte, as peças são deixadas secar antes da queima ou cozimento final. A secagem é feita ao ar ou em estufas a temperaturas em torno de 120°C; essa secagem é necessária para permitir a aplicação de novas camadas de esmalte, para facilitar seu manuseio e reduzir a quantidade de vapor de água que seria introduzida nos fornos de queima. Para peças de aço, a temperatura de queima varia de aproximadamente 800 a 925°C, durante 3 a 8 minutos, dependendo do tipo de peça.

No caso da esmaltação de alumínio, a queima é realizada à temperatura em torno de 540°C, durante 5 a 15 minutos, dependendo do tipo e configuração das peças.

7    **Revestimentos não-metálicos orgânicos: tintas**    As tintas constituem ainda a maior parte dos revestimentos anticorrosivos, por serem de mais fácil aplicação e, na maioria das vezes, os de menor custo.

Esse revestimento orgânico consiste basicamente nos seguintes componentes[82]: *veículos*, cuja função essencial é formar a película, além de agregar os pigmentos e as cargas, de modo a torná-las parte integrante da película; os veículos são óleos secativos, resinas naturais, resinas sintéticas ou compreendem composições mistas desses materiais; *pigmentos*, que são, geralmente, pequenas partículas cristalinas insolúveis nos solventes utilizados; podem ser orgânicos ou inorgânicos; *carga*, substituto eventual do pigmento; *solvente*, cuja função é dissolver o veículo, para permitir que os mesmos sejam aplicados em camadas finas; *materiais auxiliares*, sendo os mais comuns os secantes.

Os *veículos* podem ser não-conversíveis e conversíveis. Os revestimentos à base de veículos não-conversíveis são mais fáceis de aplicar e de secagem rápida; entretanto, as películas resultantes são muito finas, sendo necessário aplicar várias demãos, apresentam fraca combinação de adesão com resistência química e a resistência é limitada a solventes.

Alguns revestimentos à base de veículos não-conversíveis são os seguintes: resinas sintéticas termoplásticas (cloreto de polivinila, acetato de polivinila, polimetacrilato de metila etc.). O cloreto de polivinila é o conhecido PVC. Outros são: resinas acrílicas; borracha clorada; betume, asfaltos e alcatrão de carvão.

Os revestimentos à base de veículos conversíveis incluem vernizes óleo-resinosos, resinas alquídicas, resinas epóxi, poliuretanas e silicones. O revestimento é chamado conversível porque, por ocasião da formação de uma película, a evaporação do sistema solvente é prévia ou coincidente a um mecanismo de polimerização.

Os vernizes óleo-resinosos foram os primeiros veículos formadores de películas utilizados para a proteção contra a corrosão. Esses vernizes apresentam quatro constituintes fundamentais: óleos (linhaça, tungue, oiticica, mamona desidratada, soja etc.), resinas (breu, resinato de zinco etc.), solventes (aguarrás, nafta pesada, terebintina, tolueno, xileno etc.), e secantes (chumbo, cobalto, manganês, zinco, na forma de naftenatos, linoleatos resinosos, óxidos etc.).

As resinas alquídicas são muito usadas, talvez as mais usadas, em revestimentos superficiais. São classificadas como poliésteres, constituídas principalmente de resina fenólica.

As resinas epóxi constituem igualmente importante veículo. As suas matérias-primas são monômeros.

As poliuretanas, como as resinas epóxi, são veículos modernos e igualmente eficazes. São obtidas pela reação entre um poliéster e um isocianato.

Finalmente, os silicones são polímeros sintéticos, semi-orgânicos, que podem ser obtidos sob a forma de fluidos, elastômeros e resinas. Revestimentos à base de silicones podem ser usados a temperaturas até 300°C, sendo que, até 200°C, as películas resultantes têm duração praticamente ilimitada[82].

Os *pigmentos* são de natureza inorgânica e orgânica. Os inorgânicos, por sua vez, são naturais e sintéticos. Os mais importantes são: dióxido de titânio, branco; carbonato de chumbo, branco; óxido de zinco, branco; óxido de ferro, em várias cores e outros (à base de antimônio, de cádmio etc.).

As *cargas*, também compostos inorgânicos, têm por objetivo principal reduzir o custo das composições; entre as cargas utilizadas incluem-se: hidróxido de alumínio, carbonato de bário precipitado, barita, carbonato de sódio precipitado, sulfato de cálcio, dolomita, magnesita, talco, mica, sílica, quartzo etc.

Finalmente, os *solventes* podem ser hidrocarbonatos (aguarrás, naftas leves e pesadas, tolueno, xileno, naftas aromáticas), sintéticos (etanol, metil-etil-cetona, acetato de etila, acetato de butila, glicóis etc.).

Os *materiais secantes*, cuja função principal é proporcionar uma polimerização mais rápida do veículo, são constituídos geralmente de naftenatos, octoatos, linoleatos de diversos metais como cobalto, chumbo, manganês, cálcio etc., com pequenas adições de óleo de silicone e pequenas quantidades de um agente antioxidante, para evitar a formação da película que aparece cobrindo a superfície da tinta, quando se abre uma lata com tinta pela metade.

**8 Proteção catódica** Também chamada proteção galvânica, constitui um método eletroquímico em que a estrutura a ser protegida e o anodo usado para proteção devem estar em contato elétrico e eletrolítico. O método é aplicável em materiais metálicos como aço, cobre, latão, alumínio e chumbo, em torno dos quais exista eletrólito, como água ou solo úmido.

Há dois sistemas usados na proteção catódica[82]:

– proteção catódica com anodos de sacrifício, isto é, a força eletromotriz é produzida por um metal apresentando, no meio considerado, potencial maior que o metal a ser protegido. Exemplos: uma tubulação subterrânea de aço, em contato com chapas de magnésio enterradas; chapas de zinco em casco de navio; barra de magnésio num tanque industrial de água quente. As chapas de zinco e a chapa e a barra de magnésio servem de anodos de sacrifício, corroendo-se no lugar do aço e podendo ser facilmente substituídos. Eles fazem com que o equipamento se torne um catodo;

– proteção catódica forçada ou por corrente impressa. A força eletromotriz é suprida por um gerador, bateria ou retificador e emprega-se um anodo auxiliar que pode ser metálico ou não-metálico para condução dos elétrons, devendo ser o mais possível inerte no meio em que se encontra.

O valor da voltagem não é crítico, mas deve ser o suficiente para produzir uma densidade adequada de corrente em todas as partes da estrutura que se deseja proteger.

# CAPÍTULO XI

# CONTROLE DE QUALIDADE

**1 Introdução**  O controle de qualidade constitui uma das etapas mais importantes de fabricação industrial.

A necessidade de aprimorar-se constantemente os métodos de controle de qualidade deriva do fato das especificações estarem se tornando paulatinamente mais rigorosas e de os materiais estarem sujeitos a condições de serviço cada vez mais severas e críticas.

Por outro lado, a produção em massa, característica da indústria moderna, não será possível sem controle de qualidade adequado, que dê ao produtor e ao consumidor um meio de julgamento que os levem a rejeitar ou aceitar o produto.

Técnicas envolvendo o "controle estatístico de qualidade" têm sido desenvolvidas, de modo a fornecer ao engenheiro um instrumento que lhe permite uma análise permanente dos dados recolhidos.

No Volume I da presente obra, essa matéria foi suficientemente explorada, quando foi dado como exemplo uma amostragem de 80 folhas de ferro galvanizado, em que se desejava determinar a quantidade de revestimento.

Esse exemplo é perfeitamente aplicável às considerações desenvolvidas acima.

O "controle de qualidade" propriamente dito, deve, em linhas gerais, ser encarado sob os seguintes aspectos:

– determinação da composição química do material;
– verificação da sua estrutura;
– determinação das heterogeneidades presentes;

- determinação das suas propriedades mecânicas;
- controle dimensional, incluindo as tolerâncias correspondentes;
- determinação da qualidade da superfície.

A determinação da composição química das ligas metálicas é feita em laboratórios especializados, pela utilização desde aparelhagem relativamente simples, como analisadores por via química dos componentes da liga, até aparelhagem mais sofisticada, como espectrômetros e outros.

A verificação da estrutura do material, que faz parte da técnica denominada *metalografia*, pode ser feita dos pontos de vista macroscópico e microscópico.

No primeiro caso, o exame é feito a olho nu em secções do material polidas e atacadas com reativos adequados, visando à obtenção de informações de caráter geral sobre a homogeneidade do material, presença de impurezas etc.

Pela micrografia, o exame é feito com o auxílio de microscópio, obtendo-se dados sobre a granulação do material, a natureza e forma dos diversos constituintes estruturais ou cristalográficos, efeito e alterações ocasionadas na estrutura pelos diversos processos de fabricação e tratamento etc.

As propriedades mecânicas são determinadas por intermédio dos ensaios mecânicos estudados no Volume I desta obra.

O presente capítulo é destinado à verificação dimensional das peças, ao exame da qualidade da superfície e ao estudo dos métodos de ensaios chamados não-destrutivos. Será feito apenas um apanhado sucinto com o objetivo de proporcionar ao leitor os conhecimentos básicos sobre a matéria.

**2 Determinação das medidas e das tolerâncias dimensionais** Não se podendo fabricar peças na medida exata, por não ser fisicamente prático nem econômico, é necessário permitir-se um certo desvio nas dimensões especificadas. Esse desvio é chamado *tolerância de trabalho*.

Em princípio, há três meios de especificar as tolerâncias, como está representado na Figura 161.

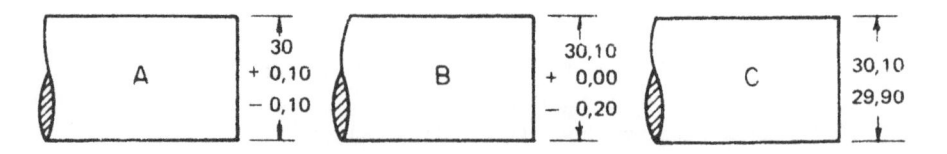

Figura 161 *Meios para especificar tolerâncias*

Qualquer que seja o meio empregado, está claro, entretanto, no exemplo da figura, que a dimensão especificada deve situar-se entre 29,90 mm e 30,10 mm.

É evidente, também, que essas tolerâncias podem ser mais ou menos estreitas, ou seja, as dimensões devem ser mantidas dentro de uma faixa que vai depender da precisão desejada, em função das condições de montagem e de serviço a que as peças vão ser submetidas.

Em outras palavras, a razão fundamental para especificar-se dimensões dentro de determinados limites consiste na necessidade de montar-se as várias peças componentes de um conjunto com a precisão exigida na indústria mecânica.

Outro elemento a considerar nas especificações dimensionais é o chamado *ajuste*, ou seja, o acoplamento ou a montagem de dois elementos de uma máquina. Num eixo no interior de uma bucha, por exemplo, há um movimento relativo entre a superfície externa do eixo e a interna da bucha; há, pois, uma *folga* entre o eixo e a bucha.

Essa mesma bucha deve estar fixada a uma estrutura determinada, em geral uma carcaça. Nesse caso não pode haver movimento relativo entre a superfície externa da bucha e o furo da carcaça. A montagem da bucha é levada a efeito com *ajuste forçado*, ao passo que a montagem do eixo na bucha é feita com *ajuste com folga*.

Nesse caso, especificam-se as tolerâncias da folga, ou folga máxima e folga mínima, ao passo que a montagem da bucha na carcaça feita com ajuste forçado, também chamado *ajuste com interferência*, exige tolerâncias da interferência, ou interferência máxima e interferência mínima.

Enfim, o engenheiro deve levar em conta esses elementos e eventualmente outros no projeto e desenho das peças e das máquinas.

Os *instrumentos de medição* podem ser de medição direta, de medição indireta ou de medição por comparação. Todos eles devem apresentar as seguintes características fundamentais:

— *campo de medição*, ou seja, valores máximos de medidas que podem ser lidos nas escalas, sem que os erros dos instrumentos afetem consideravelmente os resultados da medição;

— *valor da escala*, ou seja, variação da grandeza a ser medida, quando a referência se desloca de uma divisão da escala;

— *precisão da leitura*, ou seja, valor mínimo da medida que pode ser lido diretamente sobre a escala;

— *divisão da escala*, ou seja, distância em mm entre duas divisões vizinhas;

— *ampliação*, ou seja, a relação entre o deslocamento da referência sobre a escala e a variação da grandeza causadora do deslocamento.

Os instrumentos de medição devem ser periodicamente conferidos. Com esse objetivo e para um grande número deles, utilizam-se os chamados *blocos calibradores*, padronizados, feitos de aço duro ou metal duro, na forma de blocos retangulares, com duas faces paralelas polidas dentro de uma precisão de centésimos milésimos de milímetro de um tamanho especificado.

A precisão desses blocos é, pois, muito grande, podendo apresentar tolerâncias de + ou − 0,00005 a + ou − 0,00020 dependendo do seu emprego: se para verificar outros blocos calibradores ou para calibrar os instrumentos de medida ou para serem utilizados diretamente em inspeção industrial.

Os *instrumentos de medição direta* são instrumentos dotados de escalas graduadas que permitem leitura direta da grandeza física, objeto da verificação. Compreendem dois grupos principais:

— instrumentos dotados de uma haste graduada, tais como escalas, réguas, paquímetros, calibradores de altura e outros;

— instrumentos dotados do chamado *parafuso micrométrico*, sendo os micrômetros e todas as suas variações possíveis os mais importantes.

Os *instrumentos de medição indireta* são os *blocos calibradores* ou *blocos-padrão* já mencionados, de várias qualidades, conforme o seu emprego, para conferência de dimensões lineares.

Os conhecidos *relógios comparadores* são igualmente instrumentos de medição indireta, assim como os *comparadores de alta precisão*.

Muitos desses instrumentos são dotados de dispositivo para leitura digital eletrônica.

No controle dimensional e de perfis, um dos equipamentos mais úteis e importantes é o "comparador óptico" ou "projetor de perfil", representado esquematicamente na Figura 162.

Esses aparelhos têm por objetivo comparar um determinado objeto com o desenho que o originou. Neles, uma imagem aumentada do objeto é projetada sobre uma tela onde o desenho está colocado, permitindo aquela comparação.

**3 Qualidade da superfície** Os materiais para construção mecânica, pelas exigências da moderna tecnologia, vêm se caracterizando pela crescente precisão do acabamento superficial e emprego de folgas cada vez sob maior controle.

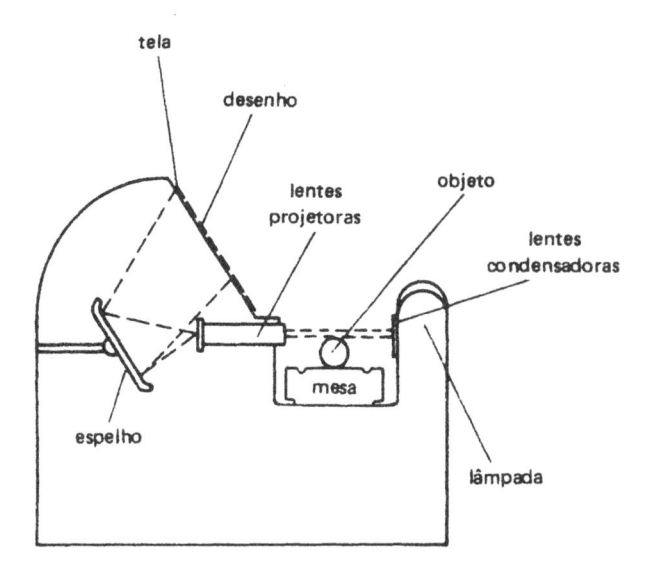

Figura 162  *Comparador óptico.*

Essas exigências são tanto mais importantes quanto se considerar os ajustes, o atrito, o desgaste, a corrosão, aparência, resistência à fadiga, escoamento de fluidos (paredes de dutos e tubos) etc., ou seja, as ocorrências que normalmente se verificam na montagem das peças ou quando estas estão em serviço.

As superfícies metálicas caracterizam-se por apresentarem uma superfície com riscos ou rugosidades, que, em vista das considerações acima, exigem muitas vezes um controle rigoroso.

A Norma P-NB-93 da Associação Brasileira de Normas Técnicas fixou um método para determinação dessa rugosidade superficial.

Não é intenção do autor aprofundar-se nesse assunto, inclusive porque a referida Norma elucida os diversos aspectos do problema.

Considerando essa Norma e em função da Figura 163 serão apresentadas a seguir as seguintes definições[88]:

— *rugosidade* — irregularidades superficiais pequenas, inclusive as resultantes dos processos de usinagem;

— *altura da rugosidade* — distância entre o pico e o vale, ou média dos desvios em relação à linha média;

— *comprimento da rugosidade* — distância paralela à superfície nominal (geométrica) entre dois picos ou vales consecutivos;

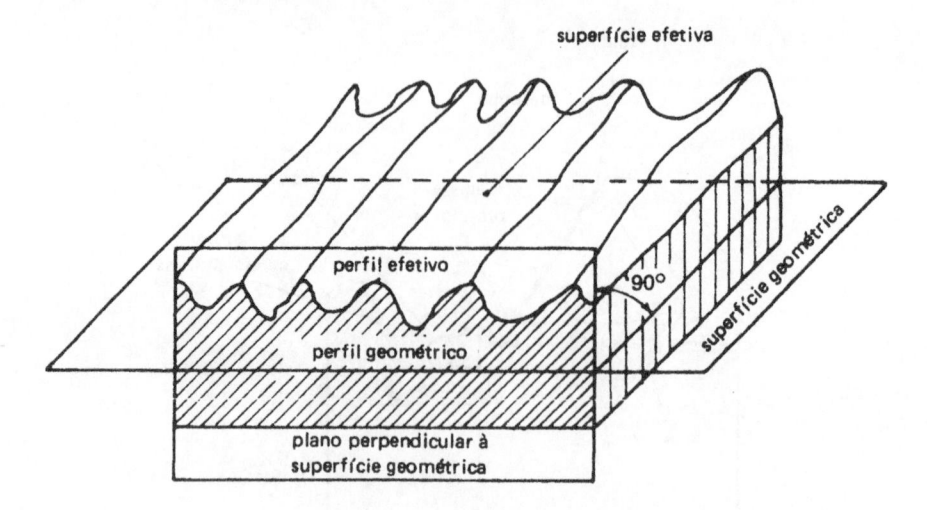

Figura 163   *Rugosidade superficial*

– *comprimento de amostragem* – maior comprimento de irregularidades superficiais incluído na determinação da altura da rugosidade;

– *ondulação* – irregularidade superficial mais espaçada que a rugosidade;

– *sulcos* – marcas deixadas pela ferramenta;

– *linha média* – linha paralela à direção geral do perfil, no comprimento da amostragem, colocada de tal modo que a soma das áreas superiores, compreendidas entre ela e o perfil efetivo, seja igual à soma das áreas inferiores, no comprimento de amostragem.

**4   Ensaios não-destrutivos**   São ensaios que permitem determinar os característicos dos materiais, sem prejudicar sua futura utilização.

O objetivo inicial está contido na filosofia do controle de qualidade: determinar o estado ou a qualidade do material, tendo em vista sua aceitação ou rejeição.

Os ensaios não-destrutivos podem ser assim agrupados[89]:

– métodos visuais
– métodos radiográficos
– métodos eletromagnéticos
– métodos elétricos
– métodos sônicos
– métodos mecânicos

**4.1 Métodos visuais** Consistem na verificação visual, a olho nu ou por intermédio de comparadores ópticos e microscópios, já mencionados, incluindo a técnica de medida da rugosidade superficial.

A inspeção visual pode, por exemplo, detectar os seguintes defeitos numa solda: presença ou ausência de fissuras, porosidade, crateras não preenchidas etc. A inspeção visual pode ainda servir de auxílio como guia para outros ensaios. Por exemplo no caso mencionado da solda, o exame visual do filete da solda pode auxiliar na determinação do ângulo de incidência de um feixe de raios X, para verificação de fissuras não visíveis na superfície.

A "inspeção por intermédio de líquido penetrante" constitui também uma técnica de inspeção visual, pois permite detectar descontinuidades que se estendem até a superfície.

Para uma ação efetiva do líquido penetrante, a superfície do material deve ser completamente limpada, de modo a eliminar qualquer obstrução para a entrada do líquido na heterogeneidade. Após a limpeza, aplica-se o líquido sobre a superfície das peças, devendo o mesmo lá permanecer durante o tempo suficiente para que ocorra a penetração em todas as possíveis descontinuidades.

Em seguida, remove-se completamente o líquido e aplica-se um "revelador", que pode ser uma substância sólida, cujo efeito é drenar o líquido que penetrou na descontinuidade e, em conseqüência, delinear essas descontinuidades, mostrando sua natureza, dimensão e localização.

O tipo mais comum de líquido penetrante é o querosene e a substância absorvente geralmente utilizada consiste em calcário friável, na forma de pó seco ou misturado com álcool.

Uma outra técnica de inspeção visual corresponde ao ensaio de "pressão e vazamento", em que os defeitos são revelados pelo vazamento de gás ou líquido nos defeitos ou através dos mesmos. Um exemplo típico é exercer pressão hidrostática no interior de um objeto oco, pressão essa que deve ser maior que a pressão externa. Num tubo a ser ensaiado introduz-se líquido ou gás a uma pressão maior que a do ambiente; os vazamentos são localizados pela imersão do tubo em água com a formação de bolhas ou borbulhas.

**4.2 Métodos radiográficos** Incluem os ensaios que utilizam a radiação de ondas eletromagnéticas curtas, tais como raios X, raios beta e raios gama.

A Figura 164[89] mostra o princípio básico desses métodos.

A técnica permite detectar defeitos tais como regiões com densidades diferentes (porosidades), fissuras etc.

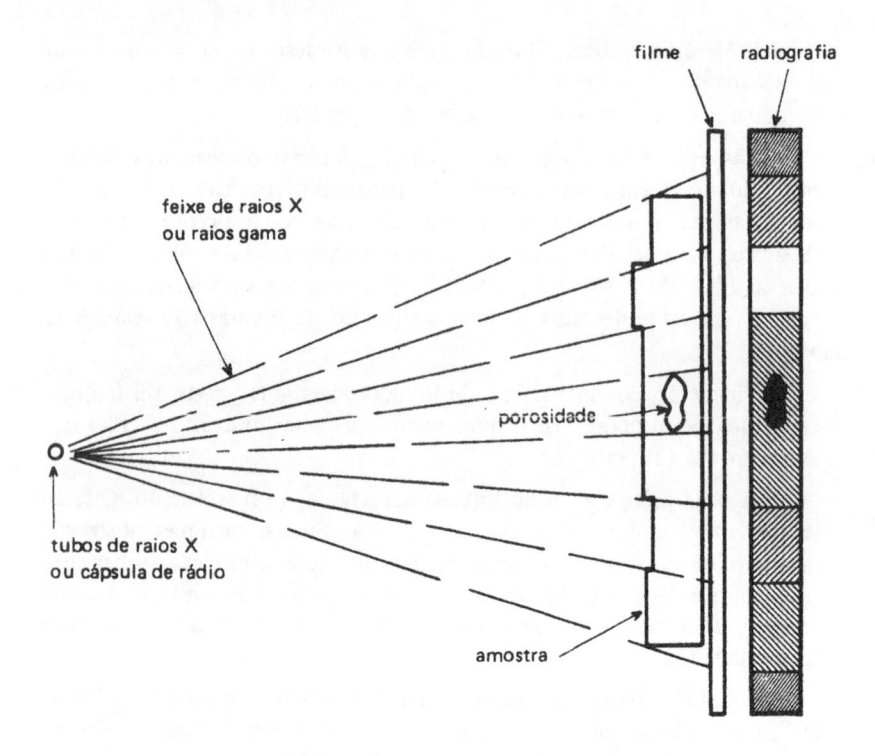

Figura 164  *Produção de uma radiografia.*

Os raios, ao passar através do material contendo a descontinuidade, são absorvidos pelas secções defeituosas em menor intensidade do que pelas secções adjacentes sãs. Um filme de alta sensibilidade é colocado na posição mostrada na figura; ao ser revelado esse filme, origina-se uma fotografia radiográfica de áreas escuras e claras: as escuras correspondem às secções defeituosas.

Os raios X têm capacidade de penetrar grandes espessuras à medida que as densidades das peças diminuem e o comprimento de ondas dos raios torna-se menor.

Um equipamento de raios X para a inspeção radiográfica de peças metálicas consta essencialmente de um transformador e sua unidade de retificação, tubos de raios X e acessórios diversos, como grelha intensificadora, filtros e suportes de filmes.

Os raios gama são produzidos por isótopos radioativos; são de menor comprimento de onda que os raios X e, portanto, permitem a inspeção em espessuras maiores. O equipamento correspondente é relativamente pequeno, se comparado com o de raios X, podendo ser facilmente transportado. O tempo de exposição é, contudo, maior e o pessoal de operação deve ter proteção especial.

As aplicações mais comuns dos métodos radiográficos são feitas em produtos soldados e peças fundidas.

Neste último caso, os defeitos mais comumente detectados e seus aspectos nas chapas radiográficas são os seguintes:

— cavidades de gás e bolhas de gás são indicadas por áreas circulares bem definidas;

— a porosidade devido à contração revela-se como uma região escura, irregular e fibrosa, não muito claramente delineada;

— as fissuras aparecem como áreas escurecidas de largura variável;

— as inclusões de areia são reveladas por manchas cinzentas ou pretas de textura granular ou não uniforme e com limites não bem delineados;

— as inclusões em peças de aço fundido aparecem como áreas escuras de limites definidos.

Nas soldas de aço, os defeitos mais comumente detectáveis são inclusões de escória, porosidade, fissuras e fusão incompleta; tais peculiaridades são menos densas que o aço, de modo que elas se revelam como áreas escuras.

**4.3 Métodos eletromagnéticos** Eles baseiam-se no princípio de que heterogeneidades como bolhas de gás, fissuras e inclusões presentes num material magnético produzem uma distorção num campo magnético induzido.

Um dos processos empregados consiste na técnica, relativamente fácil e simples, de partículas magnéticas. As etapas consistem na magnetização do material a ser inspecionado e na aplicação de partículas magnéticas, na forma de pó seco ou em suspensão num líquido. Se a falha for superficial ou próxima da superfície, ocorrerá a formação local de um par de pólos magnéticos que atuam como pequenos ímãs. O pó magnético é atraído pela dispersão magnética, dando uma indicação visível do defeito e da sua extensão.

O pó utilizado na técnica a seco consiste em partículas ferro-magnéticas finamente divididas de alta permeabilidade. Elas podem ser coloridas para conferir maior contraste. Essa técnica é indicada para superfícies grosseiras, pois as partículas apresentam menor tendência de serem mantidas por uma superfície macia.

Na técnica úmida, partículas finamente divididas de óxido de ferro vermelho ou preto são mantidas em suspensão em água ou num destilado leve de petróleo. A suspensão é aplicada ou por imersão da peça em exame ou por aspersão sobre sua superfície.

A Figura 165[89] mostra a orientação dos campos magnéticos induzidos, conforme o tipo de corrente: correntes solenóides produzem magnetização longitudinal; correntes longitudinais produzem campos ou magnetização circular.

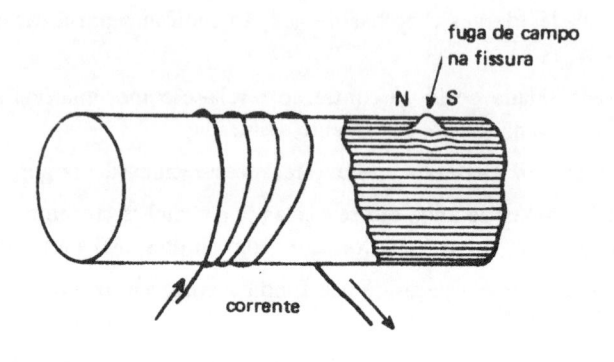

(a) correntes solenóides

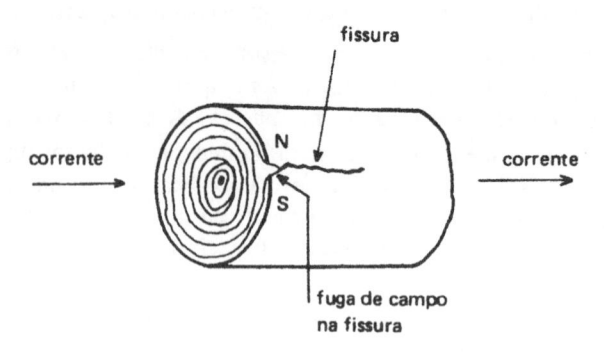

(b) correntes longitudinais

**Figura 165**  *Orientação de campos magnéticos.*

As vantagens da inspeção magnética consistem em: é um processo eficiente para detectar fissuras e defeitos similares que se localizam na superfície das peças ou na sua proximidade; a técnica é flexível e com equipamento portátil pode ser empregada em qualquer lugar; o custo do equipamento e da mão-de-obra necessários é baixo quando comparado com o da maioria dos ensaios não-destrutivos.

4.4 **Métodos elétricos**   Esses métodos apresentam a vantagem de serem aplicados em quaisquer materiais que sejam condutores de corrente elétrica, independentemente de serem magnéticos ou não-magnéticos.

São particularmente úteis para detectar defeitos em tubos e trilhos. Uma das técnicas mais empregadas para esses fins é a que utiliza o aparelho Sperry[89].

A Figura 166 mostra esquematicamente o diagrama do detector Sperry para revelar defeitos em tubos.

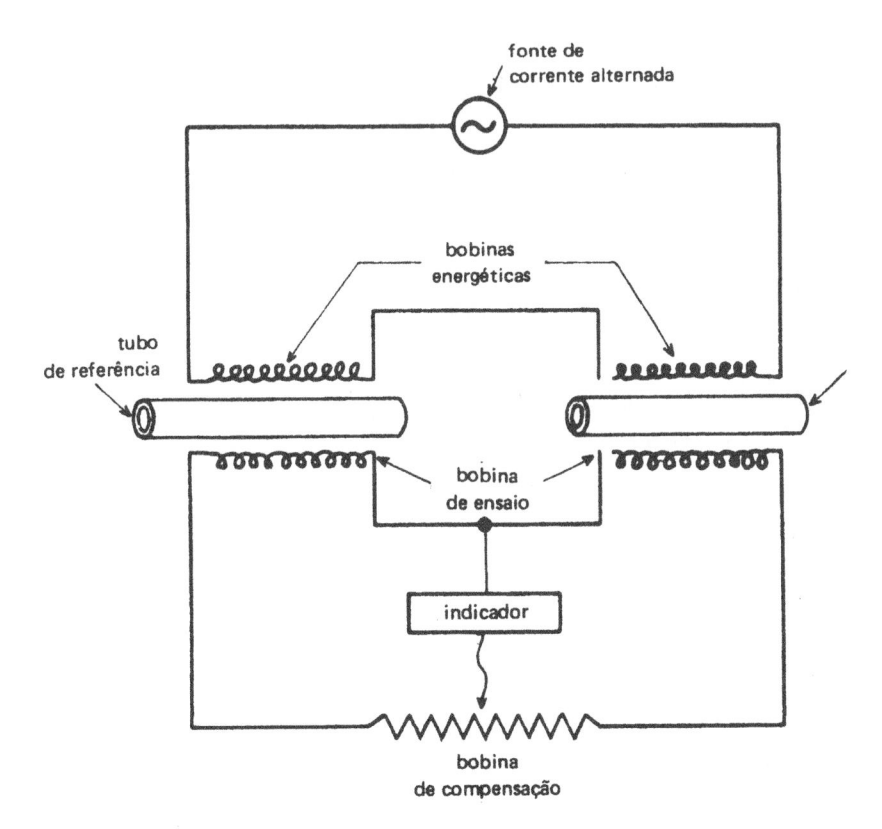

**Figura 166**  *Diagrama simplificado do detector elétrico Sperry.*

Na técnica emprega-se um tubo de referência perfeito e o tubo a ser ensaiado. Ambos são circundados por bobinas energéticas idênticas que transportam idêntica corrente elétrica de natureza alternada. Os tubos são ainda circundados por outras duas bobinas de ensaio idênticas. Se não houver defeitos, verifica-se equilíbrio elétrico; se o tubo sob ensaio apresentar defeitos, o equilíbrio do circuito de ensaio é rompido, o que é revelado pelo indicador.

Admite-se que equipamento desse tipo, com dispositivos adequados, pode detectar defeitos com 3 mm de comprimento, que se estendem até a metade da parede de tubos de aço comum de baixo carbono, com diâmetros de 15 mm e espessura de parede de 1,0 mm.

No caso de trilhos, o aparelho Sperry é colocado num carro que se locomove nos trilhos, a uma velocidade de 10 km/h. Uma corrente elétrica de baixa voltagem e alguns milhares de ampères produzida por um gerador de corrente contínua é alimentada através de escovas, montadas entre as rodas do carro.

Produz-se um campo magnético em torno do trilho, o qual é determinado por bobinas detectoras montadas no carro entre as escovas e localizadas logo acima do trilho. As correntes induzidas nessas bobinas são opostas e estão normalmente em equilíbrio.

Quando ocorre um defeito no trilho, esse equilíbrio é rompido, resultando uma amplificação da corrente gerada que é detectada num dispositivo registrador.

Quando o registrador revela qualquer defeito, o carro é parado e a extensão do defeito é determinada por um potenciômetro portátil especial.

**4.5 Métodos sônicos**   Esses métodos podem detectar defeitos minúsculos em peças metálicas ferrosas e não-ferrosas, assim como em materiais plásticos, cerâmicos e outros.

São empregadas geralmente vibrações ultra-sônicas, as quais se transmitem através dos sólidos muito mais rapidamente do que através do ar.

A Figura 167[89] mostra esquematicamente a detecção de defeitos por intermédio de ondas ou vibrações ultra-sônicas.

As ondas que se originam numa extremidade das peças são refletidas, quer a partir da outra extremidade, quer a partir de um defeito que se interponha no seu percurso. O defeito é determinado pelos tempos relativos que as ondas refletidas levam para voltar à origem. Essa determinação é feita por meio eletrônico.

As ondas ultra-sônicas são produzidas pelo efeito "piezoelétrico", ou seja, pela deformação mecânica que ocorre em determinados cristais, como o quartzo, quando colocados num campo elétrico.

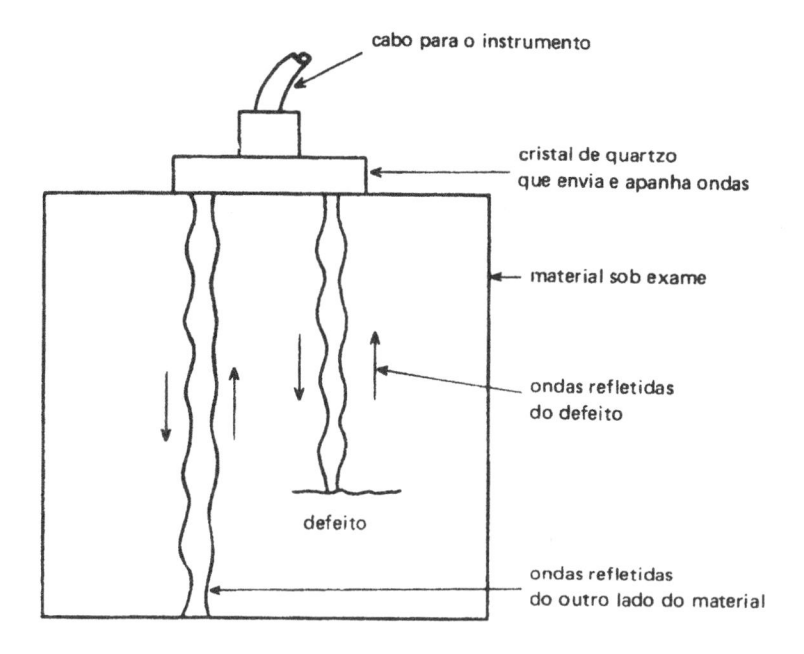

Figura 167  *Detecção de defeitos por ondas ultra-sônicas.*

O cristal, montado em dispositivo especial, é colocado sobre a peça a ser ensaiada. Uma corrente elétrica alternada produz no cristal oscilações mecânicas, que são transmitidas à peça, resultando as ondas que a atravessam.

O dispositivo contendo o cristal é montado na peça empregando-se uma película de óleo que melhora a transmissão das ondas sônicas.

O equipamento correspondente a esses métodos pode apresentar o seguinte ciclo de operação contínua: uma freqüência de 5 MHz, por exemplo, produz oscilações elétricas no cristal da mesma freqüência, de modo que cinco onda das freqüência 5 MHz serão enviadas através da peça. O cristal pára de enviar as ondas e está pronto para receber qualquer onda refletida.

As ondas refletidas vibram o cristal, resultando impulsos elétricos que são detectados ou registrados por um osciloscópio.

Os métodos sônicos são empregados em peças forjadas de grandes dimensões para detectar a sua uniformidade interna, antes de serem submetidas a usinagem. Do mesmo modo, são ensaiados eixos de locomotivas, trilhos, chapas, tubos etc.

4.6 **Métodos mecânicos** O ensaio de dureza — já estudado — é um método mecânico de ensaio não-destrutivo, pois ele pode ser aplicado em peças, sem necessidade da confecção de corpos de prova.

Por outro lado, certas peças como correntes, fios de cabos, ganchos de guindastes etc. são submetidos a ensaios em que a carga aplicada é geralmente muito superior à de serviço, sem que ocorra a ruptura.

Do mesmo modo um método mecânico de ensaio não-destrutivo pode ser considerado o ensaio de pressão a que são submetidos tubulações e tanques.

**5 Conclusões** Os ensaios não-destrutivos constituem, na indústria moderna, um instrumento de grande importância e utilidade para a inspeção de peças metálicas.

As técnicas de ensaios não-destrutivos têm permitido diminuir o fator "desconhecimento" em relação a um material, sem diminuir o fator "segurança" no produto acabado.

# QUESTÕES E EXERCÍCIOS

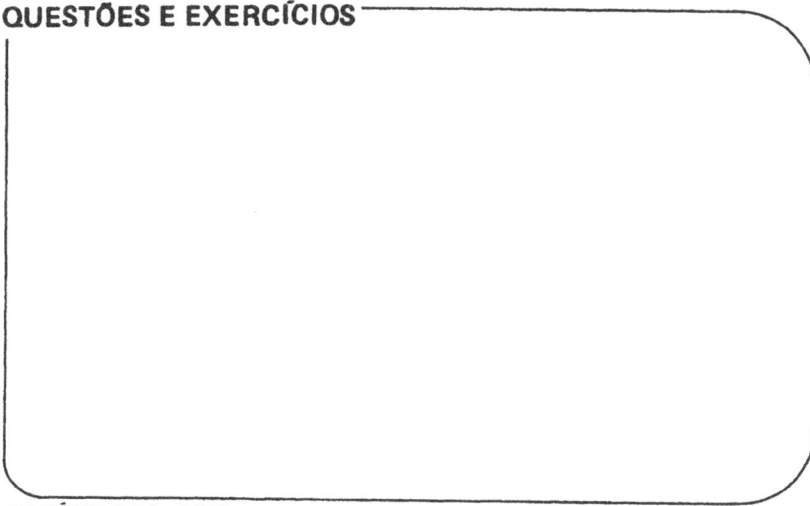

CAPÍTULOS I a VIII

1. Quais as vantagens da moldagem em areia seca sobre a moldagem em areia verde?
2. Explicar por que é necessário prever sobremetal nos projetos das peças a serem fundidas.
3. Discutir a necessidade de alimentadores nos moldes de fundição.
4. Por que se usam machos na fundição de peças?
5. Em que casos a fundição por centrifugação é usada?
6. Qual a diferença entre molde permanente e molde de areia?
7. Quais são os efeitos que o fenômeno de contração, durante a solidificação, pode causar em peças fundidas?
8. Como se comparam a fundição em areia, a fundição sob pressão e a fundição de precisão, quanto às peças que podem produzir e quanto ao custo?
9. Discutir os tipos de fornos de fundição que podem ser empregados para a produção de ferro fundido de alta qualidade.
10. Projetar um laboratório para controle de qualidade de peças fundidas.
11. Comparar a maior ou menor facilidade de deformação mecânica, a frio ou a quente, dos seguintes metais: alumínio, chumbo, aço doce e tungstênio, considerando os seguintes fatores: ponto de fusão, plasticidade, fragilidade e comportamento quanto à oxidação.
12. Admitindo-se, numa operação de forjamento em matriz, que é necessária uma pressão média de 35 kgf/mm$^2$, qual a maior peça que poderá ser forjada numa prensa de 30.000 t?

13. Deve-se esmagar um cubo de aço de altura $h_o = 70$ mm, de modo que sua altura passe a $h_1 = 65$ mm, por ação de um único golpe, aplicado por uma massa de peso $Q = 1.000$ kg. O cubo foi aquecido a $1.100°C$ e o rendimento total do martelo é $\mu = 0,70$. Pergunta-se: (a) qual a força necessária para esmagar o cubo; (b) de que altura H deve cair a massa do martelo?

    Recomenda-se usar as fórmulas (9) e (10) do Capítulo III.

14. Projetar uma matriz para forjamento em matriz de uma engrenagem conforme indica a figura, levando em conta as tolerâncias dimensionais, o sobremetal, os ângulos de saída e os raios de concordância.

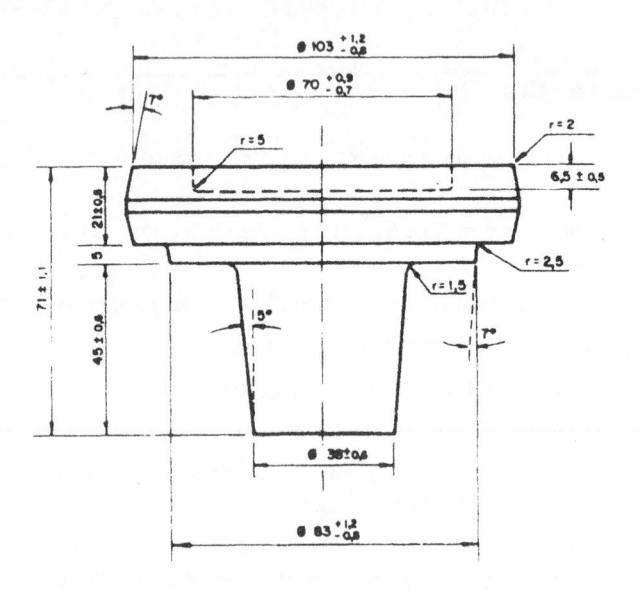

15. Por que se realiza a laminação a frio? Quais são as vantagens da laminação a frio sobre a laminação a quente? Como as propriedades do metal são afetadas?

16. Uma placa de aço de 2,54 cm de espessura por 91,4 cm de largura entra num laminador a uma velocidade de 152,5 m/min. A placa passa entre sete cadeiras de laminação e sai da última na forma de uma chapa de 6,35 mm de espessura por 91,4 cm de largura. Qual a velocidade de saída da chapa na última cadeira?

17. Admitindo-se um aço com limite de escoamento de 42 $kgf/mm^2$, pergunta-se qual a força máxima que pode ser exercida para estirar a frio uma barra de 38,1 mm de diâmetro? Qual a potência em HP necessária para uma velocidade de estiramento de 6,1 m/min?

18. Comparar sob o ponto de vista de acabamento, número de peças produzidas e custo, o forjamento livre e o forjamento em matriz.
19. Comparar os processos de extrusão a frio e extrusão a quente, sob o ponto de vista de técnica de fabricação de tipos de peças produzidas.
20. Calcular o esforço necessário para cortar um orifício de 50 mm de diâmetro numa chapa de aço cujo limite de resistência à tração é 41 kgf/mm$^2$. A espessura da chapa é 5 mm.
21. Desenvolver em comprimento o elemento representado na Figura 179, admitindo as seguintes dimensões em milímetros: $a_1 = 20$; $b_1 = 50$; $c_1 = 25$; $e = 4$; $r = 5$ e $y = r/e$, onde $r$ = raio e $e$ = espessura.
22. Calcular o esforço necessário para dobrar uma chapa de aço doce, como indicado na Figura 180; as dimensões são as seguintes: $l = 75$ mm; $b = 55$ mm; $e = 3,5$ mm. O limite de resistência à tração do aço é 40 kgf/mm$^2$.
23. Desenvolver o objeto representado na Figura 185, admitindo as seguintes dimensões (em mm): $d_2 = 85$; $d_1 = 70$; $h = 12$.
24. O objeto da Figura 185 é obtido por estampagem profunda; o material empregado é aço doce com limite de resistência à tração de 34 kgf/mm$^2$; a espessura da chapa é 2 mm e as dimensões finais do objeto são: $d_2 = 85$; $d_1 = 70$ (interno); $d_1 = 72$ (médio); $h = 12$.

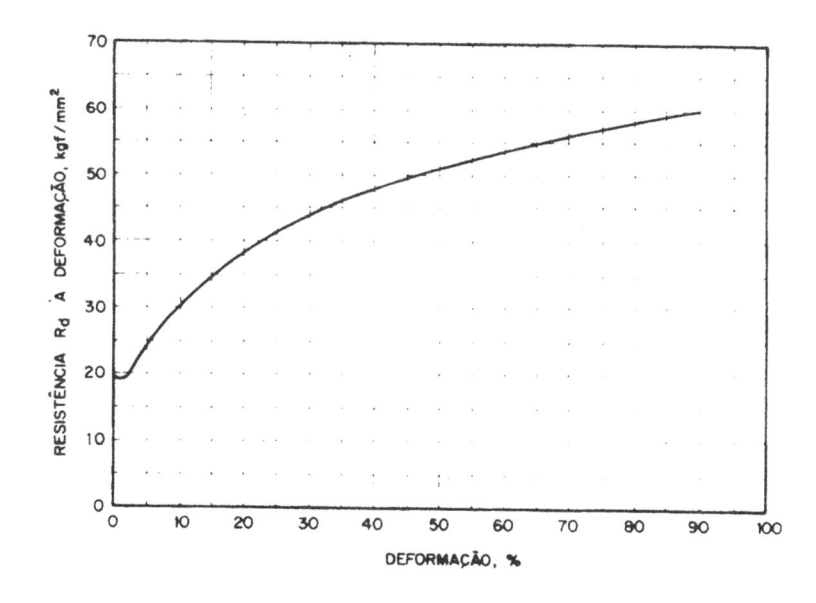

Calcular: (a) o esforço teórico de estampagem no final de um percurso do punção correspondente a 10 mm; (b) a tensão à qual é sujeita a chapa sobre a matriz; (c) o esforço máximo; (d) a tensão máxima. Utilizar, para a solução do problema, o gráfico abaixo que relaciona a deformação com a resistência à deformação.

25. Quais os tipos de matrizes que se utilizam no processo de estiramento ou trefilação?
26. Explicar as vantagens e as limitações do processo de metalurgia do pó.
27. Quais são as principais regras a adotar no projeto de uma peça a ser produzida por metalurgia do pó?
28. Qual a pressão que deve ser utilizada para compactar pó de bronze na forma de uma bucha com diâmetro externo de 35 mm, diâmetro interno de 26 mm e altura de 40 mm? Qual a profundidade de enchimento que a matriz deve apresentar para realizar a compactação mencionada?
29. Projetar a matriz e discutir o processo produtivo, a partir da seleção da matéria-prima, para compactar pó de ferro na forma de um anel cujas dimensões são as seguintes: diâmetro externo = 50 mm; diâmetro interno = 20 mm; altura = 8 mm. O material sinterizado deve apresentar alta densidade.
30. Quais são as alternativas que o processo de metalurgia do pó oferece para produzir peças de ferro de alta resistência mecânica?
31. Quais são os efeitos que a sinterização produz sobre a estrutura de um compactado comprimido de ferro?
32. Quais são as vantagens ou desvantagens que a dupla compactação apresenta sobre a compactação simples?
33. Quando é aconselhável usinar-se peças sinterizadas?
34. Quais são os efeitos da soldagem sobre a estrutura de um metal?
35. Quais as precauções a serem tomadas para evitar excessivo empenamento no processo de soldagem?
36. Comparar, sob o ponto de vista de técnica e custo, a soldagem por oxiacetileno e a soldagem elétrica a arco.
37. Quais são os artifícios recomendados para evitar as trincas de soldagem?
38. Comparar, sob o ponto de vista de efeito na junta soldada, o eletrodo nu e o eletrodo revestido.
39. Quais são os princípios de operação na soldagem a resistência?

40. Distinguir os processos de soldagem por feixe eletrônico e tipo *laser*, sob os pontos de vista de processo, vantagens e desvantagens.
41. Distinguir, sob o ponto de vista de técnica, material de soldagem usado e aplicações, a soldagem forte da soldagem fraca.
42. Quais são os controles a que normalmente são submetidas as juntas soldadas?
43. Definir usinabilidade de um material.
44. Quais são as variáveis a considerar na usinagem dos metais?
45. Descrever quais são as principais operações que podem ser realizadas num torno mecânico.
46. Numa operação de torneamento, qual é a quantidade de material removido, em volume, para cada uma das seguintes condições de corte:

|  | 1 | 2 | 3 |
|---|---|---|---|
| velocidade de corte, m/min | 60 | 15 | 105 |
| avanço, mm/revolução | 0,25 | 0,75 | 0,20 |
| profundidade de corte, mm | 6,0 | 9,5 | 1,5 |

47. Uma peça está sendo torneada a uma velocidade periférica de 75 m/min, consumindo uma potência de 2,8 HP. O avanço é 0,25 mm/rev. e a profundidade de corte é 5 mm. Pergunta-se: (a) Qual é a força de corte em kgf; (b) Qual o consumo unitário de potência em HP por $cm^3$ por minuto?
48. Quais são os tipos de desgaste que uma ferramenta pode sofrer durante a operação de usinagem?
49. Descrever os vários tipos de cavacos que podem se formar durante a usinagem de um metal e qual o tipo ideal.
50. Qual a diferença entre um torno mecânico e um torno automático?
51. Uma peça de 10 cm de diâmetro deve ser cortada com uma ferramenta, com um avanço de 0,13 mm por revolução. O eixo-árvore gira a 100 rpm. Quanto tempo levará o corte?
52. Descrever os principais acessórios de um torno mecânico.
53. Para que servem os tornos verticais?
54. Quais são as operações que podem ser realizadas com uma furadeira?
55. Quais são as características operacionais que distinguem uma plaina limadora de uma plaina de mesa?

56. Uma placa de ferro fundido de 40 mm × 250 mm é desbastada numa plaina limadora com uma profundidade de corte de 3,0 mm. A relação de curso de corte para curso de retorno é de 1,6:1. Estimar o tempo e a potência necessários para o corte.

57. Distinguir uma fresadora vertical de uma fresadora universal.

58. Em quais aspectos uma operação de fresamento é superior a uma operação de aplainamento?

59. Qual é a diferença fundamental entre brochamento e fresamento?

60. Quais são os principais tipos de máquinas de serrar?

61. Explicar os seguintes tipos de operações: retificação superficial, retificação sem centros, polimento, afiação e espelhamento.

62. Relacionar os principais tipos de rebolos de retificação.

63. Por que não é econômica a remoção de grande quantidade de material mediante uma operação de retificação? Quais são as operações de usinagem que se recomendariam em lugar da retificação?

64. Explicar o princípio operacional de uma retificadora "sem centros".

65. Explicar as vantagens e as desvantagens da usinagem por eletroerosão.

66. Explicar as vantagens e desvantagens da usinagem eletroquímica.

67. Quais as aplicações usuais da usinagem com feixe *laser*?

68. Explicar a operação de controle numérico nas máquinas operatrizes e descrever as vantagens desse sistema.

69. Por que é necessário utilizar fluidos de corte em operações de usinagem?

## CAPÍTULOS IX a XI

1. Por que certas ligas metálicas são submetidas a operações de tratamento térmico?

2. Quais são os fatores de influência nos tratamentos térmicos?

3. Por que no tratamento térmico dos metais é freqüentemente necessário utilizar-se uma atmosfera controlada? Qual o princípio de proteção que essa atmosfera oferece?

4. Quais as diferenças básicas entre tratamentos térmicos e tratamentos termoquímicos?

5. Quais são as principais fontes de aquecimento utilizadas nos fornos para tratamento térmico? Discutir as vantagens e as desvantagens de cada uma das fontes consideradas.

6. Por que as ligas metálicas temperadas devem ser submetidas a um tratamento térmico posterior? Qual é esse tratamento?
7. Qual é o efeito de um superaquecimento do material sobre sua estrutura?
8. Qual o tratamento térmico recomendado para aliviar as tensões que se originam nas peças fundidas durante o seu processo de fabricação?
9. Qual o efeito do tempo à temperatura sobre a estrutura de um metal quando submetido a um tratamento térmico?
10. Explicar algumas das recentes técnicas empregadas nos tratamentos térmicos para minorar a crise energética.
11. Explicar o fenômeno de corrosão dos metais.
12. Explicar o mecanismo de corrosão galvânica.
13. Diferenciar a corrosão localizada da corrosão intergranular.
14. Explicar como e por que ocorre a corrosão sob tensão.
15. Para que servem os inibidores?
16. Qual o processo utilizado para fabricar uma placa de aço comum, com material inoxidável nas duas faces?
17. Distinguir o processo de pintura comum do processo de metalização.
18. Uma peça de aço que pode ser atacada quando em serviço é recoberta de zinco por via eletrolítica. É esse um tratamento recomendável de proteção contra a corrosão? Poderia o níquel substituir o zinco?
19. Comparar os revestimentos superficiais seguintes: zincagem, estanhação, cromeação, niquelação e esmaltagem. Qual é o mais econômico? Qual é o que apresenta maior resistência à corrosão? Qual o que apresenta maior resistência ao desgaste?
20. Qual a mudança de volume que ocorre quando o ferro se oxida na forma de $Fe_3O_4$? Considerar a massa específica deste óxido como $5,18 g/cm^3$.
21. Distinguir a corrosão localizada da corrosão comum. Qual é a mais prejudicial para a vida do metal? Por quê?
22. Por que a corrosão em atmosfera salina é mais prejudicial que a corrosão na atmosfera comum?
23. Distinguir deposição eletrolítica e anodização. Em que casos se aplicam?
24. Quando os ensaios não-destrutivos são mais recomendáveis que os destrutivos?

25. O que significa "tolerância"?
26. Qual é a filosofia básica do controle estatístico de qualidade?
27. O que significa "folga"?
28. Para que servem os "blocos-padrão"?
29. Quais são os principais instrumentos de medida utilizados em controle dimensional?
30. Qual é o princípio básico de funcionamento do comparador óptico? Em que casos esse aparelho é aplicado?
31. Por que no controle de qualidade são utilizadas "amostras"?
32. Explicar o princípio do ensaio não-destrutivo radiográfico.
33. Explicar o princípio do ensaio não-destrutivo magnético.
34. É possível localizar as barras de aço numa estrutura de concreto armado, por intermédio de um ensaio não-destrutivo? Qual seria o método empregado?

# BIBLIOGRAFIA

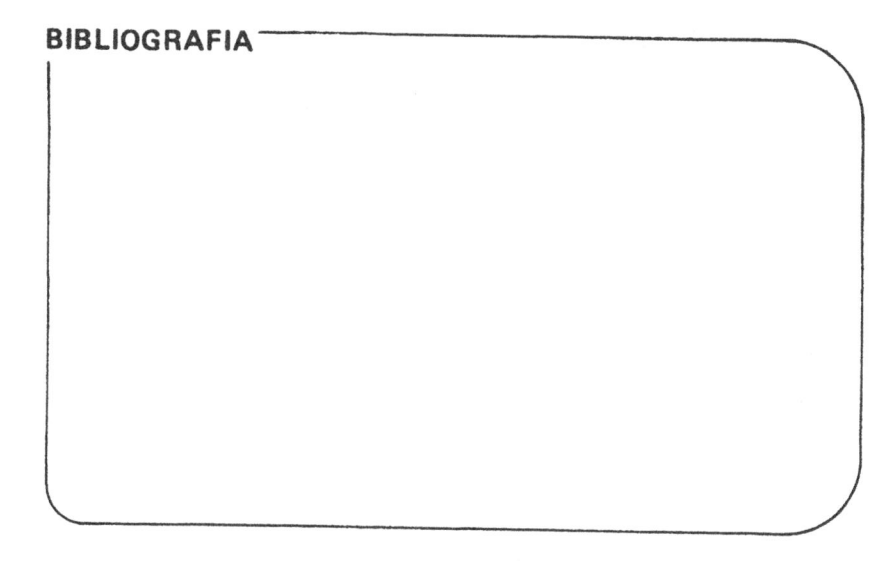

1. ASSOCIAÇÃO BRASILEIRA DE METAIS, VII Curso de Especialização: Fundição, 1963, págs. 48 e seguintes.
2. HILTON, R. B., *Technology of Engineering Materials* – Butterworths Scientific Publications, 1953, pág. 4.
3. COLPAERT, H., *Metalografia dos Produtos Siderúrgicos Comuns*, 2ª ed., Ed. E. Blucher Ltda., 1959, págs. 27 e seguintes.
4. CAST METALS HANDBOOK, 4ª ed., *American Foundrymen's Society*, 1957, págs. 10 e seguintes.
5. BROSCH, C. D, *Areias de Fundição*, Boletim nº 44 do Instituto de Pesquisas Tecnológicas do Estado de São Paulo, IPT, Dez. 1952.
6. ROBERTS, A. D. e LAPIDGE, S. C., *Manufacturing Processes*, McGraw-Hill Book Co., 1977, págs. 303 e seguintes.
7. ASM COMMITTEE ON DIE CASTING, *Die Casting – Metals Handbook*, V. 5, 8ª ed., ASM, 1970, págs. 285 e seguintes.
8. TOLEDO, N. N., *Manual para Construção de Ferramentas para Fundição sob Pressão*, Dissertação de Mestrado, EPUSP, 1976.
9. DOYLE, L. E., MORRIS, J. L., LEACH, J. L e SCHRADER, G. F., *Manufacturing Processes and Materials for Engineers*, Prentice-Hall Inc., 1964, págs. 182 e seguintes.
10. ASM COMMITTEE ON PRODUCTION OF INVESTMENT CASTINGS, *Investment Casting, Metals Handbook*, V. 5, 8ª ed., ASM, 1970, págs. 237 e seguintes.

11. INVESTMENT CASTING INSTITUTE, *Investment Casting Handbook*, 1968.

12. HERRMANN, R. H., *How Design and Buy Investment Casting*, Investment Casting Institute, 1960, págs. 10 e seguintes.

13. ASM COMMITTEE ON PRODUCTION OF GRAY IRON CASTINGS, *Melting of Gray Iron – Metals Handbook*, 8ª ed., 1970, ASM, págs. 335 e seguintes.

14. REF. 1 – Ponto 18.

15. CAST METALS HANDBOOK, *Inspection Methods for Casting* – American Foundryment's Society, 1957, págs. 71 e seguintes.

16. DIETER JR., G. E., *Mechanical Metallurgy*, McGraw-Hill Book Co. Inc., 1962, págs. 453 e seguintes.

17. ARAUJO, L. A., *Siderurgia*, Editora FDT S.A., 1967, págs. 268 e seguintes.

18. SOUZA, A. B. *Laminação dos Aços*, ABM, 1975, páginas II.4.41.

19. UNITED STATES STEEL CORPORATION, *The Making, Shaping and Treating of Steel*, 1957, págs. 465 e seguintes.

20. ROSSI, M. *Stampaggio a Caldo dei Metalli*, Editore Ulrico Hoepli, 1964, págs. 16 e seguintes.

21. REF. 9 – págs. 253 e seguintes.

22. REF. 20 – págs. 45 e seguintes.

23. REF. 20 – págs. 98 e seguintes.

24. ASM COMMITTEE ON HOT UPSET FORGING, *Metals Handbook*, 8ª ed., V. 5, 1970, págs 69 e seguintes.

25. ASM COMMITTEE ON ROTARY SWAGING, *Metals Handbook*, 8ª ed., V. 4, ASM, 1969, págs. 333 e seguintes.

26. REF. 9 – pág. 284.

27. METALS HANDBOOK, V. 5, 8ª ed., 1970, págs. 95 e seguintes.

28. ROSSI, M., *Stampaggio a Freddo delle Lamiere*, Editore Ulrico Hoepli, 1973, págs. 10 e seguintes.

29. REF. 16 – pág. 568.

30. ASM COMMITTEE ON FORMING OF SHEET METAL IN PRESSES, *Metals Handbook*, 8ª ed., V. 4, 1969, ASM, págs 1 e seguintes.

31. ASM COMMITTEE ON COINING, *Metals Handbook*, 8ª ed., V. 4, 1969, ASM, págs. 78 e seguintes.

32. ASM COMMITTEE ON SPINNING, *Metals Handbook*, 8ª ed., V. 4, 1969, ASM, págs. 201 e seguintes.
33. ASM COMMITTEE ON PRESS-BRAKE FORMING AND THREE-ROLL FORMING OF STEEL, *Three Roll Forming – Metals Handbook*, 8ª ed., V. 4, 1969, ASM, págs. 217 e seguintes.
34. REF. 9 – pág. 276.
35. WEYMUELLER, C. R., *Cold Extrusion of Steel; Its Promises and Problems* – Metal Progress, Out. 1962, págs. 7 e seguintes.
36. BLICKWEDE, D. J. *Cold Extrusion Steel* – Metal Progress, Maio, 1970.
37. REF. 16 – pág. 519.
38. METALS HANDBOOK, *Explosion Forming*, 8ª ed., V. 4, 1969, ASM, pág. 250.
39. GOETZEL, C. G., *Treatise on Powder Metallurgy*, V. I, Interscience Publishers Inc., 1949, págs. 23 e seguintes.
40. HIRSCHHORN, J. S., *Introduction to Powder Metallurgy*, The Colonial Press Inc., 1969, pág. 228.
41. RENNACK, E. H., *Strenghtening Effect of Copper on Infiltrated Sintered Iron Parts – Progress in Powder Metallurgy*, V. 17, Metal Powder Industries Federation, 1961, pág. 12.
42. KIEFFER, R. e HOTP, W., *Fer et Aciers Frittés*, Dunod, 1951, págs. 215 e seguintes.
43. HAUSNER, H. H., *Handbook of Powder Metallurgy*, Chemical Publishing Co. Inc., 1973, pág. 205.
44. BROWN, G. T. e JONES, P. K., "Experimental and Practical Aspects of the Powder Forging Process", *International Journal of Powder Metallurgy*, V. 6, 1976, págs. 29 e seguintes.
45. POWDER METALLURGY EQUIPMENT ASSOCIATION, *Powder Metallurgy Equipment Manual*, Metal Powder Industries Federation, 1977, pág. 34.
46. FLORES, O. A. M., *Soldagem a Arco Submerso*, Curso de Soldagem, ABM, 1975, pág. 433.
47. MELEIRO, J. C., *Soldagem a Arco com Eletrodos Revestidos*, Curso de Soldagem, ABM, pág. 11.
48. PERINI, L. A. *Soldagem em Atmosfera Gasosa TIG, MIC e MAG*, Curso de Soldagem, ABM, pág. 343.

49. BURTON, M. S., *Applied Metallurgy for Engineers*, McGraw-Hill Book Co., 1956, pág. 316.

50. SANTOS, W. *Soldagem a Chama e Processos Afins*, Curso de Soldagem, ABM, pág. 9.

51. REHDER, H., *Eletrodos para Soldas de Resistência*, Curso de Soldagem, ABM, pág. 677.

52. REF. 6 – pág. 284.

53. ASM COMMITTEE ON RESISTENCE WELDING OF STEEL, *Metals Handbook*, 8ª ed., V. 6, ASM, 1971, pág. 401.

54. REF. 6 – págs. 399 e seguintes.

55. SCHWARTZ, M. M., *Metal Joining Manual*, McGraw-Hill Book Co., 1979, págs. 2-4 e seguintes.

56. REF. 6 – págs. 274 e seguintes.

57. REF. 55 – págs. 7.1 e seguintes.

58. REF. 6 – pág. 276.

59. REF. 6 – pág. 288.

60. CINTRA, J. A, VIEIRA, R. R. e METZGER, I., *Ensaios Mecânicos e Metalografia*, Curso de Soldagem, ABM, pág. 257.

61. FERRARESI, D., *Fundamentos da Usinagem dos Metais*, Ed. E. Blucher, 1970, pág. XXVI.

62. BLANPAIN, E., *Teoría y Práctica de las Herramientas de Corte*, Editorial Gustavo Gili S.A., 1962, págs. 107 e seguintes.

63. CHIAVERINI, V., *Contribuição para o Estudo dos Fatores Determinantes da Vida de Ferramentas de Metal Duro*, Tese para Concurso de Cátedra da Escola Politécnica da USP, 1967.

64. REF. 9 – págs. 409 e seguintes.

65. REF. 6 – pág. 233.

66. ROSSI, M., *Máquinas, Herramientas Modernas*, Editorial Científico Media, 1964, págs. 505 e seguintes.

67. REF. 66 – pág. 472.

68. REF. 6 – pág. 203.

69. KAHLES, J. F., *Electrical Discharge Machining (EDM)* – *Metals Handbook*, 8ª ed., V. 3, ASM, 1967, págs 227 e seguintes.

70. REF. 6 – págs. 390 e seguintes.

71. METALS HANDBOOK, *Electron Beam Machining (EBM)*, 8ª ed., V. 3, ASM, 1967, pág. 253.

72. REF. 71 — *Laser Beam Machining* (*LBM*), pág. 255.
73. INDUSTRIAS ROMI S.A., *O Comando Numérico e sua Aplicação*, Catálogo, 1979.
74. BARRON, C. H., *Numerical Control for Machine Tools*, McGraw-Hill Inc., 1971, págs. 46 e seguintes.
75. REF. 6 — págs. 78 e seguintes.
76. REF. 6 — pág. 76.
77. CHIAVERINI, V., *Aços e Ferros Fundidos*, 5ª ed., ABM, 1984, págs. 75 e seguintes.
78. ASM COMMITTEE ON FURNACE ATMOSPHERES, *Furnace Atmospheres — Metals Handbook*, V. 2., 8ª ed., ASM, 1964, págs. 119 e seguintes.
79. VAN VLACK, L. H., *Elements of Material Science*, Addison-Wesley Publishing Co., Inc. 1964, págs. 334 e seguintes.
80. FONTANA, M. G. e GREEBE, N. D., *Corrosion Engineering*, McGraw-Hill Book Co., 1978, págs. 28 e seguintes.
81. REF. 80 — págs. 196 e seguintes.
82. GENTIL, V., *Corrosão*, Almeida Neves Editores Ltda., 1970, págs. 237 e seguintes.
83. KANTER, J. J., *Siliconizing of Steel — Metals Handobook*, V. 2, 8ª ed., ASM, pág. 529.
84. ASM COMMITTEE ON FINISHING OF ALUMINUM, *Metals Handbook*, V. 2, 8ª ed., ASM, 1964, págs. 611 e seguintes.
85. ASM COMMITTEE ON PHOSPHATE COATING, *Metals Handbook*, V. 2, 8ª ed., ASM, 1964, págs. 531 e seguintes.
86. ROSSI, M., *Utilajes Mecanicos y Fabricaciones en Serie*, Editorial Cientifico-Medica, 1965, pág. 157.
87. REF. 9 — pág. 399.
88. DE ESTON, N. E., *Acabamentos de Superfícies e Conversão de Escalas de Rugosidade — Metalurgia*, nº 116, julho, 1967, v. 23.
89. DAVIS, H. E., TROXELL, G. E. e HAUCK, G. F. M., *The Testing of Engineering Material*, McGraw-Hill Book Co., 1982, págs. 274 e seguintes.

# ÍNDICE ANALÍTICO

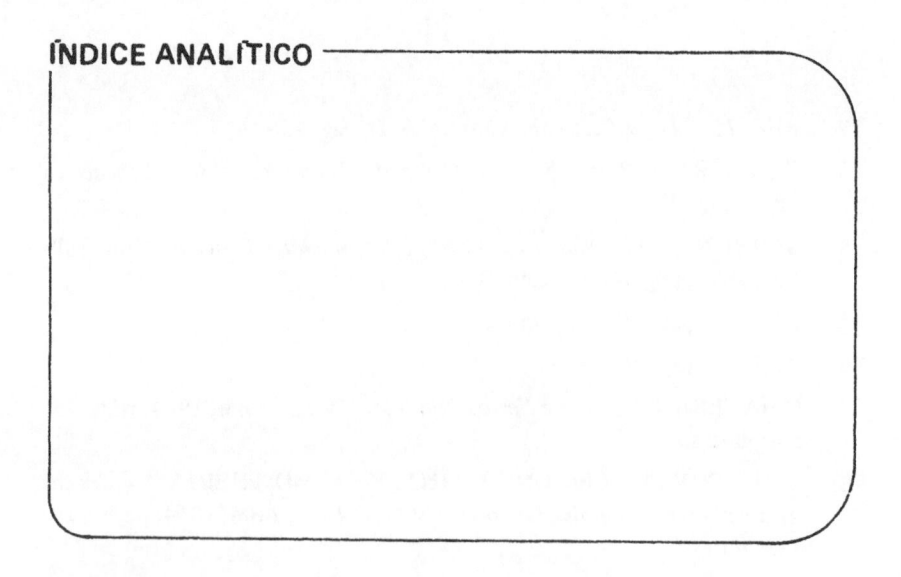

Abrasão
   usinagem por, 221
Acabamento
   operações de, 227
Ação mecânica, 271
Ação química, 270
Afiação, 221, 225
Afiadora, 225
Ajuste, 285
Alargador, 212
Alimentador, 6
Alívio de tensões, 5, 2
Alteração do ambiente, 268
Aluminotérmica (soldagem), 175
Ambiente de aquecimento, 242
Amônia (atmosfera), 146
Ângulo de cisalhamento, 196
Ângulo de saída, 12, 91
Ângulo de inclinação da ferramenta, 197
Anodização, 277
Aplainamento, 194, 212
Aquecimento (no tratamento térmico), 241
Arco (soldagem a), 166, 169
Areia de fundição, 20
Atmosfera(s) protetora(s), 146, 150, 243, 253
Atomização, 140
Austêmpera, 246
Avanço (na usinagem), 197

Banco de estiramento, 132
Banhos de sal, 188, 243
Bobinadeiras, 71

Bolhas, 8
Brasagem, 186
   em forno, 188
   métodos de, 188
   por aquecimento por indução, 188
   por banho de sal, 188
   por maçarico ou torcha oxiacetilênica,
   por resistência elétrica, 188
Broca(s), 206
   especiais, 210
Brocha(s), 220
Brochadeira, 220
Brochamento, 195, 219

Cabeça quente (ou massalote), 5
Cadinho (forno), 49
Cadmiação, 276
Caixa de moldagem, 18
Calibragem, 157
Calorização, 277
Canais de rebarba, 95
Canais de vazamento, 16
Carbonila (método e pó), 141
Carbonitretação, 247
Carburizante (mistura), 247
Casca (fundição em), 36
Casca de laranja, 58
Casca de óxido, 243
Catódica (proteção), 282
Cavaco, 194
Cavidade (do molde), 1
Cavitação, 266

Célula eletrolítica, 257
Células galvânicas, 259
Cementação, 247
Centrifugação (fundição por), 32
Cera perdida (fundição), 35
Chama (oxiacetilênica), 173
Chupagem, 4
Cianetação, 247
Cilindro (de laminação), 66
Cladização, 271
Coalescimento (ou esferoidização), 246
Cobreação, 275
Compactação, 136, 142
   a quente, 153
   de pós metálicos, 142
   dupla, 151
   matrizes de, 142, 144
   pressão de, 143
Comparador óptico, 286
Concentração de impurezas, 7
Condensação, 140
Condições usuais de corte, 197
Conformação mecânica, 55
   com coxim de borracha, 123
   com três cilindros, 122
   por explosão, 135
   processos de, 55
Conicidade, 12, 91
Contorno do grão, 3
Contração de volume, 3, 12, 14, 93
Controle de qualidade, 53, 283
Controle numérico, 233
Coquilha, 28
Corrosão, 255
   fenômeno, 255
   galvânica, 257, 262
   intergranular, 264
   localizada, 264
   por ação do hidrogênio, 267
   por depósito, 263
   por erosão, 265
   por fadiga, 267
   prevenção contra a, 268
   seletiva, 265
   sob atrito, 266
   sob tensão, 266
   uniforme, 261
Corte
   condições usuais, 197
   da rebarba, 89
   de chapas, 104
   ferramentas de, 194

   fluidos de, 238
   forças de, 195
   matriz para, 106
   profundidade de, 198
   velocidade de, 197
Coxim de borracha
   conformação com, 123
Cristalização, 2
Cromatização, 278
Cromeação, 275
Cunhagem, 90, 120

Decapagem, 71, 270
Decomposição térmica, 141
Deformação,
   a frio, 57
   a quente, 57
   livre, 74
   vinculada, 79
Dendrita, 3
Dendrítica (estrutura), 3
Depósito (corrosão por), 263
Descarbonetação, 243
Descarga elétrica (usinagem por), 228
Desengraxamento, 270
Desenho
   de peças fundidas, 9
   de peças sinterizadas, 158
Desmoldagem, 51
Desoxidantes (substâncias), 8
Desprendimento de gases, 8
Detergência, 270
Dezincificação, 265
Difusão (revestimento superficial), 276
Dobramento, 108
Dupla compactação, 151

Eletrodeposição, 273
Eletrodos para soldagem a arco, 168
Eletrólise, 141
Eletromagnético (método), 291
Eletromotriz (série), 258
Eletroquímica (usinagem), 230
Eletro-recalcagem, 81
Encurvamento, 108, 113
Endurecimento por precipitação, 246
Enferrujamento, 256
Ensaios
   de solda, 189
   não-destrutivos, 288
Esboçamento, 88
Escoriador, 212

Esferoidização (ou coalescimento), 245
Esforço necessário para o corte, 107
Esmaltação, 279
Espelhamento, 221, 227
Estampagem, 104
   matrizes para, 115
   operações de, 118
   prensas para, 119
   profunda, 114
Estanhação, 272
Estiramento, 132
   banco de, 132
Estrutura granular, 2
Exotérmica (atmosfera), 253
Explosão (conformação por), 135
Extrusão, 124
   a frio, 126
   direta, 125
   forças de, 129
   indireta, 125
   relação de, 129

Fabricação de tubos soldados, 130
Feixe
   eletrônico, 183, 233
   *laser*, 233
Ferramentas, 194
   de fresadoras, 217
   de furação, 206
   de torno, 205
Ferro de soldagem, 189
Ferrugem, 257
Fervura, 47
Fio-máquina, 132
Fissuras de contração, 12
Fluidos de corte, 238
Folga, 106, 285
Folha de flandres, 274
Força(s)
   atuantes na deformação, 74
   de corte, 195
   de extrusão, 119
   na laminação, 59
Forjado-sinterizado, 159
Forjamento, 73
   em cilindros, 102
   em matriz, 79, 87
   livre, 80, 83
   processos de, 80
   rotativo, 85, 100
Forno
   cubilô, 42

   de aquecimento, 248
   de arco indireto, 50
   de banho de sal, 251
   de cadinho, 49
   de indução, 48
   de sinterização, 146
   de tratamento térmico, 248
Forno elétrico, 45
   a arco direto, 45
   a arco indireto, 50
Forno-poço, 69
Fosfatização, 278
Fragilização pelo hidrogênio, 267
Fresadora, 215
   horizontal, 215
   universal, 217
   vertical, 215
Fresamento, 195, 215
Fresas, 217
Fricção (soldagem por), 185
Fundição, 1
   contínua, 40
   de precisão, 33
   em areia, 17
   em casca, 36
   em cera perdida, 35
   em molde metálico, 25
   por centrifugação, 32
   processos, 8
   sob pressão, 28
Furação, 195, 205
Furadeira, 206
   de bancada, 210
   de coluna, 207
   portátil, 210
   radial, 210
Fusão, 42
   do aço, 48
   de ferro fundido, 42

Gaiola de laminação, 66
Galvânica
   célula, 259
   corrosão, 257, 262
Galvanização, 271, 274
Gás
   desprendimento de, 8
   soldagem a, 173
Grãos, 3

Hidrogênio
   corrosão por ação do, 267

Imersão a quente, 271
Impregnação metálica, 150
Impurezas, 7
Inibidores, 269
Inspeção
    dimensional, 53
    metalúrgica, 53
    visual, 53
Instrumentos de medição, 285
Isotérmico (tratamento), 246

Jatos de areia, 52
Juntas soldadas, 162
    de canto, 163
    de topo, 162
    defeitos, 190
    em T, 164
    sobrepostas, 163

Laminação, 58
    cilindros, 66
    de produtos planos, 69
    forças na, 59
    operações de, 67
Laminador(es), 62
    acabadores, 68
    cadeira, 62
    cilindro, 66
    contínuo(s), 63
    duo(s), 63
    gaiola, 66
    primário(s), 68
    quádruo(s), 63
    Sendzmir, 65
    tipos de, 63
    trio(s), 63
    Universal, 63
Lapidação, 221, 227
*Laser*
    soldagem, 179
    usinagem, 233
Limpeza, 51, 270
Lingote, 3, 25
Lingoteira, 3, 25
Linha neutra, 109
Linhas de Lüder (ou de distensão), 58

Maçarico oxiacetilênico, 175, 188
Macho, 15

    de tarracha, 212
    de fundição, 15
Mandril, 102, 121, 134
Mandriladora, 221
Mandrilagem, 129
Mandrilamento, 195, 221
Máquinas de serrar, 220
Máquinas operatrizes, 194
    controle numérico em, 233
Martelo de forja ou de queda, 73
Martêmpera, 246
Massalote (ou cabeça quente), 5
Matriz(es), 28, 33, 87, 104, 109
    de compactação, 142, 144
    de estiramento, 132
    de recompressão, 157
    forjamento em, 79, 87
    material das, 95
    para corte, 90, 106
    para cunhagem, 121
    para dobramento, 109
    para estampagem profunda, 115
    para forjamento em matriz, 80, 89
    para metalurgia do pó, 142, 144
Meios de resfriamento, 252
Metalização, 276
    pistola de, 276
Metalurgia
    da solda, 164
    do pó, 136
Mistura de pós, 141
Moagem, 140
Modelo, 3, 13
Moldagem, 16, 21, 25
    $CO_2$, 25
    em areia, 17, 18
    em areia-cimento, 24
    em areia seca, 24
    em molde metálico, 25
Molde, 1, 16
    cerâmico, 39
    confecção, 16
    permanente, 28
Movimento de corte, 197

Não-destrutivos (ensaios), 288
    método elétrico, 293
    método eletromagnético, 291
    método mecânico, 296
    método radiográfico, 289

método sônico, 294
método visual, 289
Niquelação, 275
Nitretação, 247
Normalização, 245

Operações de acabamento, 227
Oxiacetilênica(o)
    chama, 173
    maçarico, 175
Oxidação, 243

Pares galvânicos, 256
Passivação (ou passividade), 261
Patenteamento, 133
Peças sinterizadas (projeto), 157
Pigmento(s), 280
Pistola de metalização, 276
Plaina(s), 212
    de mesa, 214
    limadora, 212
Pó (metalurgia do), 136
Polimento, 227
Ponto de orvalho, 253
Potencial de carbono, 254
Potencial do eletrodo, 256
Prática dos tratamentos térmicos, 247
Precipitação (endurecimento por), 246
Precisão (fundição de), 33
Prensas, 81
    de estampagem, 104, 119
    de forjamento, 73
    de metalurgia do pó, 144
Prensagem, 80, 81
Pressão
    de compactação, 143
    de recalcagem, 99
    fundição sob, 28
Pré-sinterização, 145
Prevenção da corrosão, 268
Processo(s)
    de conformação mecânica, 55
    de estampagem, 118
    de forjamento, 80
    de fundição, 8
    de soldagem, 161, 166
    de usinagem, 193
    Mannesmann, 129
Profundidade de corte, 198
Projeto
    de matrizes, 93

de peças sinterizadas, 157
do modelo, 9, 13
do molde, 17
Projetor de perfil, 286
Proteção
    catódica, 282
    contra a corrosão, 268
Punção de corte, 104

Qualidade
    controle de, 283
    da superfície, 286
Quebra-rebarbas, 89
Quente (compactação a), 153

Radiográfico (método), 289
Rebarba(s), 89
Rebarbação, 51
Rebolo(s), 195, 221, 225, 232
Recalcagem, 81, 96
Recompressão, 157
Recozimento, 244
Redução, 141
Refino, 48
Repuxamento, 121
Resistência ideal à deformação, 74
Resistência real à deformação, 77
Resfriamento (no tratamento térmico), 243
Retificação, 195, 221
Retificadora(s), 221
    de superfícies, 222
    plana, 222
    sem centros, 225
    vertical, 222
    universal, 224
Revenido, 245
Revestimento(s)
    metálico(s), 271
    não-metálico inorgânico, 277
    não-metálico orgânico, 280
    superficiais, 270
Roscamento, 195
Rugosidade superficial, 287

Segregação, 7
Série eletromotriz, 258
Serra(s), 220
Serramento, 195, 220
Sherardização, 277
Sinterização, 136, 145
    atmosferas, 146

fornos, 146
temperaturas, 146, 150
teorias, 147
Sobremetal, 14, 90
Solda(s), 161
   ensaios, 189
   forte, 186
   fraca, 189
   metalurgia da, 164
Soldabrasagem, 188
Soldagem, 161
   a arco, 166, 169
   a gás, 173
   aluminotérmica, 175
   autógena, 166
   contínua, 179
   de pressão, 161
   de topo, 178
   forte, 186
   fraca, 189
   hidrogênio atômico, 171
   juntas, 162
   MAG, 171
   materiais para, 186
   MIG, 171
   oxiacetilênica, 173
   por fagulhamento, 178
   por costura, 178
   por feixe eletrônico, 183
   por fricção, 185
   por fusão, 161
   por *laser*, 179, 182
   por pontos, 176, 178
   por projeção, 179
   por resistência, 176, 178
   por ultra-som, 185
   processos, 161, 166, 179
   TIG, 170
Substâncias desoxidantes, 8
Superfície (qualidade), 286

Tamboreamento, 52
Tarracha (macho), 212
Têmpera, 245
Temperatura
   de sinterização, 150
   de tratamento térmico, 242
Tempo (no tratamento térmico), 242
Tensões de soldagem, 189

Tensões residuais, 4
Tinta(s), 280
Torcha oxiacetilênica, 173, 188
Tolerâncias dimensionais, 91, 284
Torneamento, 194, 199, 201
Torno(s), 199
   automático(s), 201
   copiador(es), 204
   de controle numérico, 205
   ferramentas de, 233
   ferramenteiro, 204
   mecânico (ou paralelo ou universal), 199
   revólver, 201
   vertical, 204
Trabalho mecânico, 56
Tratamento
   a vapor, 157
   isotérmico, 246
   superficial, 157, 255
   térmico, 157, 240
termoquímico, 157, 241, 247
Trincas a quente, 4
Tubos
   com costura, 129
   fabricação, 130
   sem costura, 129

Ultra-som (soldagem), 185
Usinagem, 193
   com feixe eletrônico, 233
   com feixe *laser*, 233
   eletroquímica, 230
   por abrasão, 221
   por descarga elétrica, 228
   processos de, 193
   variáveis atuantes na, 195

Vazamento, 16
Vazio(s), 4
Veículo(s) (nas tintas), 280
Velocidade de aquecimento, 242
Velocidade de corte, 197
Velocidade de resfriamento, 243
Volume (contração), 3

Widmanstätten (estrutura), 164

Zincagem (ou galvanização), 271, 274